Dieter Lange

Analyse elektrischer und elektronischer Netzwerke mit BASIC-Programmen (SHARP PC-1251 und PC-1500)

Anwendung programmierbarer Taschenrechner

Band 1	Angewandte Mathematik – Finanzmathematik – Statistik – Informatik für UPN-Rechner, von H. Alt
Band 2	Allgemeine Elektrotechnik – Nachrichtentechnik – Impulstechnik für UPN-Rechner, von H. Alt
Band 3/I	Mathematische Routinen der Physik, Chemie und Technik für AOS-Rechner Teil I, von P. Kahlig
Band 3/II	Mathematische Routinen der Physik, Chemie und Technik für AOS-Rechner Teil II, von P. Kahlig
Band 4	Statik – Kinematik – Kinetik für AOS-Rechner, von H. Nahrstedt
Band 5	Numerische Mathematik, Programme für den TI-59, von J. Kahmann
Band 6	Elektrische Energietechnik – Steuerungstechnik – Elektrizitätswirtschaft für UPN-Rechner, von H. Alt
Band 7	Festigkeitslehre für AOS-Rechner (TI-59), von H. Nahrstedt
Band 8	Graphische Darstellung mit dem Taschenrechner (AOS), von P. Kahlig
Band 9	Maschinenelemente für AOS-Rechner, Teil I: Grundlagen, Verbindungselemente, Rotationselemente, von H. Nahrstedt
Band 10	Getriebetechnik – Kinematik für AOS- und UPN-Rechner (TI-59 und HP-97), von K. Hain
Band 11	Indirektes Programmieren und Programmorganisation, von A. Tölke
Band 12	Algorithmen der Netzwerkanalyse für programmierbare Taschenrechner (HP-41 C), von D. Lange
Band 13	Getriebetechnik – Dynamik für AOS- und UPN-Rechner (TI-59 und HP-97), von H. Kerle
Band 14	Graphische Darstellung mit dem Taschencomputer PC-1211 (SHARP), von P. Kahlig
Band 15	Numerische Methoden bei Integralen und gewöhnlichen Differentialgleichungen für programmierbare Taschenrechner (AOS), von H. H. Gloistehn
Band 16	Elliptische Integrale für TI-58/59, Mathematische Routinen der Physik, Chemie und Technik, Teil III, von P. Kahlig
Band 17	Theta-Funktionen und elliptische Funktionen für TI-59, Mathematische Routinen der Physik, Chemie und Technik, Teil IV, von P. Kahlig
Band 18	Standardprogramme der Netzwerkanalyse für BASIC-Taschencomputer (CASIO), von D. Lange
Band 19	Statistik für programmierbare Taschenrechner (AOS), von J. Bruhn
Band 20	Maschinenelemente für AOS-Rechner, Teil II: Antriebselemente und Elemente der Stoffübertragung, von H. Nahrstedt
Band 21	Statistik für programmierbare Taschenrechner (UPN), von J. Bruhn
Band 22	Der HP-41 C in Handwerk und Industrie, von K. Kraus
Band 23	Analyse elektrischer und elektronischer Netzwerke mit BASIC-Programmen (SHARP PC-1251 und PC-1500), von D. Lange
Band 24	Ökologische Datensätze. Programme für AOS-Rechner und BASIC-Taschencomputer (TI-58/59 und PC-1211/12), von M. Mayer
Band 25	Ausgleichsrechnung für den TI-59, von G. Frank
Band 26	Fotografie und Kinematografie (TI-58 C/TI-59), von I. u. A. Tölke

Dieter Lange

Analyse elektrischer und elektronischer Netzwerke mit BASIC-Programmen (SHARP PC-1251 und PC-1500)

Mit 106 Schaltungsbeispielen

2., durchgesehene Auflage

Friedr. Vieweg & Sohn Braunschweig/Wiesbaden

CIP-Kurztitelaufnahme der Deutschen Bibliothek

Lange, Dieter:
Analyse elektrischer und elektronischer Netzwerke
mit BASIC-Programmen (SHARP PC-1251 und
PC-1500)/Dieter Lange. – 2., durchges. Aufl. –
Braunschweig; Wiesbaden: Vieweg, 1984.
(Anwendung programmierbarer Taschenrechner;
Bd. 23)
ISBN 978-3-528-14253-7 ISBN 978-3-322-96318-5 (eBook)
DOI 10.1007/978-3-322-96318-5

NE: GT

Das in diesem Buch enthaltene Programm-Material ist mit keiner Verpflichtung oder Garantie irgendeiner Art verbunden. Der Autor übernimmt infolgedessen keine Verantwortung und wird keine daraus folgende oder sonstige Haftung übernehmen, die auf irgendeine Art aus der Benutzung dieses Programm-Materials oder Teilen davon entsteht.

1. Auflage 1983
2., durchgesehene Auflage 1984

ISBN 978-3-528-14253-7

Inhaltsverzeichnis

1 Einleitung

Dieses Buch wendet sich an Studierende der Elektrotechnik sowie an Praktiker, die sich einen raschen und gründlichen Überblick über die modernen Methoden der Netzwerkanalyse verschaffen wollen. Der theoretische Teil ist straff nach Methoden gegliedert. Er kann als Formelsammlung zum schnellen Auffinden wichtiger Formeln benutzt werden. Jede Methode wird mit Beispielen in allgemeiner und numerischer Rechnung erläutert.

Für die Netzwerkanalyse werden in zunehmendem Maße Rechnerprogramme eingesetzt. Hierfür braucht man nur wenige, aber universelle Programme. Es werden vier leistungsfähige Standardprogramme beschrieben, mit denen jedes numerische Problem der linearen Netzwerkanalyse gelöst werden kann. Voraussetzung für die Benutzung der Programme ist die richtige Aufbereitung des jeweiligen Analyseproblems. Diese ist z.B. manchmal mit Netzumformungen verbunden. Daher wird die Handhabung der Programme an zahlreichen Übungsaufgaben gezeigt. Diese behandeln alle wichtigen Fragestellungen der Netzwerkanalyse. Sie können auch als Ergänzungsaufgaben für den theoretischen Teil benutzt und mit den verschiedensten Methoden gelöst werden.

Für elementare Netzwerkberechnungen ist ein Programm gedacht, das Kettenrechnungen in komplexer Arithmetik in einfacher Weise auszuführen gestattet.

Größere Probleme werden häufig mit dem Maschenstrom- oder dem Knotenpunktpotentialverfahren gelöst. Diese führen auf lineare Gleichungssysteme, die mit dem komplexen Gauß-Algorithmus aufgelöst werden. Hierfür ist ein Programm vorgesehen, das wahlweise für die reelle oder komplexe, für die symmetrische oder unsymmetrische Matrix verwendet werden kann. Der Benutzer muß allerdings das Gleichungssystem selbst aufstellen.

Das Aufstellen von Gleichungen wird überflüssig, wenn man einen Schritt weitergeht und die gesamte Schaltung mit ihren

Bauteilen in einer geeigneten algorithmischen Form im Rechner abspeichert. Dies geschieht in dem Reduktionsprogramm, das nach dem Prinzip der Reihen- und Parallelschaltung von äquivalenten Ersatzquellen arbeitet. Es handelt sich um ein Verfahren, mit dem beliebige Spannungen, Stöme und Widerstände eines jeden Netzwerkes berechnet werden können, das sich durch Reihen- und Parallelschaltung von Zweipolen aufbauen läßt. Dieses Programm zeichnet sich durch eine äußerst einfache, bedienerfreundliche Eingabe und kurze Rechenzeiten aus. Da die Schaltung im Rechner gespeichert bleibt, kann sie wiederholt, z.B. für die Berechnung von Frequenzgängen durchgerechnet werden.

Grundlage des vierten Programms ist das Knotenpunktpotentialverfahren. Die Schaltung wird hier ebenfalls vollständig in den Rechner eingegeben, bevor mit der Rechnung begonnen wird. Es handelt sich um ein sehr universelles Programm und kann bei stärkerer Vermaschung des Netzwerks in den Fällen eingesetzt werden, wo das Reduktionsprogramm nicht mehr anwendbar ist. Darüberhinaus kann es auf elektronische Schaltungen mit gesteuerten Quellen angewandt werden. Da es intern mit dem Gauß-Algorithmus arbeitet, ist seine Rechenzeit erheblich größer als die des Reduktionsprogramms. Auch die Eingabe ist etwas aufwendiger, da die Knoten numeriert werden müssen.

Alle Programme sind in der Programmiersprache Basic für die Rechner Sharp PC-1500 und PC-1251 geschrieben worden. Diese Rechner verwenden ein nahezu "dialektfreies" Basic, so daß die Programme leicht auf andere Basic-Rechner übertragbar sind. Der Programmaufbau ist so ausführlich dargelegt, daß man die Programme mit einigen Programmierkenntnissen in andere Programmiersprachen umschreiben kann, was durch den modularen Aufbau der Programme erleichtert wird.

2 Formeln der Netzwerkanalyse

Die Theorie der Netzwerkanalyse basiert auf wenigen Grundgesetzen: den Stromspannungsbeziehungen an den hier behandelten elementaren Bauteilen Ohmscher Widerstand R, Kapazität C, Induktivität L, Gegeninduktivität M, ideale Spannungs- und Stromquelle sowie den Kirchhoffschen Gesetzen. Die Grundgesetze werden sowohl für Gleichstrom als auch für Wechselstrom formuliert. Die abgeleiteten Methoden werden nur noch für Wechselstrom formuliert und gelten sinngemäß auch für Gleichstrom.

2.1 Zählpfeile

2.1.1 Definition der Zählpfeile

Der Zählpfeil des elektrischen Gleichstromes I gibt an, in welcher Richtung der Strom positiv zu zählen ist. Hat der Strom einen positiven Zahlenwert, dann fließt er in Richtung seines Zählpfeils; hat er einen negativen Zahlenwert, dann fließt er entgegen seinem Zählpfeil.

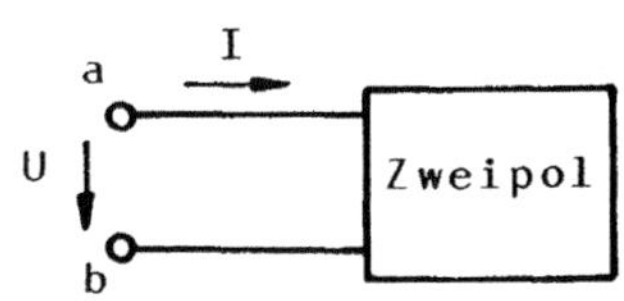

Bild 2.1: Zählpfeile im Verbraucher-Zählpfeilsystem

Ist z.B. I=-2A in Bild 2.1, dann fließt ein Strom von 2A von der Klemme b zur Klemme a innerhalb des Zweipols.

Für die elektrische Gleichspannung U gilt: weist der Zählpfeil der Spannung U von der Klemme a zur Klemme b und hat die Spannung einen positiven Zahlenwert, dann ist a positiv gegenüber b; hat die Spannung einen negativen Zahlenwert, dann ist b positiv gegenüber a.

Ist z.B. U=5V in Bild 2.1, dann ist die meßbare Spannung der Klemme a gegenüber der Klemme b positiv und beträgt 5V.

Zählpfeile dürfen grundsätzlich willkürlich (unabhängig von den tatsächlichen, meßbaren Strom- und Spannungsrichtungen) gesetzt werden. Die tatsächliche Richtung von Strom und Spannung ergibt sich immer aus der Richtung der Zählpfeile und dem Vorzeichen der Zahlenwerte.

2.1.2 Verbraucher-Zählpfeilsystem (VZS)

Haben an einem Zweipol die Zählpfeile der Spannung und des Stromes die gleiche Richtung, dann liegt bezüglich des Zweipols das Verbraucher-Zählpfeilsystem (Bild 2.1) vor. Der Zweipol nimmt Leistung auf, wenn die Zahlenwerte von Spannung und Strom gleiches Vorzeichen haben. Eine positive Leistung

$$P = U \cdot I \qquad (2\text{-}1)$$

ist also eine Verbraucherleistung, eine negative Leistung eine Erzeugerleistung.

Beispiel:

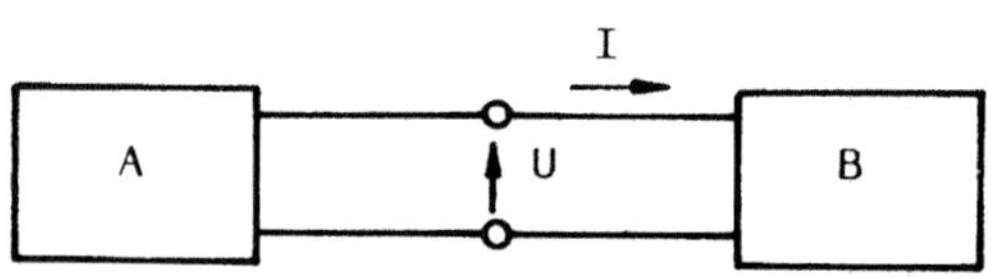

Bild 2.2: Leistungsfluß zwischen Zweipolen

Gegeben ist: $U = 5V$, $I = -3A$

Ist der Zweipol B ein Verbraucher oder Erzeuger ?

Lösung: für den Zweipol A gilt das Verbraucher-Zählpfeilsystem:

$$P_A = 5V \cdot (-3A) = -15\,W \quad \text{(VZS)}$$

Der Zweipol A ist wegen des negativen Vorzeichens ein Erzeuger; also ist der Zweipol B ein Verbraucher.

2.1.3 Erzeuger-Zählpfeilsystem (EZS)

Haben an einem Zweipol die Zählpfeile der Spannung und des Stromes entgegengesetzte Richtung, dann liegt das Erzeuger-Zählpfeilsystem vor.

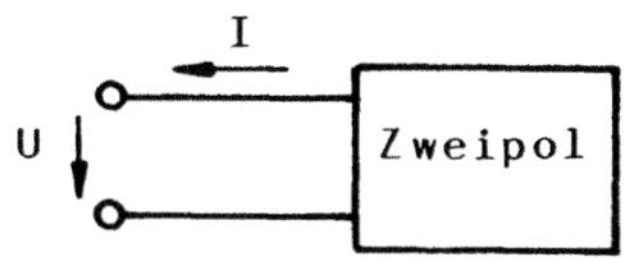

Bild 2.3: Zählpfeile im Erzeuger-Zählpfeilsystem

Der Zweipol gibt Leistung ab, wenn die Zahlenwerte von Spannung und Strom gleiches Vorzeichen haben. Eine positive Leistung ist also hier eine Erzeugerleistung, eine negative Leistung eine Verbraucherleistung.

2.2 Ohmsches Gesetz

Fließt ein Strom I durch einen Widerstand R, dann entsteht an diesem ein Spannungsabfall U.

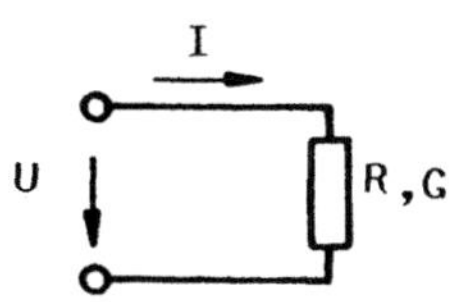

$G = 1/R$ Leitwert

Bild 2.4: Spannungsabfall an einem Ohmschen Widerstand

Haben die Zählpfeile der Spannung und des Stromes die gleiche Richtung (Bild 2.4), liegt also das VZS vor, dann lautet das Ohmsche Gesetz:

$$U = I \cdot R = I/G \quad \text{(VZS)} \tag{2-2}$$

Haben die Zählpfeile entgegengesetzte Richtung, so lautet es:

$$U = -I \cdot R = -I/G \quad \text{(EZS)} \tag{2-3}$$

2.3 Ideale Quellen

Die Spannung der idealen Spannungsquelle ist vom Strom unabhängig. Der Innenwiderstand wird als Null vorausgesetzt.

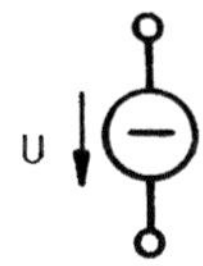

Bild 2.5:
Ideale Gleichspannungsquelle

Für den Spezialfall, daß die ideale Spannungsquelle den Wert 0 Volt hat, haben beide Klemmen der Quelle das gleiche Potential. Punkte einer Schaltung, die das gleiche Potential haben, können immer verbunden werden. Die Spannungsquelle U=0 kann daher durch einen Kurzschluß ersetzt werden.

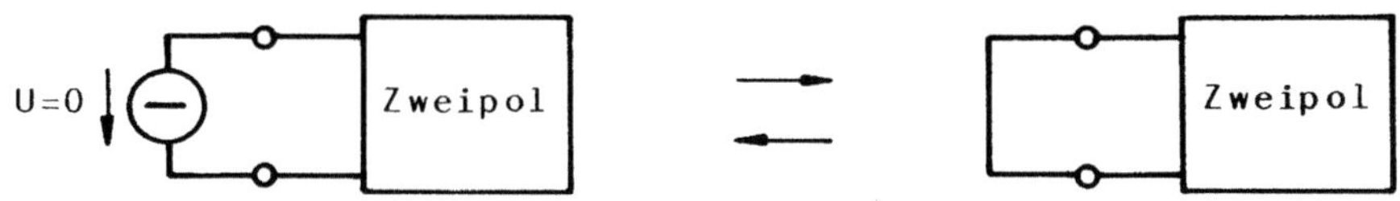

Bild 2.6: Äquivalente Schaltungen

Der Strom der idealen Stromquelle ist unabhängig von der Spannung. Der Innenwiderstand wird als Unendlich vorausgesetzt.

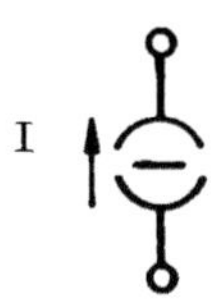

Bild 2.7:
Ideale Gleichstromquelle

Für den Spezialfall, daß der Quellenstrom I=0 ist, fließt kein Strom über die Klemmen. Man kann die ideale Stromquelle dann durch eine Unterbrechung ersetzen.

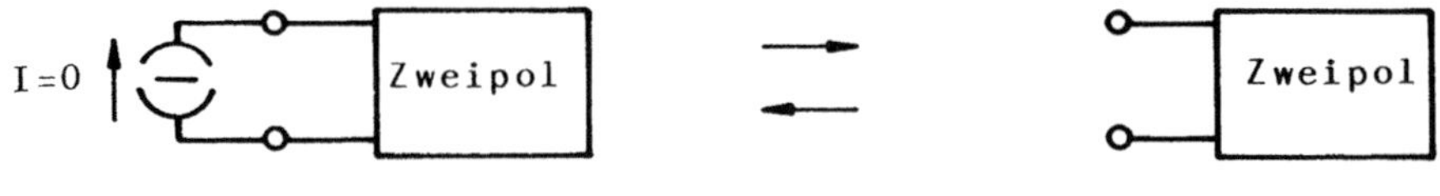

Bild 2.8: Äquivalente Schaltungen

2.4 Kirchhoffsche Gesetze für Gleichstrom

2.4.1 Maschenregel

Kehrt man zum Ausgangspunkt zurück, dann ist die Summe der Spannungen über einen beliebigen Weg gleich Null:

$$\Sigma U = 0 \tag{2-4}$$

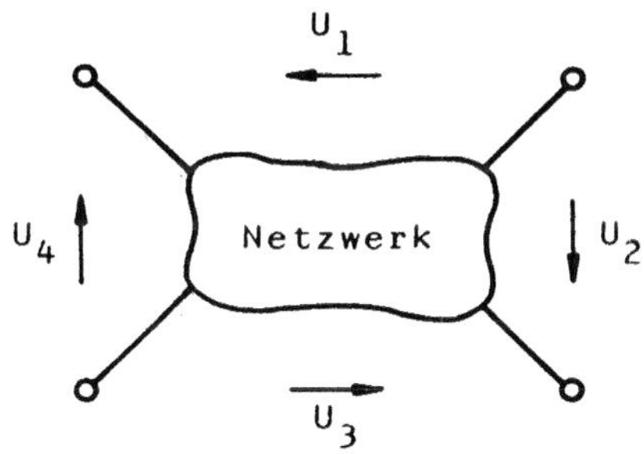

Bild 2.9: Zur Definition der Maschenregel

Unter Beachtung der Zählpfeile lautet die Maschenregel für das Netzwerk in Bild 2.9 (Umlauf im Uhrzeigersinn):

$$-U_1 + U_2 - U_3 + U_4 = 0$$

Beispiel:

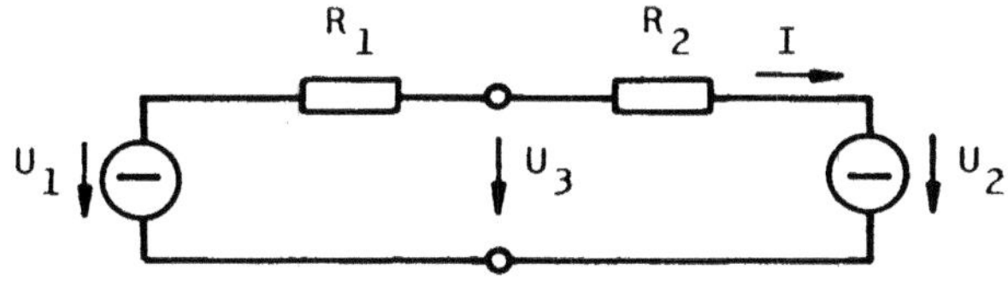

Gesucht ist der Strom I und die Spannung U_3.

Zweimalige Anwendung der Maschenregel ergibt:

$$-U_1 + IR_1 + IR_2 + U_2 = 0$$

$$-U_1 + IR_1 + U_3 = 0$$

Hieraus folgen die Ergebnisse:

$$I = \frac{U_1 - U_2}{R_1 + R_2} \quad \text{und} \quad U_3 = \frac{U_1 R_2 + U_2 R_1}{R_1 + R_2}$$

2.4.2 Knotenregel

Die Summe aller einem Netzwerk zu- bzw. abfließenden Ströme ist unter Beachtung der Zählpfeile gleich Null:

$$\Sigma I = 0 \qquad (2\text{-}5)$$

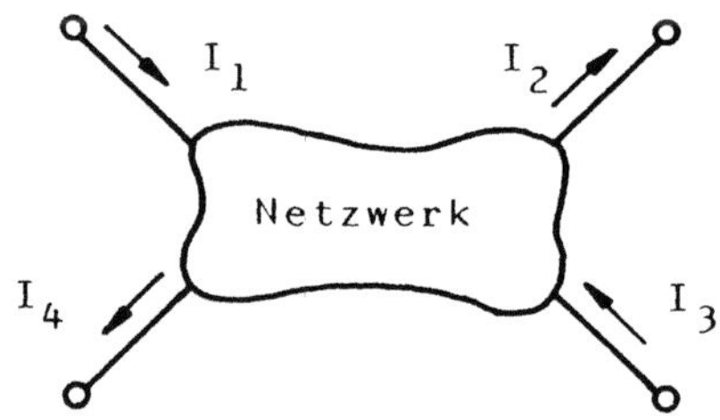

Bild 2.10: Zur Definition der Knotenregel

Als Sonderfall kann das Netzwerk in Bild 2.10 aus einem einzigen Knoten bestehen.

Zählt man auf das Netzwerk gerichtete Zählpfeile positiv, dann lautet die Knotenregel für das Netzwerk in Bild 2.10:

$$I_1 - I_2 + I_3 - I_4 = 0$$

Beispiel:

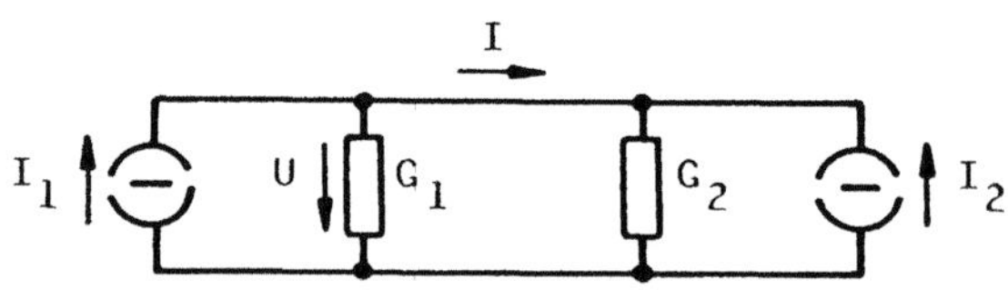

Gesucht sind die Spannung U und der Strom I.

Zweimalige Anwendung der Knotenregel ergibt:

$$I_1 + I_2 - UG_1 - UG_2 = 0$$

$$I_1 - UG_1 - I = 0$$

Hieraus folgen die Ergebnisse:

$$U = \frac{I_1 + I_2}{G_1 + G_2} \qquad \text{und} \qquad I = \frac{I_1G_2 - I_2G_1}{G_1 + G_2}$$

2.4.3 Anwendung auf Kettenleiter

Durch iterative Anwendung der Kirchhoffschen Gesetze können Schaltungen der folgenden Struktur leicht durchgerechnet werden.

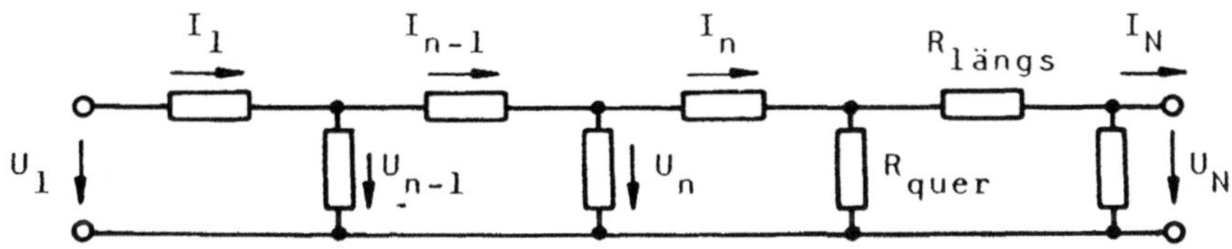

Bild 2.11: Schaltung mit Kettenleiterstruktur

Die Rechnung beginnt am Ende der Schaltung mit beliebigen Bedingungen für U_N und I_N. Die Kirchhoffschen Gesetze werden abwechselnd angewendet:

$$I_{n-1} = I_n + U_n/R_{quer} \quad \text{Knotenregel} \quad (2\text{-}6)$$

$$U_{n-1} = U_n + I_{n-1} R_{längs} \quad \text{Maschenregel} \quad (2\text{-}7)$$

Die iterative Durchrechnung endet mit I_1 und U_1.

Beispiel:

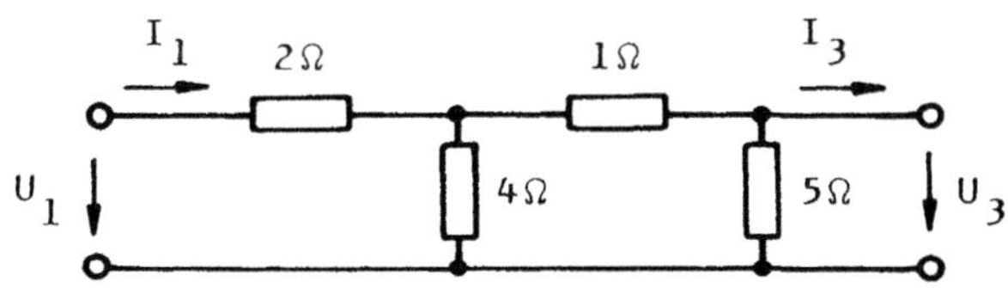

Man berechne:
1. das Leerlauf-Spannungsverhältnis U_3/U_1
2. den Leerlauf-Eingangswiderstand U_1/I_1
3. das Kurzschluß-Stromverhältnis I_3/I_1
4. den Kurzschluß-Eingangswiderstand U_1/I_1
5. den Ausgangswiderstand bei Einspeisung mit einer Spannungsquelle U_3/I_3 bei U_1=konstant
6. den Ausgangswiderstand bei Einspeisung von einer Stromquelle U_3/I_3 für I_1=konstant

Für den Leerlauf gilt die Anfangsbedingung:

$I_3 = 0$

Anwendung der Formeln (2-6) und (2-7) ergibt:

$I_2 = 0 + U_3/5\Omega$	Knotenregel
$U_2 = U_3 + I_2 \cdot 1\Omega = 1.2\,U_3$	Maschenregel
$I_1 = I_2 + U_2/4\Omega = 0.5\,U_3/\Omega$	Knotenregel
$U_1 = U_2 + I_1 \cdot 2\Omega = 2.2\,U_3$.	Maschenregel

Aus diesem Rechenablauf folgen die Ergebnisse für Leerlauf:

1. Leerlauf-Spannungsverhältnis $U_3/U_1 = 1/2.2$
2. Leerlaufeingangswiderstand

$$\frac{U_1}{I_1} = \frac{2.2U_3}{0.5U_3/\Omega} = 4.4\Omega$$

Für den Kurzschluß gilt die Anfangsbedingung:

$U_3 = 0$

Die Formeln (2-6) und (2-7) werden nochmals angewendet:

$I_2 = I_3 + 0/5\Omega = I_3$	Knotenregel
$U_2 = 0 + I_2 \cdot 1\Omega = I_3 \cdot 1\Omega$	Maschenregel
$I_1 = I_2 + U_2/4\Omega = 1.25\,I_3$	Knotenregel
$U_1 = U_2 + I_1 \cdot 2\Omega = 3.5\,I_3 \cdot \Omega$	Maschenregel

Aus diesem Rechenlauf folgen die Ergebnisse für Kurzschluß:

3. Kurzschluß-Stromverhältnis $I_3/I_1 = 1/1.25 = 0.8$
4. Kurzschluß-Eingangswiderstand $U_1/I_1 = 2.8\Omega$

Für U_1=konstant folgt aus $U_1=2.2U_3=3.5I_3 \cdot \Omega$ der
5. Ausgangswiderstand $U_3/I_3 = 1.59\Omega$

Für I_1=konstant folgt aus $I_1=0.5U_3/\Omega=1.25I_3$ der
6. Ausgangswiderstand $U_3/I_3 = 2.5\Omega$

2.5 Harmonische Schwingung und Zeiger

Die sinusförmige Wechselspannung wird durch die folgende Zeitfunktion beschrieben:

$$u(t) = \hat{u}\cos(\omega t + \phi_u) = \sqrt{2}\,U\cos(\omega t + \phi_u) \tag{2-8}$$

Hierin bedeuten:

$\hat{u}$	Amplitude, Scheitelwert
U	Effektivwert
$\omega = 2\pi f$	Kreisfrequenz
f	Frequenz
t	Zeit
ϕ_u	Nullphasenwinkel

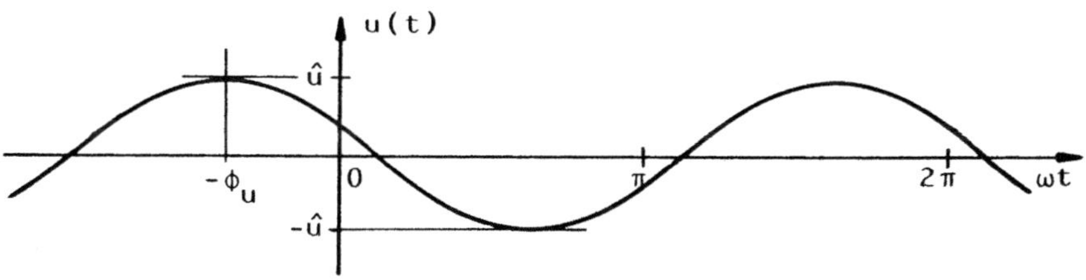

Bild 2.12: Liniendiagramm der Wechselspannung

Die gleichen Beziehungen gelten natürlich hier wie im folgenden auch für den Strom i(t).

Mit der Eulerschen Formel läßt sich die Zeitfunktion (2-8) wie folgt schreiben:

$$u(t) = \hat{u}\,\frac{1}{2}\left[e^{j(\omega t+\phi_u)} + e^{-j(\omega t+\phi_u)}\right] \tag{2-9}$$

Als komplexe Zeitfunktion wird definiert:

$$\underline{u}(t) = \hat{u}\,e^{j(\omega t+\phi_u)} \tag{2-10}$$

Damit wird (2-9):

$$u(t) = \frac{1}{2}\{\underline{u}(t) + \underline{u}^*(t)\} \tag{2-11}$$

Die komplexe Zeitfunktion $\underline{u}(t)$ kann in der komplexen Ebene als ein linksdrehender, die konjugiert komplexe Zeitfunktion $\underline{u}^*(t)$ als ein rechtsdrehender Zeiger dargestellt werden. Ihre geometrische Summe ergibt entsprechend Gl.(2-11) auf der reellen Achse den doppelten Augenblickswert $2\,u(t)$.

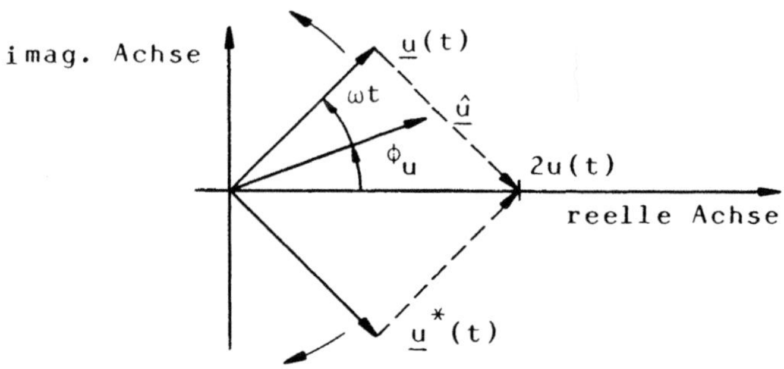

Bild 2.13: Zeigerdarstellung einer Wechselspannung

Als komplexe Amplitude wird definiert:

$$\underline{\hat{u}} = \hat{u}\, e^{j\phi_u} \qquad (2\text{-}12)$$

Damit wird Gl.(2-9):

$$u(t) = \frac{1}{2}\left[\underline{\hat{u}}\, e^{j\omega t} + \underline{\hat{u}}^*\, e^{-j\omega t}\right] \qquad (2\text{-}13)$$

Die komplexe Amplitude $\underline{\hat{u}}$ ist ein feststehender Zeiger mit dem Betrag $\hat{u}$ und dem Nullphasenwinkel ϕ_u (siehe Bild 2.13). Durch Multiplikation mit $e^{j\omega t}$ wird aus dem stehenden Zeiger $\underline{\hat{u}}$ der rotierende Zeiger $\underline{u}(t)$:

$$\underline{u}(t) = \underline{\hat{u}}\, e^{j\omega t} \qquad (2\text{-}14)$$

Die Beziehung (2-13) stellt eine Transformation dar:

$$u(t) = \hat{u}\cos(\omega t+\phi_u) \quad \rightleftarrows \quad \underline{\hat{u}} = \hat{u}\, e^{j\phi_u} \qquad (2\text{-}15)$$

Die Zeitfunktion wird in eine komplexe Zahl transformiert. Die Zeitfunktion u(t) wird für die Berechnung von Wechselstromschaltungen durch die komplexe Amplitude $\underline{\hat{u}}$ ersetzt.

Als komplexer Effektivwert wird definiert:

$$\underline{U} = U\,e^{j\phi_u} \tag{2-16}$$

Wie die komplexe Amplitude ist auch der komplexe Effektivwert ein feststehender Zeiger. Beide unterscheiden sich nur durch den Faktor $\sqrt{2}$ und können wahlweise verwendet werden. Die Transformation (2-15) lautet mit dem komplexen Effektivwert:

$$u(t) = \sqrt{2}\,U\cos(\omega t+\phi_u) \quad \rightleftarrows \quad \underline{U} = U\,e^{j\phi_u} \tag{2-17}$$

Beispiel 1:

Gegeben ist die Zeitfunktion $u(t) = 5V\cos(\omega t+30^o)$
Gesucht sind die komplexe Amplitude $\underline{\hat{u}}$, der komplexe Effektivwert $\underline{U}$ und die komplexe Zeitfunktion $\underline{u}(t)$.

Lösung:

$$\underline{\hat{u}} = 5V\,e^{j30^o}$$

$$\underline{U} = 5V/\sqrt{2}\,e^{j30^o}$$

$$\underline{u}(t) = 5V\,e^{j(\omega t+30^o)}$$

Beispiel 2:

Gegeben ist die komplexe Amplitude $\underline{\hat{i}} = 2A\,e^{j160^o}$ eines Stromes sowie sein Zählpfeil. Die Frequenz ist $\omega = 500$ 1/s.

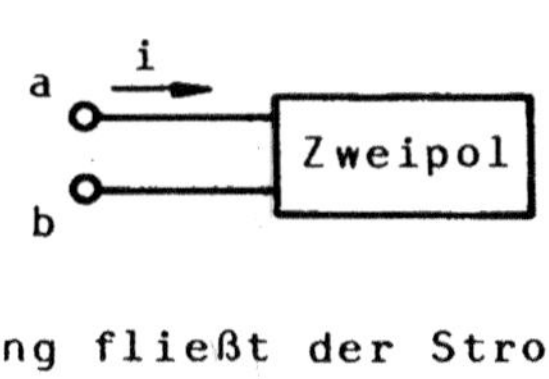

In welcher Richtung fließt der Strom i(t) zum Zeitpunkt t=28ms ?

Lösung: $i(t) = 2A\cos(500\,t/s + 160^o)$

$i(28ms) = -0.935\,A$

Wegen des negativen Vorzeichens fließt dieser Strom entgegen seinem Zählpfeil, also von der Klemme b zur Klemme a innerhalb des Zweipols.

2.6 Komplexes Ohmsches Gesetz

Das Verhältnis der komplexen Spannung $\underline{U}$ zum komplexen Strom $\underline{I}$ wird als komplexer Widerstand $\underline{Z}$ (Impedanz) definiert:

$$\underline{Z} = \underline{U}/\underline{I} \tag{2-18}$$

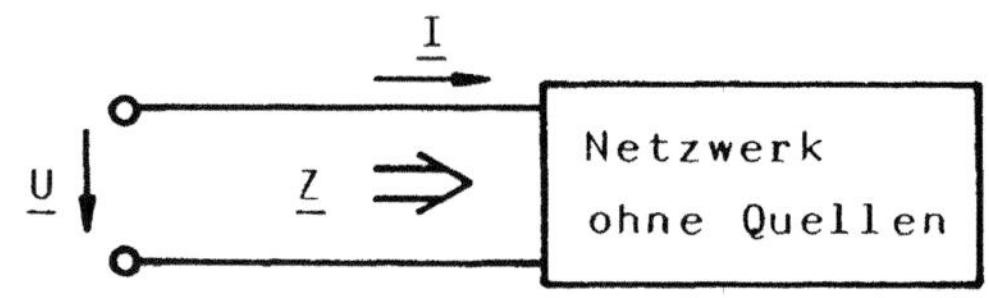

Bild 2.14: Zur Definition des komplexen Widerstandes

Zunächst werden die komplexen Widerstände elementarer Bauteile einzeln behandelt.

2.6.1 Ohmscher Widerstand

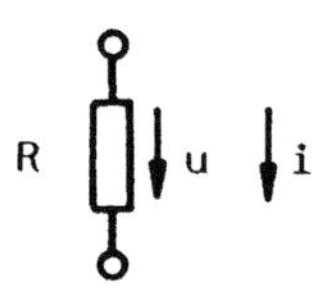

Bild 2.15: Ohmscher Widerstand

Mit den Zählpfeilen in Bild 2.15 (VZS) lautet das Ohmsche Gesetz für die Zeitfunktion:

$$u(t) = R\,i(t) \tag{2-19}$$

Aus der Transformation (2-17) folgt für die Zeiger:

$$\underline{U} = R\,\underline{I} \tag{2-20}$$

Damit gelten die Definitionen:

$\underline{Z} = \underline{U}/\underline{I} = R$ Komplexer Widerstand (2-21)

$\underline{Y} = \underline{I}/\underline{U} = 1/R = G$ Komplexer Leitwert (2-22)

2.6.2 Kapazität

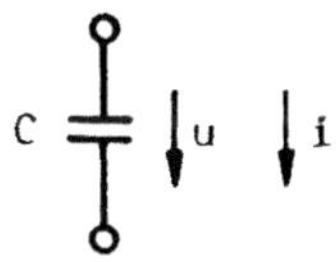

Bild 2.16: Kapazität

Mit den Zählpfeilen in Bild 2.16 lautet das Grundgesetz der Kapazität:

$$i(t) = C\,\frac{d\,u(t)}{d\,t} \qquad (2\text{-}23)$$

Zunächst wird die Zeitfunktion u(t) differenziert:

$$u(t) = \frac{1}{2}\sqrt{2}\left[\underline{U}\,e^{j\omega t} + \underline{U}^{*}\,e^{-j\omega t}\right] \qquad (2\text{-}24)$$

$$\frac{d\,u(t)}{d\,t} = \frac{1}{2}\sqrt{2}\left[j\omega\underline{U}\,e^{j\omega t} - j\omega\underline{U}^{*}\,e^{-j\omega t}\right] \qquad (2\text{-}25)$$

Die Differentiation der Zeitfunktion entspricht also der Multiplikation des komplexen Effektivwertes mit $j\omega$. Wenn demnach die Transformation (2-17)

$$u(t) \rightleftharpoons \underline{U}$$

gilt, dann gilt auch die Transformation

$$\frac{d\,u(t)}{d\,t} \rightleftharpoons j\omega\underline{U} \qquad (2\text{-}26)$$

Nun werden beide Seiten von (2-23) der Transformation Zeitfunktion $\rightleftharpoons$ Zeiger unterworfen:

$$\underline{I} = j\omega C\,\underline{U} \qquad (2\text{-}27)$$

Die Transformation macht also aus der Differentialgleichung (2-23) eine lineare Beziehung (2-27) zwischen dem Spannungs- und dem Stromzeiger. Anstelle der Differentiation tritt die einfachere Multiplikation. Aus diesem Grunde lassen sich

Wechselstromschaltungen mit den komplexen Größen leichter berechnen als mit den Zeitfunktionen selbst.

Die Multiplikation mit $j = e^{j90^\circ}$ in (2-27) bedeutet eine Drehung des Zeigers $\underline{U}$ um 90°. Der Strom durch die Kapazität eilt also der Spannung um 90° voraus.

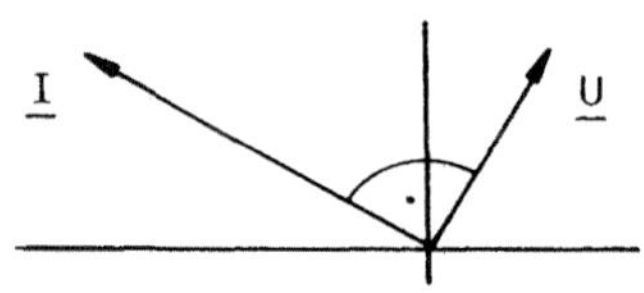

Bild 2.17: Zeigerdiagramm für die Kapazität

Aus der Strom-Spannungsbeziehung (2-27) folgen nun die Definitionen für die Kapazität:

$\underline{Z} = \underline{U}/\underline{I} = -j/(\omega C) = jX$	Komplexer Widerstand	(2-28)
$\underline{Y} = 1/\underline{Z} = j\omega C = jB$	Komplexer Leitwert	(2-29)
$X = -1/(\omega C)$	Blindwiderstand	(2-30)
$B = \omega C$	Blindleitwert	(2-31)

Beispiel:

Gegeben ist die Spannung an einer Kapazität $C = 2000\,\mu F$:

$$u(t) = \sqrt{2}\cdot 5V \cos(\omega t - 40^\circ) \quad \text{mit } \omega = 100\ 1/s$$

Gesucht sind: $\underline{U}$, $\underline{Z}$, $\underline{Y}$, X, B sowie der Strom $\underline{I}$ bzw. i(t) durch die Kapazität.

Lösung:

$$\underline{U} = 5V\, e^{-j40^\circ} = 3.83V - j3.21V$$

$$\underline{Z} = -j/(\omega C) = -j5\Omega$$

$$\underline{Y} = 1/\underline{Z} = j0.2S$$

$$X = -5$$

$$B = 0.2S$$

$$\underline{I} = \underline{U}/\underline{Z} = \underline{U}\,\underline{Y} = 1A\, e^{j50^\circ} = 0.643A + j0.766A$$

$$i(t) = \sqrt{2}\cdot 1A \cos(\omega t + 50^\circ)$$

2.6.3 Induktivität

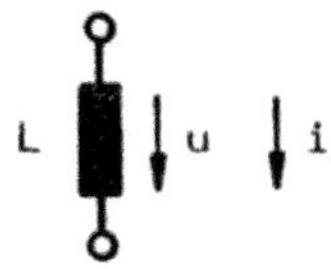

Bild 2.18: Induktivität

Mit den Zählpfeilen in Bild 2.18 (VZS) lautet das Induktionsgesetz:

$$u(t) = L \frac{d\,i(t)}{d\,t} \qquad (2\text{-}32)$$

Wird die Transformation (2-26) sinngemäß auf den Strom angewandt, so folgt für die Zeiger:

$$\underline{U} = j\omega L\,\underline{I} \qquad (2\text{-}33)$$

Die Multiplikation mit $j = e^{j\,90^\circ}$ in (2-33) bedeutet eine Drehung des Zeigers $\underline{I}$ um 90°. Die Spannung an der Induktivität eilt also dem Strom um 90° voraus.

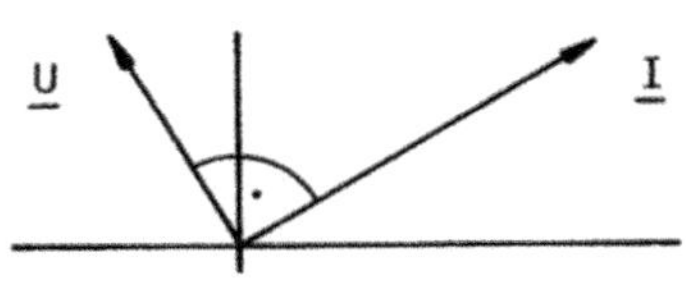

Bild 2.19: Zeigerdiagramm für die Induktivität

Aus der Strom-Spannungsbeziehung (2-33) ergeben sich die folgenden Beziehungen für die Induktivität:

$\underline{Z} = \underline{U}/\underline{I} = j\omega L = jX$	Komplexer Widerstand	(2-34)
$\underline{Y} = 1/\underline{Z} = -j/(\omega L) = jB$	Komplexer Leitwert	(2-35)
$X = \omega L$	Blindwiderstand	(2-36)
$B = -1/(\omega L)$	Blindleitwert	(2-37)

2.6.4 Gegeninduktivität

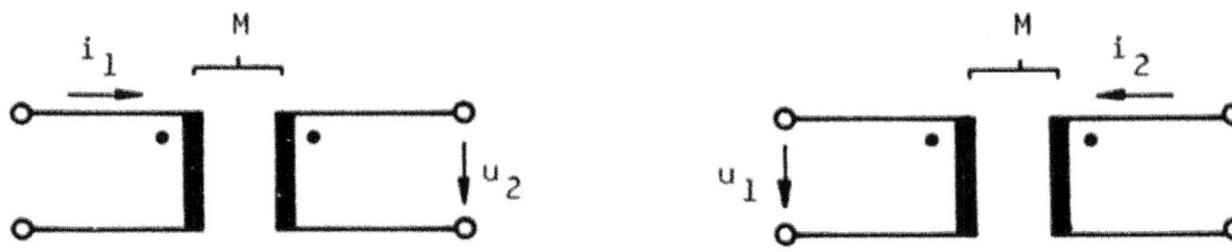

Bild 2.20: Gegeninduktivität M

Die Punkte in Bild 2.20 definieren den Wicklungssinn der Spulen.

Fließt nur der Strom i_1 durch die Primärwicklung, während die Sekundärwicklung stromlos bleibt, so gilt das Grundgesetz:

$$u_2(t) = M \frac{d\,i_1(t)}{d\,t} \Bigg|_{i_2=0} \tag{2-38}$$

Umgekehrt gilt für den Strom i_2 durch die Sekundärwicklung, während die Primärwicklung stromlos bleibt:

$$u_1(t) = M \frac{d\,i_2(t)}{d\,t} \Bigg|_{i_1=0} \tag{2-39}$$

Für Wechselstrom lauten diese Gesetze mit der Transformation (2-26), angewandt auf den Strom:

$$\underline{U}_2 = j\omega M \underline{I}_1 \Big|_{\underline{I}_2=0} \tag{2-40}$$

$$\underline{U}_1 = j\omega M \underline{I}_2 \Big|_{\underline{I}_1=0} \tag{2-41}$$

Für die praktische Berechnung sind die Ersatzschaltungen der Gegeninduktivität besser geeignet. Diese sind in dem Abschnitt 2.18 im Zusammenhang mit dem Betriebsverhalten von Übertragern dargestellt.

2.7 Kirchhoffsche Gesetze für Wechselstrom

2.7.1 Maschenregel

Die Maschenregel (2-4) lautet für die Augenblickswerte einer sinusförmigen Spannung:

$$\Sigma u(t) = \sum \frac{\sqrt{2}}{2} \left[\underline{U}\, e^{j\omega t} + \underline{U}^* e^{-j\omega t} \right] = 0 \qquad (2\text{-}42)$$

Diese Gleichung ist nur dann erfüllt, wenn

$$\Sigma \underline{U} = 0 \qquad (2\text{-}43)$$

Kehrt man zum Ausgangspunkt zurück, dann ist die geometrische Summe der Zeiger $\underline{U}$ über einen beliebigen Weg also gleich Null.

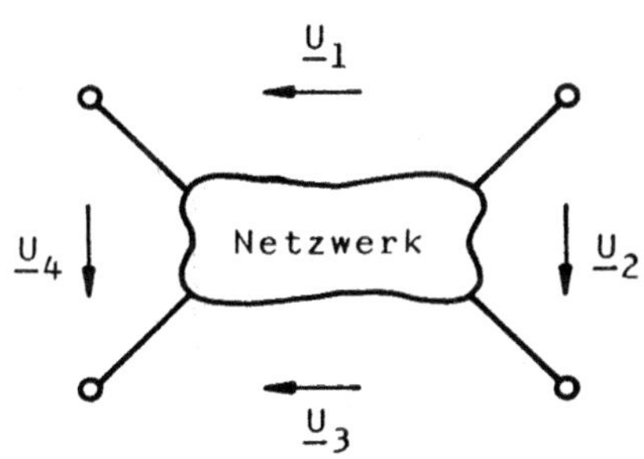

Bild 2.21: Maschenregel für Wechselstrom

Unter Beachtung der Zählpfeile lautet die Maschenregel für das Netzwerk in Bild 2.21 (Umlauf im Uhrzeigersinn):

$$-\underline{U}_1 + \underline{U}_2 + \underline{U}_3 - \underline{U}_4 = 0 \qquad (2\text{-}44)$$

Beispiel 1: Gegeben sind für das Netzwerk Bild 2.21 die Spannungen $u_1(t)=4V\cos(\omega t+40^o)$, $u_2(t)=3V\cos(\omega t-70^o)$ und $u_3(t)=6V\cos(\omega t)$. Gesucht sind $\underline{U}_4$ und $u_4(t)$.

Lösung: Aus (2-44) folgt:

$$\underline{U}_4 = 1/\sqrt{2}\left[-4V\,e^{j40^o} + 3V\,e^{-j70^o} + 6V\right] = 1/\sqrt{2}\cdot 6.69V\,e^{-j53.7^o}$$

$$u_4(t) = 6.69V\cos(\omega t-53.7^o)$$

Beispiel 2: Maschenregel

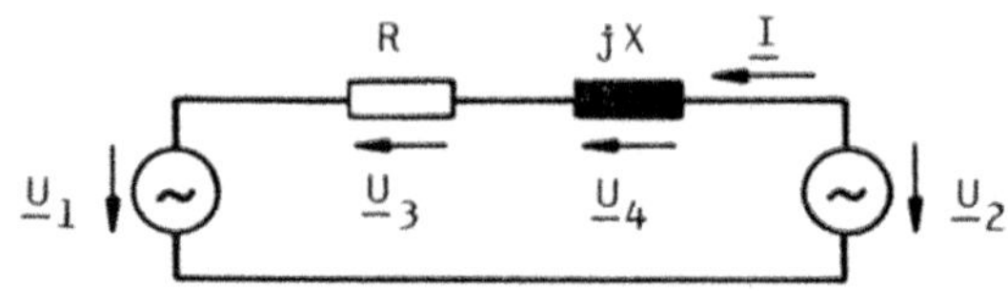

Gegeben sind: $R = 60\,\Omega$, $X = 20\,\Omega$

$$\underline{U}_1 = 5\text{V}\; e^{-j20^\circ} , \quad \underline{U}_2 = 8\text{V}\; e^{j50^\circ}$$

Gesucht sind: $\underline{I}$, $\underline{U}_3$, $\underline{U}_4$. Das Spannungszeigerdiagramm ist zu zeichnen.

Lösung:

Die Anwendung der Maschenregel (entgegen Uhrzeiger) ergibt:

$$-\underline{U}_2 + \underline{U}_1 + \underline{I}\,R + \underline{I}\,jX = 0$$

Hieraus folgen die Ergebnisse:

$$\underline{I} = \frac{\underline{U}_2 - \underline{U}_1}{R + jX} = 0.0459\text{A} + j0.115\text{A}$$

$$\underline{U}_3 = \underline{I}\,R = 2.75\text{V} + j6.92\text{V}$$

$$\underline{U}_4 = \underline{I}\,jX = -2.31\text{V} + j0.917\text{V}$$

Das Zeigerdiagramm wird so gezeichnet, daß die geometrische Summe der Spannungszeiger unter Berücksichtigung der Zählpfeile einen geschlossenen Polygonzug bildet.

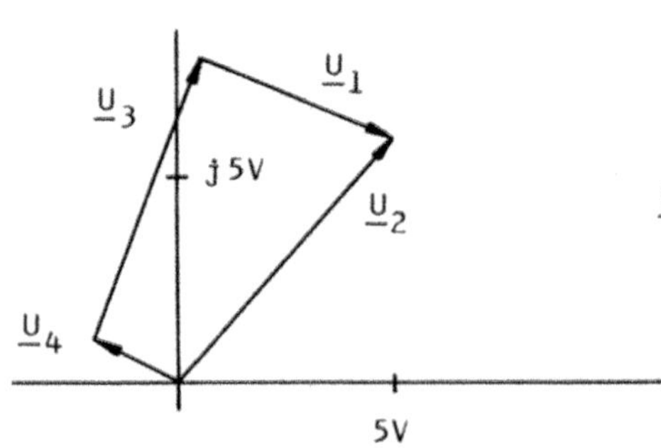

$\underline{U}$-Ebene

2.7.2 Knotenregel

Die Summe der Augenblickswerte aller einem Netzwerk zu- bzw. abfließenden Ströme ist unter Beachtung der Zählpfeile gleich Null. Eine ähnliche Argumentation wie bei der Maschenregel führt zur Knotenregel für die Zeiger der Ströme:

$$\Sigma \underline{I} = 0 \qquad (2\text{-}45)$$

Die geometrische Summe der Stromzeiger ist also gleich Null.

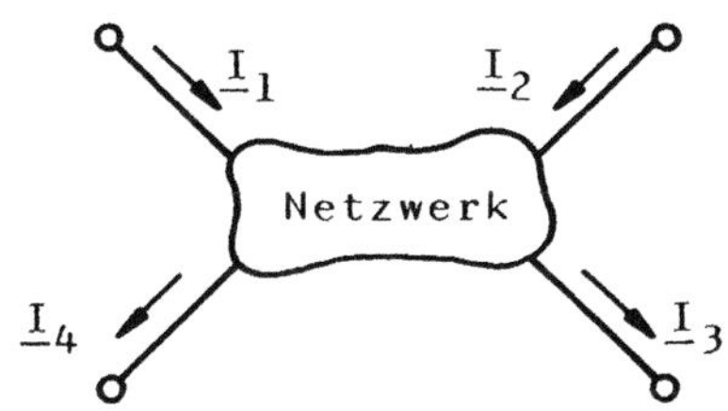

Bild 2.22: Knotenregel für Wechselstrom

Zählt man auf das Netzwerk gerichtete Zählpfeile positiv, dann lautet die Knotenregel für das Netzwerk in Bild 2.22:

$$\underline{I}_1 + \underline{I}_2 - \underline{I}_3 - \underline{I}_4 = 0 \qquad (2\text{-}46)$$

Beispiel:
Gegeben sind für das Netzwerk Bild 2.22 die Ströme:

$\underline{I}_1 = 5A + j8A$, $\underline{I}_2 = 4A - j3A$, $\underline{I}_3 = 4A - j1A$

Gesucht ist das Zeigerdiagramm. Man beachte, daß der Strom $\underline{I}_4$ nicht berechnet zu werden braucht, da er sich als geometrische Differenz der übrigen Ströme ergibt.

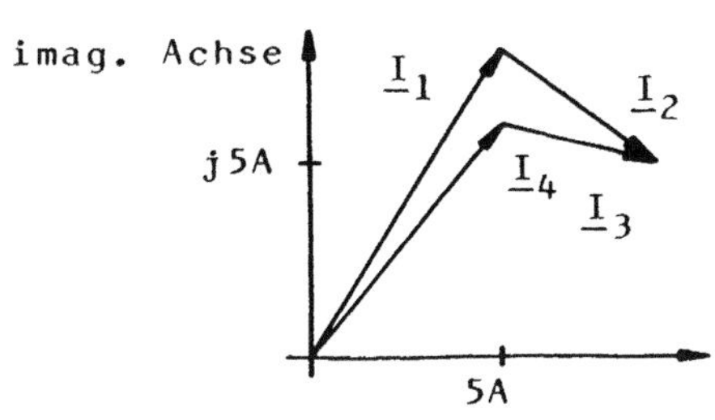

$\underline{I}$-Ebene

reelle Achse

2.8 Ersatzwiderstände

Der Ersatzwiderstand $\underline{Z}$ eines passiven Zweipols wird definiert als Spannungs-Stromverhältnis:

$$\underline{Z} = \underline{U}/\underline{I} = |\underline{Z}|\, e^{j\phi} = R + jX \tag{2-47}$$

mit $\phi = \phi_u - \phi_i$

Entsprechend gilt für den Ersatzleitwert:

$$\underline{Y} = \underline{I}/\underline{U} = |\underline{Y}|\, e^{-j\phi} = G + jB \tag{2-48}$$

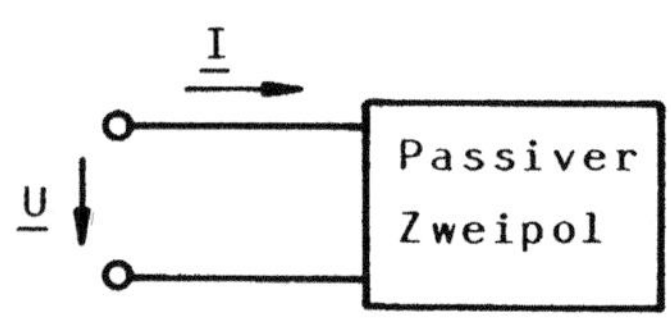

Bild 2.23: Zur Definition des Ersatzwiderstandes

2.8.1 Ersatzwiderstand einer Reihenschaltung

Bild 2.24: Original- und Ersatzschaltung

Die Anwendung der Maschenregel auf die Original- und Ersatzschaltung ergibt:

$$-\underline{U} + \underline{I}\,\underline{Z}_1 + \underline{I}\,\underline{Z}_2 = 0$$

$$-\underline{U} + \underline{I}\,\underline{Z} = 0$$

Nach Elimination von $\underline{U}$ und $\underline{I}$ folgt der Ersatzwiderstand $\underline{Z}$:

$$\underline{Z} = \underline{Z}_1 + \underline{Z}_2 \tag{2-49}$$

und der Ersatzleitwert $\underline{Y}$:

$$\underline{Y} = \frac{1}{1/\underline{Y}_1 + 1/\underline{Y}_2} = \frac{\underline{Y}_1 \underline{Y}_2}{\underline{Y}_1 + \underline{Y}_2} \tag{2-50}$$

2.8.2 Ersatzwiderstand einer Parallelschaltung

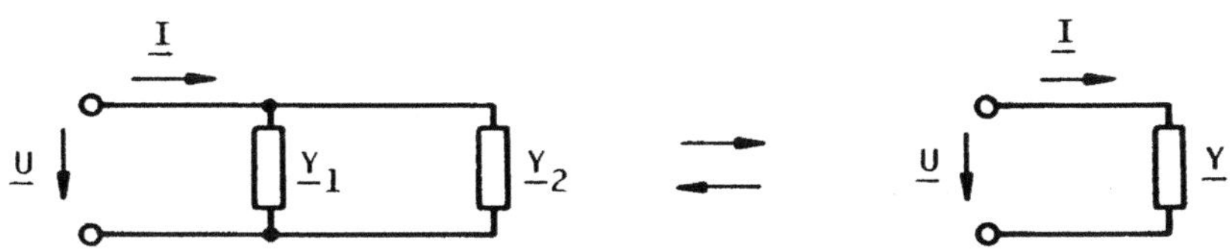

Bild 2.25: Original- und Ersatzschaltung

Die Anwendung der Knotenregel auf die Original- und Ersatzschaltung ergibt:

$$\underline{I} - \underline{U}\,\underline{Y}_1 - \underline{U}\,\underline{Y}_2 = 0$$

$$\underline{I} - \underline{U}\,\underline{Y} = 0$$

Nach Elimination von $\underline{U}$ und $\underline{I}$ folgt der Ersatzleitwert $\underline{Y}$:

$$\underline{Y} = \underline{Y}_1 + \underline{Y}_2 \tag{2-51}$$

und der Ersatzwiderstand $\underline{Z}$:

$$\underline{Z} = \frac{1}{1/\underline{Z}_1 + 1/\underline{Z}_2} = \frac{\underline{Z}_1 \underline{Z}_2}{\underline{Z}_1 + \underline{Z}_2} \tag{2-52}$$

Der erste Ausdruck in (2-52) ist für Taschenrechner günstiger, da die komplexen Zahlen $\underline{Z}_1$ und $\underline{Z}_2$ nur einmal eingegeben zu werden brauchen.

2.8.3 Ersatzwiderstand einer Reihenparallelschaltung

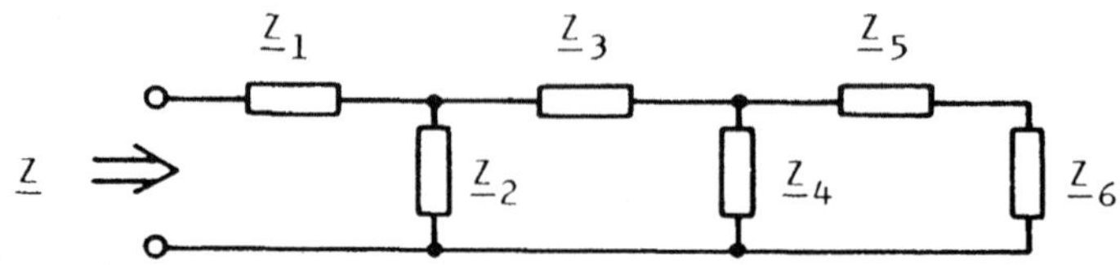

Bild 2.26: Reihenparallelschaltung

Durch fortgesetzte Anwendung der Regeln (2-49) und (2-51) folgt der folgende Algorithmus für die Berechnung des Ersatzwiderstandes $\underline{Z}$:

$$\underline{Z} = \underline{Z}_1 + \cfrac{1}{\cfrac{1}{\underline{Z}_2} + \cfrac{1}{\underline{Z}_3 + \cfrac{1}{\cfrac{1}{\underline{Z}_4} + \cfrac{1}{\underline{Z}_5 + \underline{Z}_6}}}} \qquad (2\text{-}53)$$

Der Algorithmus besteht aus einer Kettenrechnung von Inversionen und Additionen. Er ist insbesondere für Taschenrechner gut geeignet. Jeder Widerstand wird nur einmal eingegeben.

Beispiel:

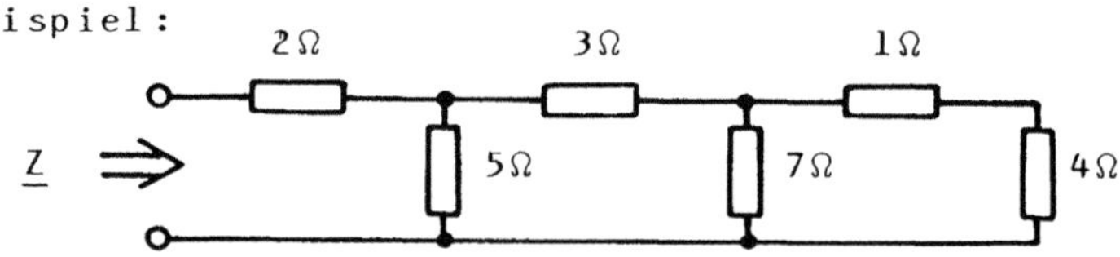

Man beginnt die Rechnung am Ende der Schaltung und erhält für den Ersatzwiderstand:

$$\underline{Z} = R = 2\Omega + \cfrac{1}{\cfrac{1}{5\Omega} + \cfrac{1}{3\Omega + \cfrac{1}{\cfrac{1}{7\Omega} + \cfrac{1}{1\Omega + 4\Omega}}}} = 4.71\,\Omega$$

2.8.4 Äquivalente Schaltungen

Jeder passive Wechselstrom-Zweipol läßt sich auf eine äquivalente Parallel- oder Reihenersatzschaltung zurückführen, die aus nur zwei Elementen besteht, einem Wirkwiderstand und einem Blindwiderstand.

Bild 2.27: Äquivalente Schaltungen

Der komplexe Leitwert einer Parallelersatzschaltung lautet unter Anwendung von (2-51):

$$\underline{Y}_p = \frac{1}{R_p} + \frac{1}{jX_p} \tag{2-54}$$

Der komplexe Widerstand einer Reihenersatzschaltung lautet unter Anwendung von (2-49):

$$\underline{Z}_s = R_s + jX_s \tag{2-55}$$

Beide Schaltungen sind äquivalent, wenn ihre Impedanzen übereinstimmen:

$$\underline{Z}_s = 1/\underline{Y}_p \tag{2-56}$$

Beispiel 1:

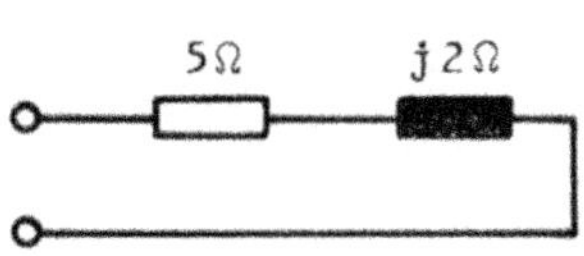

Die Reihenschaltung ist in eine äquivalente Parallelschaltung umzuwandeln.

Mit Gl.(2-56) ergibt sich:

$$\underline{Y}_p = \frac{1}{R_p} + \frac{1}{jX_p} = \frac{1}{5\Omega + j2\Omega} = 0.17\,\text{S} - j0.069\,\text{S}$$

Setzt man die Realteile und die Imaginärteile gleich, dann erhält man die Elemente der äquivalenten Parallelschaltung:

$$R_p = 5.8\,\Omega \qquad \text{und} \qquad X_p = 14.5\,\Omega$$

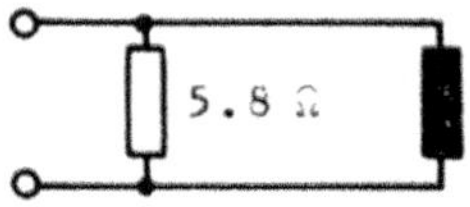

Werden die Zeiger entsprechend den Gln. (2-54) und (2-55) addiert, dann ergeben sich die Zeigerdiagramme der beiden äquivalenten Schaltungen:

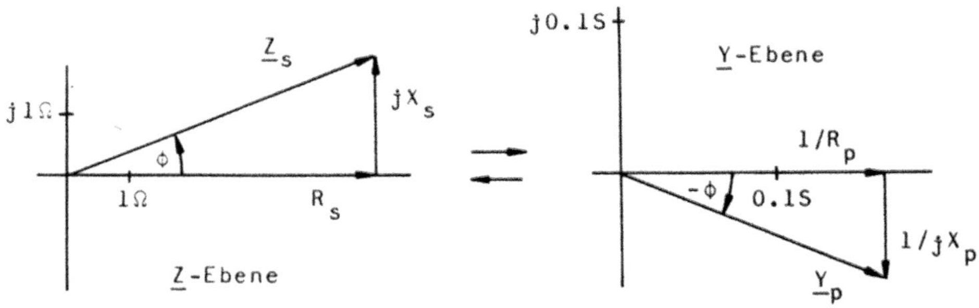

Beispiel 2:

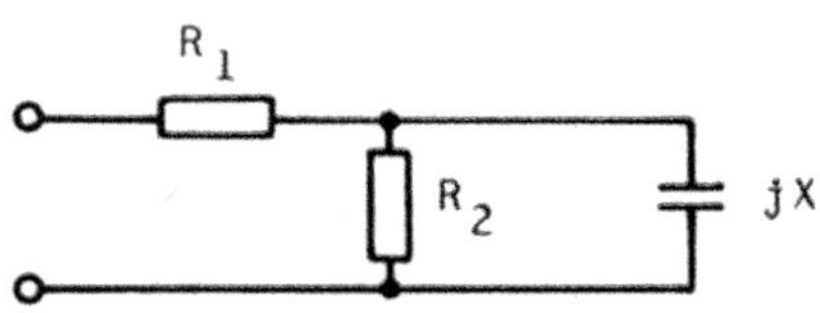

Gegeben sind die Elemente einer Reihenparallelschaltung:

$$R_1 = 5\Omega\,, \quad R_2 = 100\Omega\,, \quad X = -25\Omega$$

Gesucht sind die Elemente der Reihenersatzschaltung und der Parallelersatzschaltung.

Zur Bestimmung der Reihenersatzschaltung muß der Ersatzwiderstand $\underline{Z}$ entsprechend (2-53) bestimmt werden:

$$\underline{Z} = R_s + jX_s = R_1 + \frac{1}{1/R_2 + 1/(jX)} = 10.9\Omega - j23.5\Omega$$

Durch Vergleich der Realteile und der Imaginärteile findet man die Komponenten der Reihenersatzschaltung:

$R_s = 10.9\Omega$ und $X_s = -23.5\Omega$

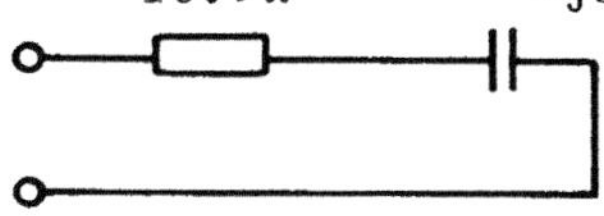

Zur Bestimmung der Parallelersatzschaltung muß man vom Ersatzleitwert $\underline{Y}$ der Gesamtschaltung ausgehen:

$$\underline{Y} = \frac{1}{\underline{Z}} = 0.016S + j0.035S = \frac{1}{R_p} + \frac{1}{jX_p}$$

Durch Vergleich der Realteile und der Imaginärteile findet man die folgenden Komponenten der Parallelersatzschaltung:

$R_p = 61.7\Omega$ und $X_p = -28.6\Omega$

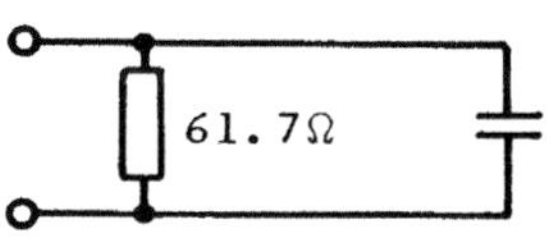

Die Zeigerdiagramme der beiden äquivalenten Ersatzschaltungen werden gegenübergestellt:

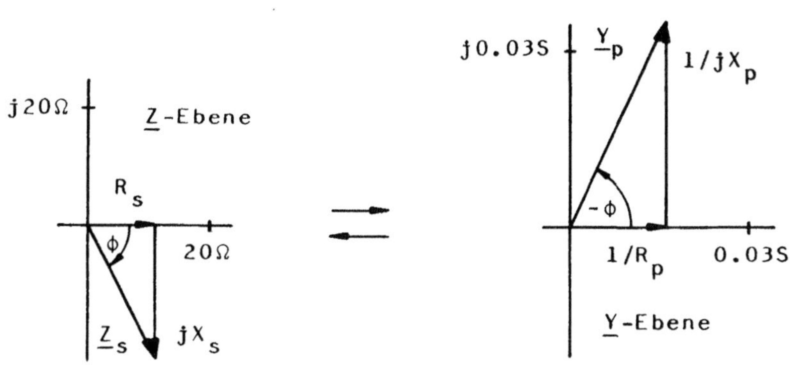

2.9 Spannungsteilerregel

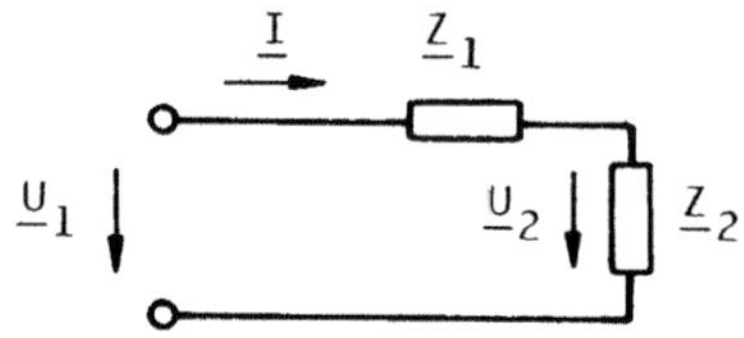

Bild 2.28: Spannungsteiler

Mit der Kirchhoffschen Maschenregel gilt an der Reihenschaltung Bild 2.28:

$$\underline{I} = \frac{\underline{U}_1}{\underline{Z}_1 + \underline{Z}_2} = \underline{U}_2/\underline{Z}_2$$

Hieraus folgt die Spannungsteilerregel in Widerstandsform:

$$\frac{\underline{U}_2}{\underline{U}_1} = \frac{\underline{Z}_2}{\underline{Z}_1 + \underline{Z}_2} \tag{2-57}$$

Eine einfache Umformung ergibt die Spannungsteilerregel in Leitwertform:

$$\frac{\underline{U}_2}{\underline{U}_1} = \frac{\underline{Y}_1}{\underline{Y}_1 + \underline{Y}_2} \tag{2-58}$$

Beispiel 1:

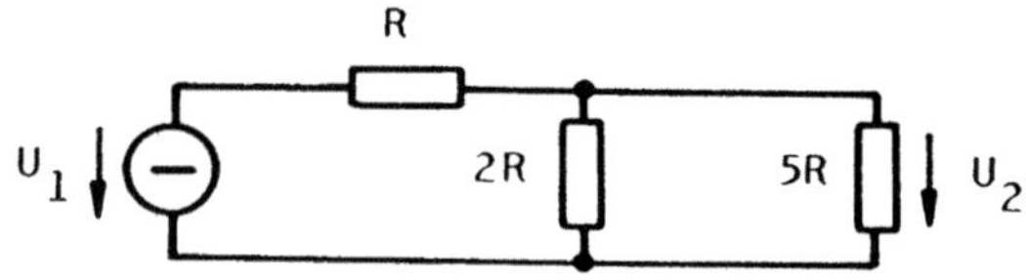

Wegen der Parallelschaltung zweier Widerstände ist hier die Spannungsteilerregel in Leitwertform günstig:

$$\frac{U_2}{U_1} = \frac{1/R}{1/R + 1/(5R) + 1/(2R)} = 0.59$$

Beispiel 2: Wien-Brücke

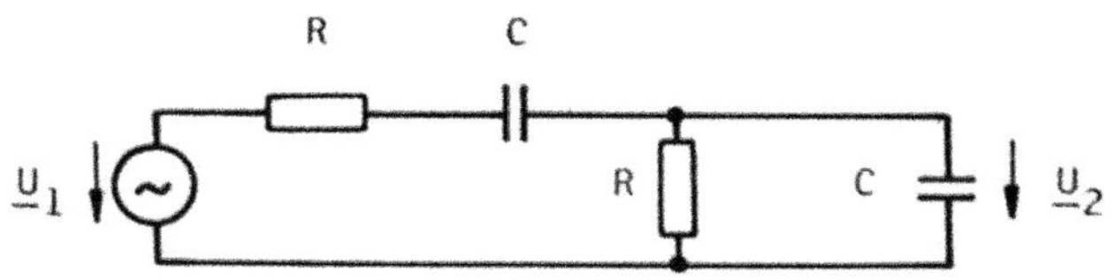

Mit der Spannungsteilerregel in Widerstandsform ergibt sich:

$$\frac{\underline{U}_2}{\underline{U}_1} = \frac{\dfrac{1}{\frac{1}{R} + j\omega C}}{R + \dfrac{1}{j\omega C} + \dfrac{1}{\frac{1}{R} + j\omega C}} = \frac{1}{1 + (R + \frac{1}{j\omega C})(\frac{1}{R} + j\omega C)}$$

$$= \frac{1}{3 + j(\omega RC - \frac{1}{\omega RC})}$$

Die Spannungsteilerregel in Leitwertform ist hier nicht günstiger, da der obere Teilwiderstand ein Serienwiderstand ist.

Beispiel 3: Maxwell-Brücke

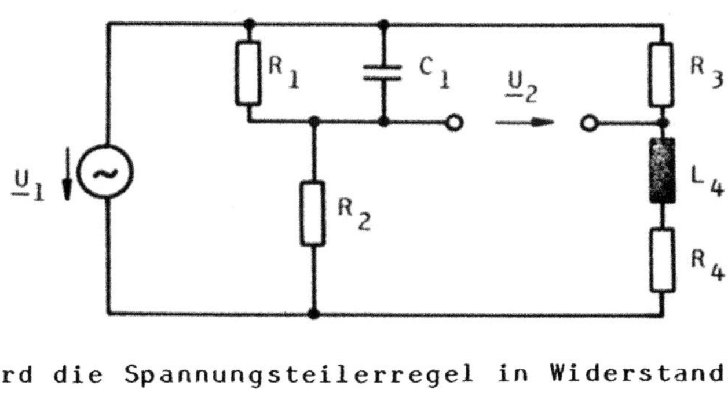

Wird die Spannungsteilerregel in Widerstandsform auf die rechte Seite und in Leitwertform auf die linke Seite der Schaltung angewandt, so ergibt sich $\underline{U}_2$ als Differenzspannung:

$$\frac{\underline{U}_2}{\underline{U}_1} = \frac{R_3}{R_3 + R_4 + j\omega L_4} - \frac{1/R_2}{1/R_2 + 1/R_1 + j\omega C}$$

Setzt man $\underline{U}_2 = 0$, dann folgen die Abgleichbedingungen:

$$R_4 = R_2 R_3 / R_1 \qquad \text{und} \qquad L_4 = C_1 R_2 R_3$$

2.10 Stromteilerregel

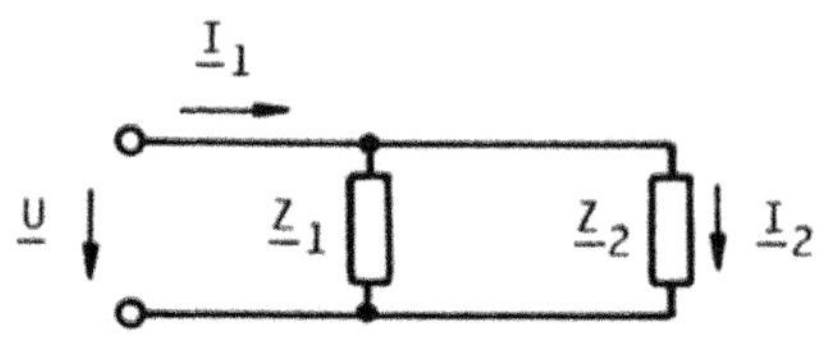

Bild 2.29: Stromteiler

Mit der Kirchhoffschen Knotenregel gilt an der Parallelschaltung Bild 2.29:

$$\underline{U} = \frac{\underline{I}_1}{\underline{Y}_1 + \underline{Y}_2} = \frac{\underline{I}_2}{\underline{Y}_2}$$

Hieraus folgt die Stromteilerregel in Leitwertform:

$$\frac{\underline{I}_2}{\underline{I}_1} = \frac{\underline{Y}_2}{\underline{Y}_1 + \underline{Y}_2} \tag{2-59}$$

Eine einfache Umformung ergibt die Stromteilerregel in Widerstandsform:

$$\frac{\underline{I}_2}{\underline{I}_1} = \frac{\underline{Z}_1}{\underline{Z}_1 + \underline{Z}_2} \tag{2-60}$$

Beispiel 1:

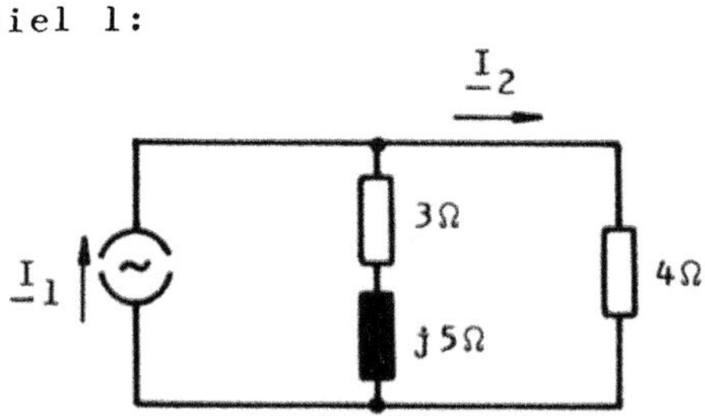

Wegen der Reihenschaltung in dem einen Parallelzweig ist hier die Stromteilerregel in Widerstandsform günstiger:

$$\underline{I}_2 = \underline{I}_1 \frac{3\Omega + j5\Omega}{3\Omega + j5\Omega + 4\Omega} = \underline{I}_1 \cdot 0.678\, e^{j23.5^\circ}$$

Beispiel 2:

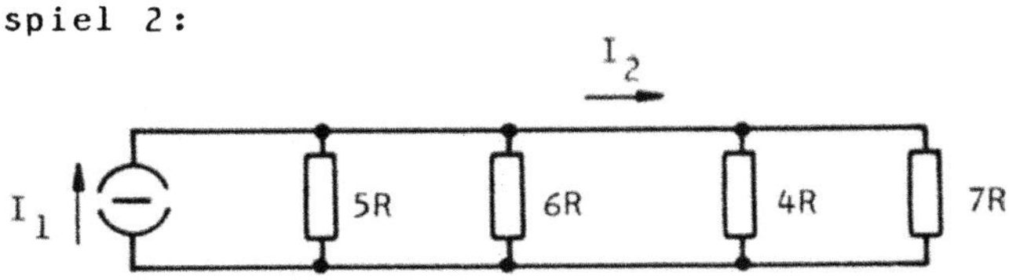

Jeder Zweig besteht aus zwei Parallelwiderständen. Daher wird hier die Stromteilerregel in Leitwertform angewandt:

$$\frac{I_2}{I_1} = \frac{\frac{1}{4R} + \frac{1}{7R}}{\frac{1}{4R} + \frac{1}{7R} + \frac{1}{5R} + \frac{1}{6R}} = 0.517$$

Beispiel 3:

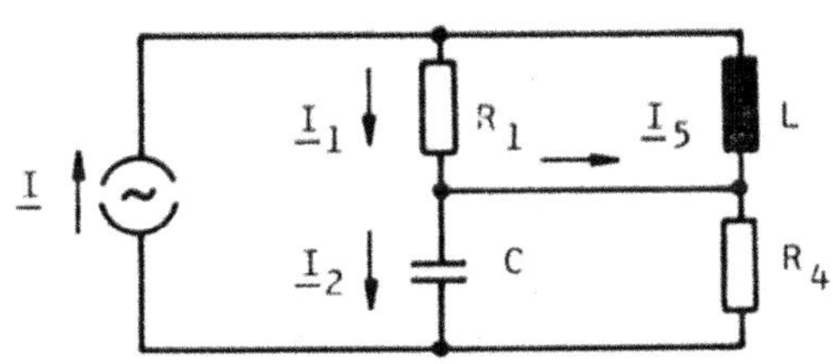

Der Strom $\underline{I}_5$ ist zu bestimmen.

Mit der Stromteilerregel in Widerstandsform folgt:

$$\underline{I}_1 = \underline{I} \frac{j\omega L}{R_1 + j\omega L}$$

Mit der Stromteilerregel in Leitwertform folgt:

$$\underline{I}_2 = \underline{I} \frac{j\omega C}{1/R_4 + j\omega C}$$

Hieraus ergibt sich mit der Kirchhoffschen Knotenregel:

$$\underline{I}_5 = \underline{I}_1 - \underline{I}_2$$

2.11 Überlagerungsverfahren

In einem linearen Netzwerk gilt für die Spannungen und Ströme das Überlagerungsprinzip:

Jede Quelle Q_i (Spannungs- oder Stromquelle) verursacht eine Einzelwirkung $W(Q_i)$, die berechnet werden kann, indem alle anderen Quellen zu Null gemacht werden. Die Gesamtwirkung W ergibt sich dann durch Überlagerung (Addition) der Einzelwirkungen:

$$W = W(Q_1) + W(Q_2) + W(Q_3) + \dots \qquad (2\text{-}61)$$

In dem Abschnitt 2.3 wurde beschrieben:

Eine Spannungsquelle wird zu Null gemacht, indem sie durch einen Kurzschluß ersetzt wird, eine Stromquelle, indem sie durch eine Unterbrechung ersetzt wird.

Beispiel:

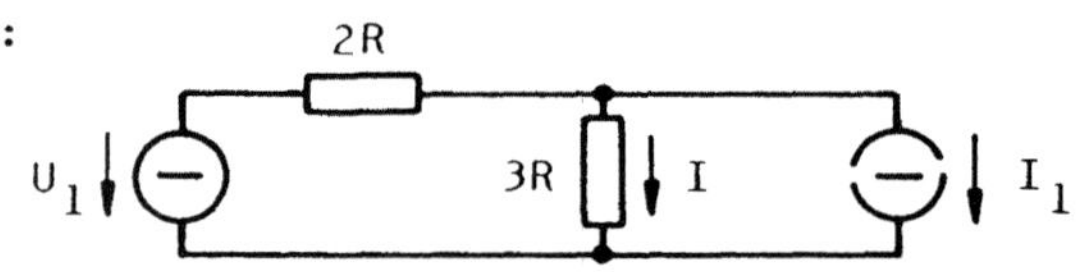

Gesucht ist der Strom I.

a) Nur die Ursache U_1 sei wirksam und $I_1=0$. Dann gilt die Ersatzschaltung:

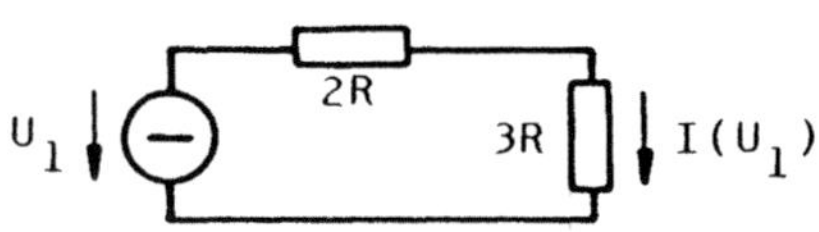

b) Nur die Ursache I_1 sei wirksam und $U_1=0$. Dann gilt die Ersatzschaltung:

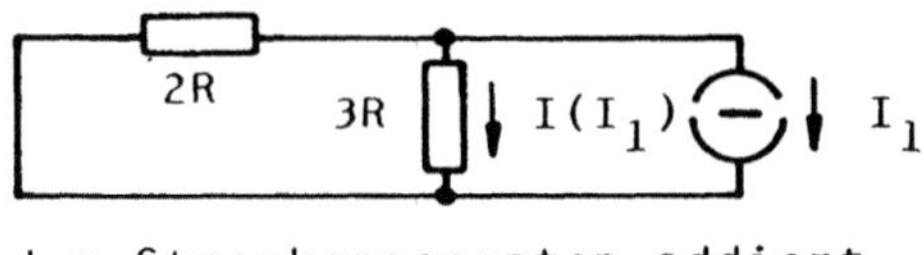

Werden die beiden Stromkomponenten addiert, so ergibt sich:

$$I = I(U_1) + I(I_1) = \frac{U_1}{5R} - I_1 \frac{2R}{2R + 3R} = 0.2\,\frac{U_1}{R} - 0.4 I_1$$

2.12 Ersatzzweipolquelle

Ein aktiver Zweipol bestehe aus einer beliebigen Schaltung mit Spannungsquellen, Stromquellen und Impedanzen. Es wird gezeigt, daß jeder aktive Zweipol durch eine Ersatzquelle ersetzt werden kann, die aus nur zwei Elementen besteht.

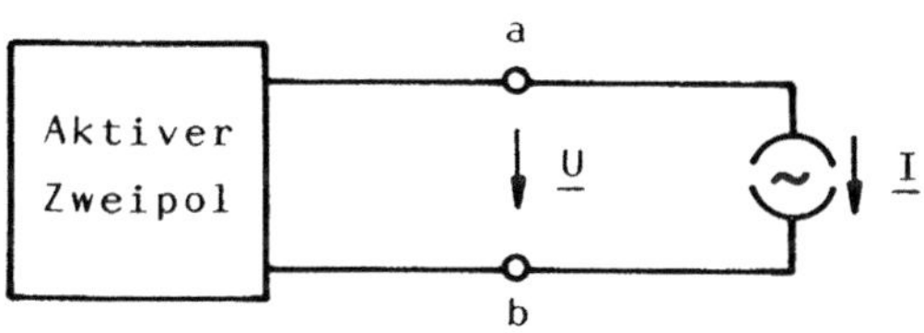

Bild 2.30: Belasteter aktiver Zweipol

Der Belastungsstrom wird simuliert durch eine Stromquelle $\underline{I}$. Dann ergibt sich für die Klemmenspannung $\underline{U}$ mit dem Überlagerungssatz:

$$\underline{U} = \underline{U}(\text{alle Quellen des Zweipols}) + \underline{U}(\text{Stromquelle } \underline{I})$$

$$= \underline{U}_o - \underline{I}\,\underline{Z}_o \qquad (2\text{-}62)$$

Hierin bedeuten:

$\underline{U}_o$ die Leerlaufspannung an den Klemmen a und b für $\underline{I}=0$

$\underline{Z}_o$ die Impedanz an den Klemmen a und b, wenn alle Quellen des Zweipols gleich Null sind

Der Kurzschlußstrom $\underline{I}_o$ ergibt sich, wenn man in (2-62) $\underline{U}=0$ setzt:

$$\underline{I}_o = \frac{\underline{U}_o}{\underline{Z}_o} \qquad (2\text{-}63)$$

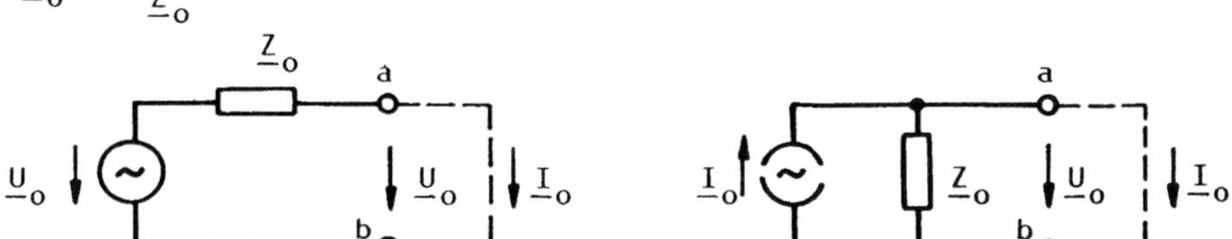

Bild 2.31: Ersatzspannungsquelle und Ersatzstromquelle

Man erkennt, daß die Gleichungen (2-62) und (2-63) durch die Ersatzquellen des Bildes 2.31 erfüllt werden.

Ersatzspannungsquelle und Ersatzstromquelle sind äquivalente Schaltungen und lassen sich mit (2-63) ineinander umrechnen. Sie haben die gleiche Strom-Spannungskennlinie.

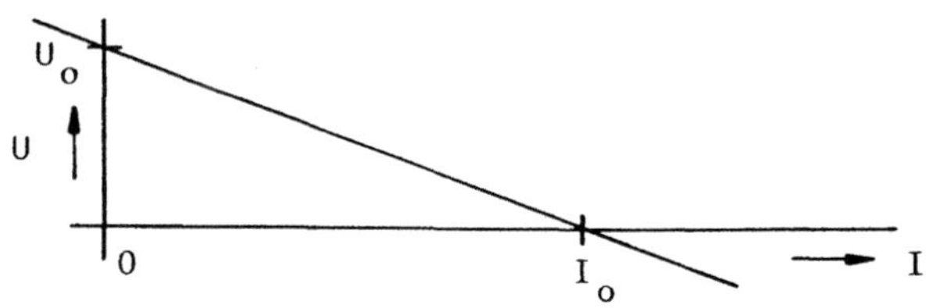

Bild 2.32: Kennlinie der Ersatzzweipolquelle für Gleichstrom

Jeder aktive Zweipol kann also in eine der beiden Ersatzquellen umgewandelt werden. Die Bestimmungsgrößen der Ersatzquelle sind $\underline{U}_o$, $\underline{I}_o$ und $\underline{Z}_o$. Nur zwei davon müssen aus der Schaltung berechnet werden oder gemessen werden. Die dritte kann dann mit (2-63) bestimmt werden.

Warnung !
Die Ersatzzweipolquellen sind nur bezüglich ihrer <u>äußeren</u> Strom-Spannungskennlinie äquivalent. Die <u>inneren</u> Ströme, Spannungen oder Leistungen dürfen keinesfalls miteinander verglichen werden !

Beispiel 1:

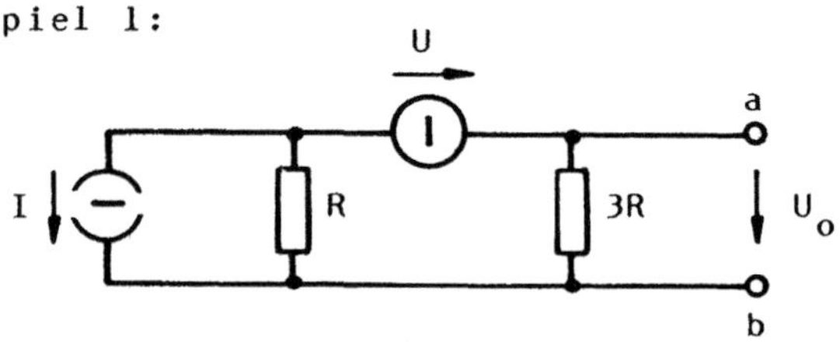

Die Schaltung ist bezüglich der Klemmen a,b in eine Ersatzspannungsquelle umzuwandeln.

Den Innenwiderstand R_o findet man, indem beide Quellen zu Null gemacht werden:

$$R_o = R \,||\, (3R) = 0.75R$$

Für die Bestimmung der Leerlaufspannung kann z.B. der Überlagerungssatz angewendet werden:

$$\underline{U}_o = -0.75RI - U\frac{3R}{R + 3R} = -0.75(IR + U)$$

Mit den berechneten Größen ist die Ersatzspannungsquelle:

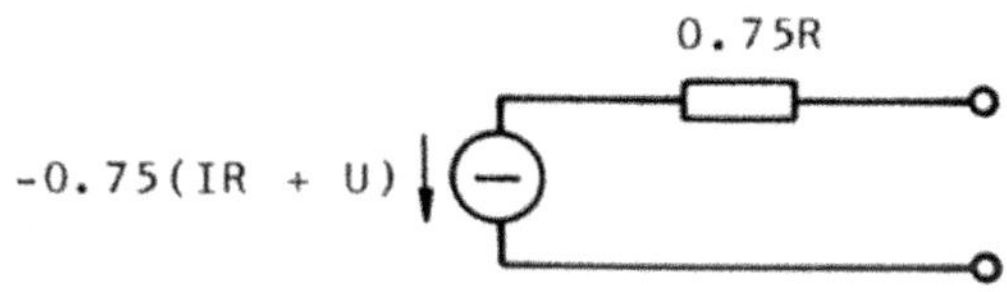

Beispiel 2:

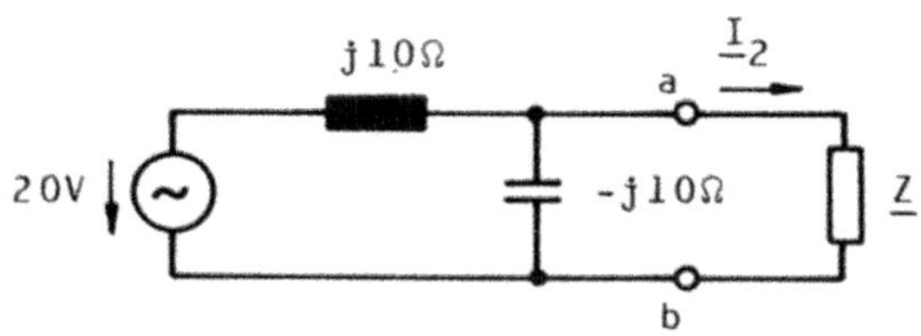

Die Schaltung ist bei unbelasteten Klemmen a,b in eine Ersatzstromquelle umzuwandeln. Mit der Ersatzschaltung ist der Strom $\underline{I}_2$ zu berechnen.

Über die kurzgeschlossenen Klemmen a,b fließt der Strom $\underline{I}_o$:

$$\underline{I}_o = \frac{20V}{j10\Omega} = -j2A$$

Für die Bestimmung des Innenleitwertes $\underline{Y}_o$ wird die Spannungsquelle durch einen Kurzschluß ersetzt:

$$\underline{Y}_o = \frac{1}{-j10\Omega} + \frac{1}{j10\Omega} = 0$$

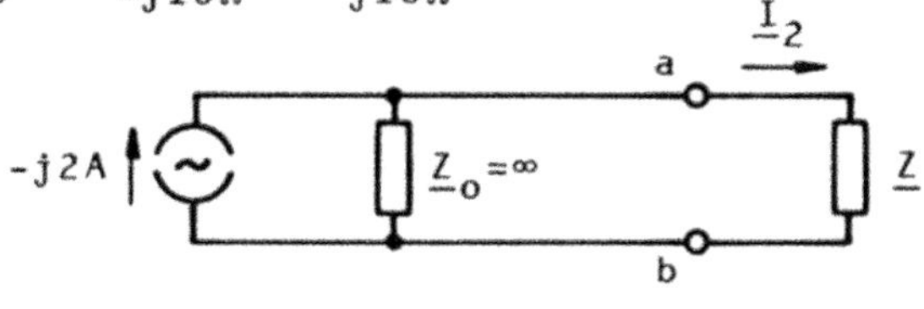

Aus der Ersatzschaltung ergibt sich ein Strom $\underline{I}_2$=-j2A. Er ist unabhängig vom Belastungswiderstand $\underline{Z}$. Es handelt sich um eine Konstantstromschaltung (ideale Stromquelle).

Beispiel 3:

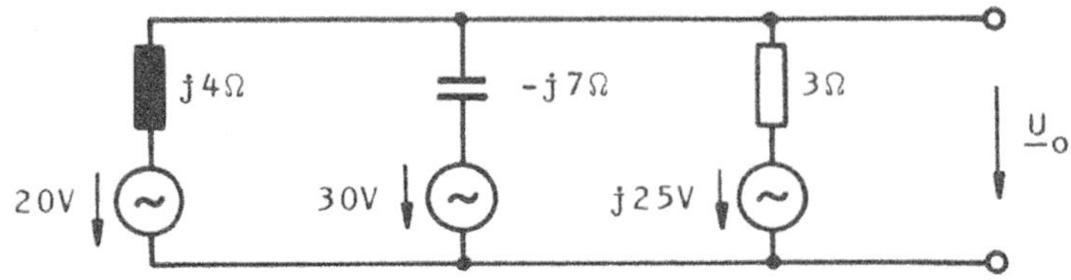

Drei Ersatzspannungsquellen sind parallel geschaltet. Man berechne die Leerlaufspannung $\underline{U}_o$.

Die Rechnung wird am einfachsten, wenn man zunächst $\underline{I}_o$ und $\underline{Z}_o$ berechnet. Mit dem Überlagerungssatz findet man:

$$\underline{I}_o = \frac{20V}{j4\Omega} + \frac{30V}{-j7\Omega} + \frac{j25V}{3\Omega} = j7.62A$$

Die parallel geschalteten Widerstände ergeben den Innenwiderstand:

$$\underline{Z}_o = \frac{1}{\frac{1}{j4\Omega} + \frac{1}{-j7\Omega} + \frac{1}{3\Omega}} = 2.72\Omega + j0.874\Omega$$

Hieraus folgt mit (2-63) das Ergebnis:

$$\underline{U}_o = -6.66V + j20.7V$$

Die parallelen Ersatzquellen können also durch eine einzige ersetzt werden, entweder durch die Ersatzspannungsquelle:

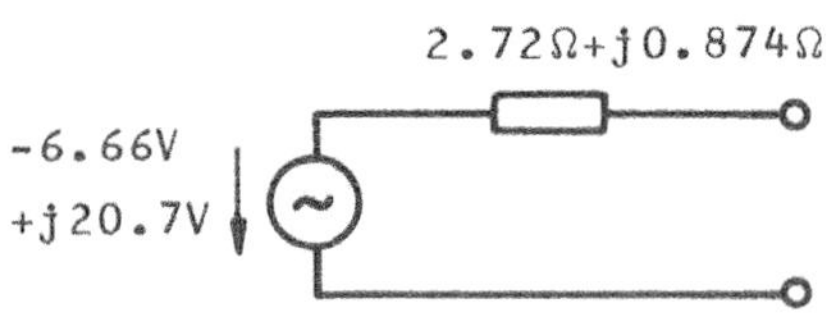

oder durch die Ersatzstromquelle:

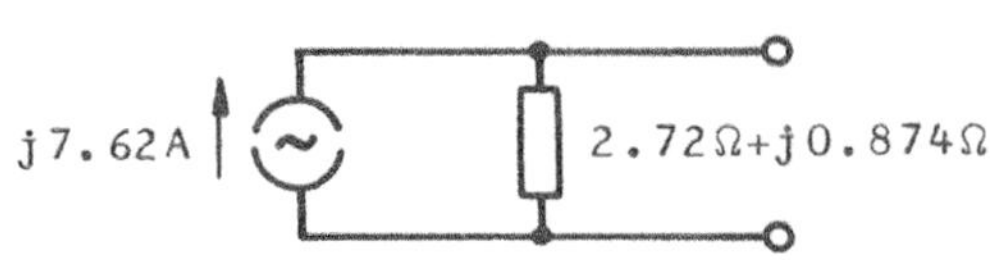

Beispiel 4:

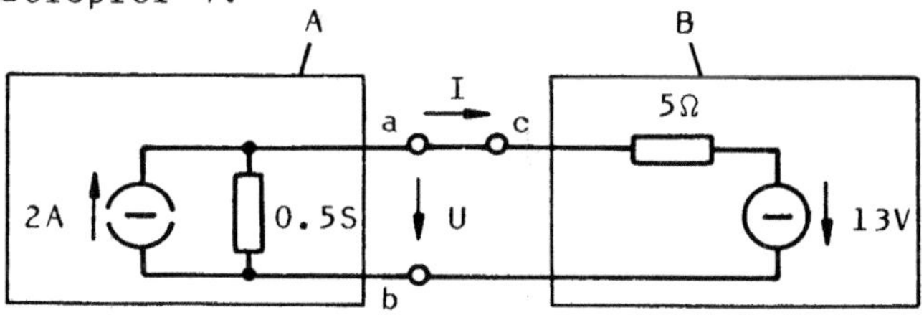

Die Spannung U und der Strom I sind zu berechnen.

Zur Berechnung von U werden die Ersatzquellen A und B parallel geschaltet. Ersatzquellen werden parallel geschaltet, indem ihre Kurzschlußströme und ihre Innenleitwerte addiert werden. B muß also vorher in eine Ersatzstromquelle umgewandelt werden:

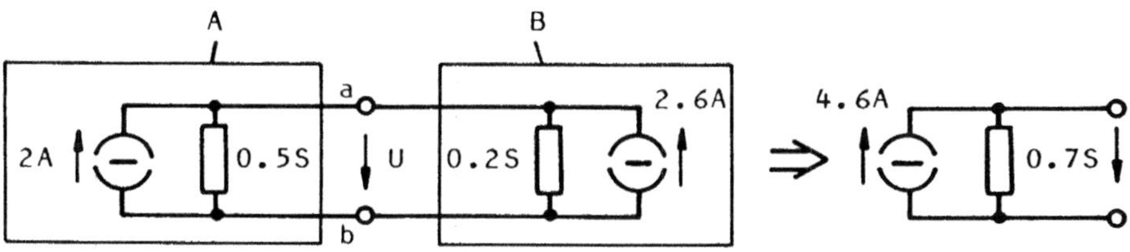

Die gesuchte Spannung U ist dann gleich der Leerlaufspannung der parallel geschalteten Ersatzquellen:

$$U = 4.6A/0.7S = 6.57V$$

Zur Berechnung von I werden die Ersatzquellen A und B in Serie geschaltet. Ersatzquellen werden in Serie geschaltet, indem ihre Leerlaufspannungen und Innenwiderstände addiert werden. A muß also vorher mit Gl.(2-63) in eine Ersatzspannungsquelle umgewandelt werden:

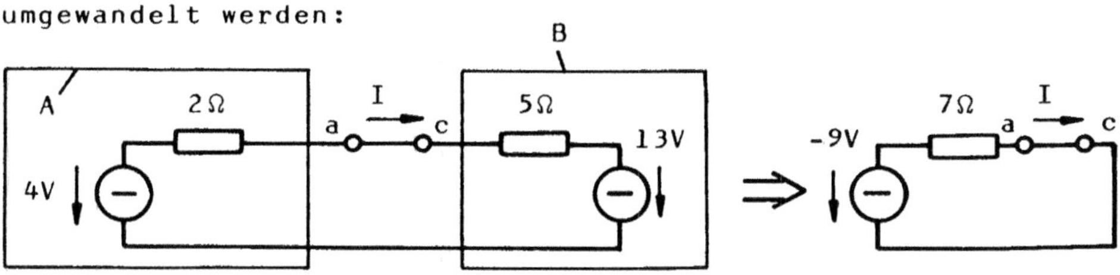

Der gesuchte Strom I ist dann gleich dem Kurzschlußstrom der in Serie geschalteten Ersatzquellen:

$$I = -9V/7\Omega = -1.29A$$

Spezielle Ersatzquellen:

Die folgenden Zweipole sind äquivalente Ersatzquellen, weil ihre Leerlaufspannungen, ihre Kurzschlußströme und ihre Innenwiderstände übereinstimmen. Sie werden häufig für Netzumformungen benötigt.

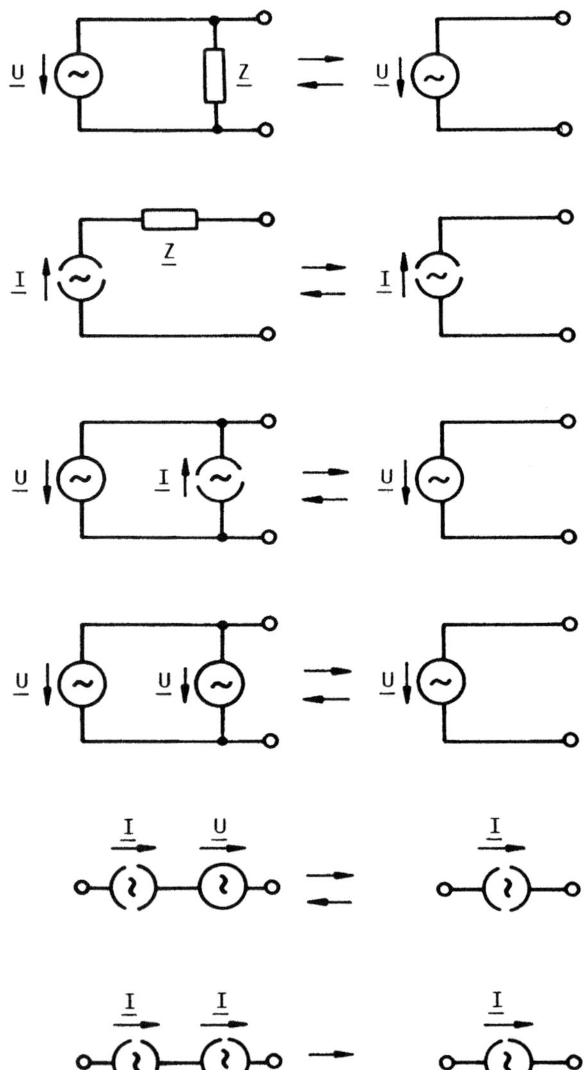

$\underline{U}_o = \underline{U}$, $\underline{Z}_o = 0$

$\underline{I}_o = \underline{I}$

$\underline{U}_o = \underline{U}$, $\underline{Z}_o = 0$

$\underline{U}_o = \underline{U}$, $\underline{Z}_o = 0$

$\underline{I}_o = \underline{I}$, $\underline{Z}_o = \infty$

$\underline{I}_o = \underline{I}$, $\underline{Z}_o = \infty$

Bild 2.33: Äquivalente Zweipole

2.13 Verlegung von Quellen

2.13.1 Verlegung von Spannungsquellen

Hat eine Spannungsquelle keinen Serienwiderstand, dann kann sie nicht mit Gl.(2-63) in eine äquivalente Ersatzstromquelle umgewandelt werden. Hier hilft eine Verlegung der Quelle. Eine Spannungsquelle wird verlegt, indem sie über einen Knoten in alle benachbarten Zweige verschoben wird.

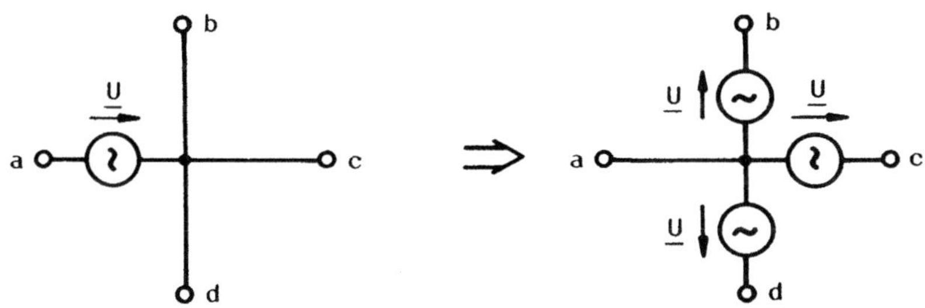

Bild 2.34: Verlegung einer Spannungsquelle

Die Kirchhoffsche Maschenregel ergibt, daß sich an den Spannungen zwischen den Klemmen a, b, c und d nach der Verlegung nichts geändert hat.

Beispiel:

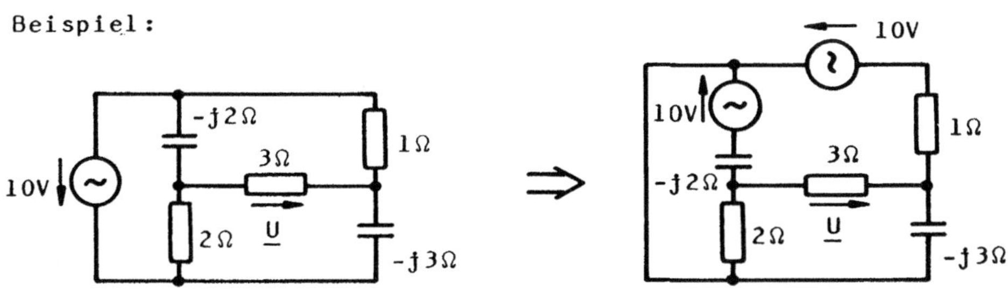

Gesucht ist die Spannung $\underline{U}$ im Brückenzweig. Nach der Verlegung der Spannungsquelle hat jede Spannungsquelle einen Serienwiderstand. Die Spannung $\underline{U}$ kann jetzt leicht, z.B. durch Reduktion des Netzwerkes mit äquivalenten Ersatzquellen bestimmt werden:

$$\underline{U} = 5.29\text{V}\, e^{j131^\circ}$$

2.13.2 Verlegung von Stromquellen

Hat eine ideale Stromquelle keinen Parallelwiderstand, dann kann sie nicht mit Gl.(2-63) in eine äquivalente Ersatzspannungsquelle umgewandelt werden. Hier hilft eine Verlegung der Stromquelle. Eine Stromquelle wird verlegt, indem sie vervielfacht wird und dann mit beliebigen Knoten des Netzwerkes verbunden wird.

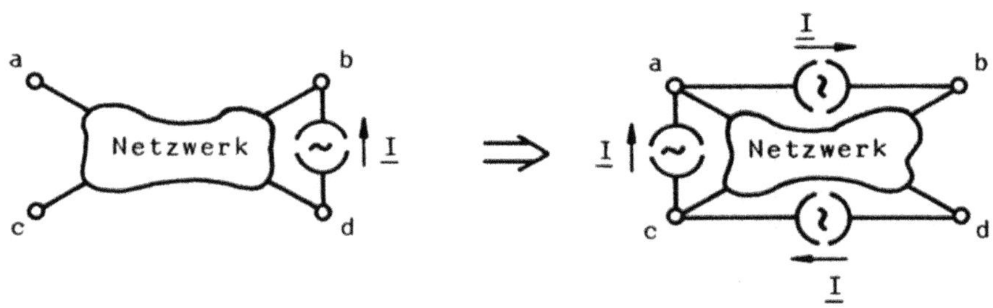

Bild 2.35: Verlegung einer Stromquelle

Die Kirchhoffsche Knotenregel ergibt, daß sich an den Stromverhältnissen der Knoten a, b, c und d nichts geändert hat.

Beispiel:

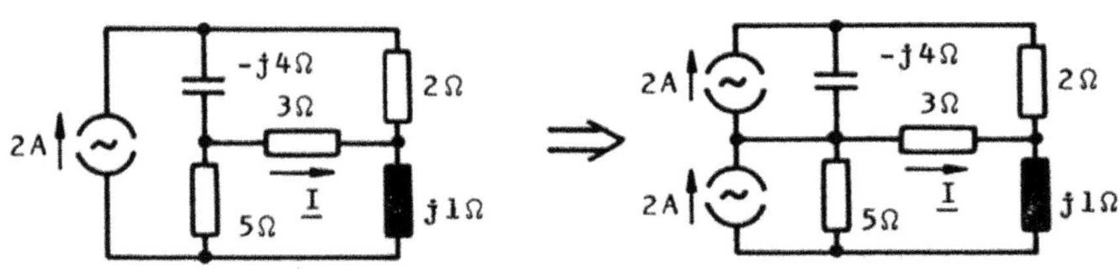

Gesucht ist der Strom $\underline{I}$ im Brückenzweig. Nach der Verlegung der Stromquelle hat jede Stromquelle einen Parallelwiderstand. Der Strom $\underline{I}$ kann jetzt leicht, z.B. durch Reduktion des Netzwerkes mit äquivalenten Ersatzquellen bestimmt werden:

$$\underline{I} = 0.272\text{A}\, e^{j37.7^\circ}$$

Ist das Ziel der Verlegung von Stromquellen letztlich die Umwandlung in äquivalente Spannungsquellen, dann kann die Verlegung und Umwandlung auch in einem einzigen Schritt durchgeführt werden. Zunächst werden die Schritte einzeln betrachtet.

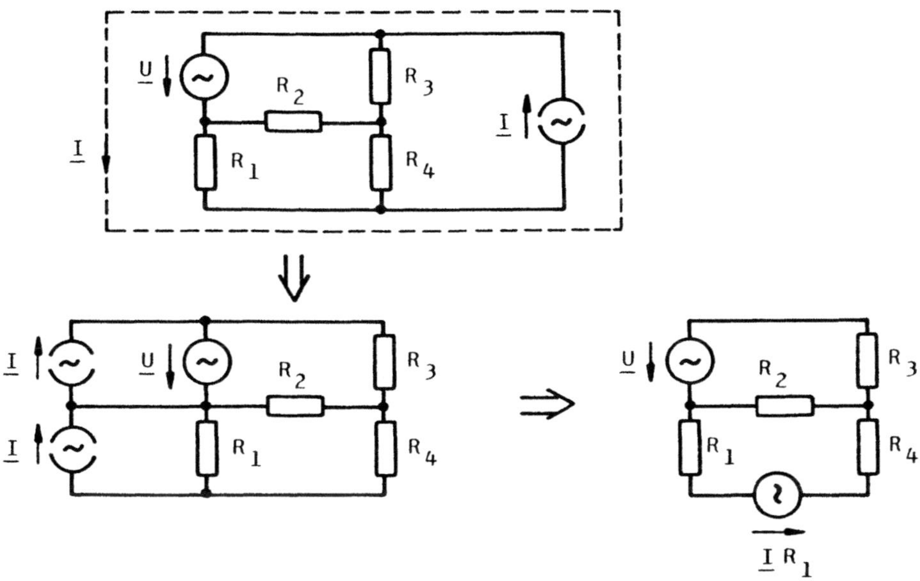

Bild 2.36: Zur Umwandlung Strom- in Spannungsquellen

Nach der Verlegung der Stromquelle in Bild 2.36 hat die untere Stromquelle einen Parallelwiderstand und kann mit Gl. (2-63) in eine Spannungsquelle umgewandelt werden. Die obere Stromquelle ist mit einer Spannungsquelle $\underline{U}$ parallel geschaltet und kann daher entsprechend Bild 2.33 weggelassen werden.

Die einzelnen Schritte können nun zu der folgenden Vorschrift zusammengefaßt werden:

Man wähle eine beliebige geschlossene Strombahn für den Strom der Stromquelle. Dann streiche man die Stromquelle und setze überall dort, wo dieser Strom einen Spannungsabfall verursacht, eine Spannungsquelle mit der Größe und Richtung dieses Spannungsabfalls.

2.14 Maschenstromverfahren

2.14.1 Voraussetzungen

Das Verfahren setzt voraus, daß sich nur Spannungsquellen im Netzwerk befinden. Diese Voraussetzung läßt sich immer realisieren, indem jeder Zweig in eine äquivalente Ersatzspannungsquelle umgewandelt wird. Besteht ein Zweig aus nur einer Stromquelle, dann muß diese vor der Umwandlung verlegt werden (siehe Abschnitt 2.13.2).

2.14.2 Ansatz mit Maschenströmen

Das Verfahren wird an einem Netzwerk mit drei Maschenströmen erläutert (Bild 2.37). Der Ansatz erfolgt mit Maschenströmen, die in geschlossenen Strombahnen fließen, als Unbekannte. Die Zweigströme ergeben sich dann durch Überlagerung der Maschenströme. Die Wahl der Maschenstrombahnen ist an sich beliebig. Es müssen jedoch die folgenden Regeln beachtet werden:

a) Es gibt genau $M = Z - (K-1)$ Maschenströme, wenn Z die Anzahl der Zweige und K die Anzahl der Knoten in einem Netzwerk ist.
b) Beim schrittweisen Ansatz der Maschenströme muß jede Masche wenigstens einen neuen und bisher unbelegten Zweig enthalten.
c) Jeder Zweig muß schließlich mindestens einen Maschenstrom führen.

Es ist leicht einzusehen, daß die Summe aller einem Knoten zufließenden Maschenströme gleich Null ist, so daß die Knotengleichungen überflüssig sind. In dem Netzwerk des Bildes 2.37 sei angenommen, daß die Umwandlung der Zweige in Ersatzspannungsquellen bereits durchgeführt ist. Jeder Zweig besteht also aus einer Reihenschaltung einer idealen Spannungsquelle mit einer Impedanz. Die Spannungsquelle darf in einem Zweig natürlich auch fehlen.

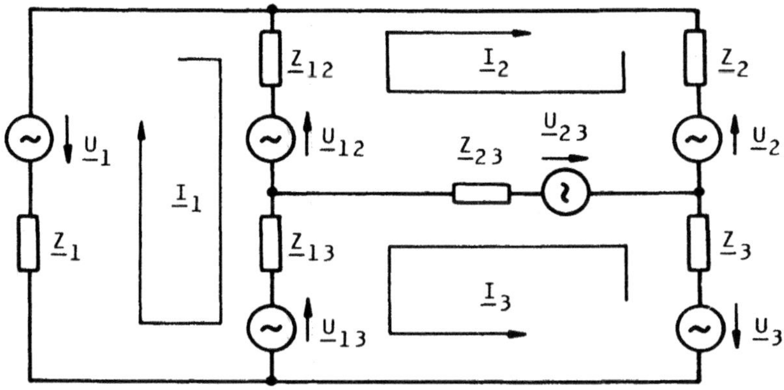

Bild 2.37: Ansatz mit Maschenströmen

Zur Berechnung der Maschenströme sind drei Maschengleichungen erforderlich:

$$\underline{I}_1\underline{Z}_1 + (\underline{I}_1-\underline{I}_2)\underline{Z}_{12} + (\underline{I}_1+\underline{I}_3)\underline{Z}_{13} = \underline{U}_1+\underline{U}_{12}+\underline{U}_{13} \quad (2\text{-}64a)$$

$$\underline{I}_2\underline{Z}_2 + (\underline{I}_2-\underline{I}_1)\underline{Z}_{12} + (\underline{I}_2+\underline{I}_3)\underline{Z}_{23} = \underline{U}_2-\underline{U}_{12}+\underline{U}_{23} \quad (2\text{-}64b)$$

$$\underline{I}_3\underline{Z}_3 + (\underline{I}_3+\underline{I}_2)\underline{Z}_{23} + (\underline{I}_3+\underline{I}_1)\underline{Z}_{13} = \underline{U}_3+\underline{U}_{13}+\underline{U}_{23} \quad (2\text{-}64c)$$

2.14.3 Direkter Ansatz mit der Widerstandsmatrix

Mit dem folgenden Ansatz kann das Gleichungssystem der Maschenströme, nach Maschenströmen geordnet, direkt der Schaltung entnommen werden. Das Gleichungssystem (2-64) lautet nach einer Umformung in der Matrixschreibweise:

$$\begin{bmatrix} \underline{Z}_1+\underline{Z}_{12}+\underline{Z}_{13} & -\underline{Z}_{12} & \underline{Z}_{13} \\ -\underline{Z}_{12} & \underline{Z}_2+\underline{Z}_{12}+\underline{Z}_{23} & \underline{Z}_{23} \\ \underline{Z}_{13} & \underline{Z}_{23} & \underline{Z}_3+\underline{Z}_{13}+\underline{Z}_{23} \end{bmatrix} \cdot \begin{bmatrix} \underline{I}_1 \\ \underline{I}_2 \\ \underline{I}_3 \end{bmatrix} = \begin{bmatrix} \underline{U}_1+\underline{U}_{12}+\underline{U}_{13} \\ \underline{U}_2-\underline{U}_{12}+\underline{U}_{23} \\ \underline{U}_3+\underline{U}_{13}+\underline{U}_{23} \end{bmatrix} \quad (2\text{-}65)$$

Mit den allgemeinen Elementen A_{ij} kann das Gleichungssystem in der folgenden für die Rechnung günstigen schematischen Form geschrieben werden:

$\underline{I}_1$	$\underline{I}_2$	$\underline{I}_3$	$-\Sigma\underline{U}$
$\underline{A}_{11}$	$\underline{A}_{12}$	$\underline{A}_{13}$	$\underline{A}_{14}$
$\underline{A}_{21}$	$\underline{A}_{22}$	$\underline{A}_{23}$	$\underline{A}_{24}$
$\underline{A}_{31}$	$\underline{A}_{32}$	$\underline{A}_{33}$	$\underline{A}_{34}$

(2-66)

Durch Vergleich von (2-65) mit (2-66) findet man die folgenden allgemeinen Eigenschaften der erweiterten Widerstandsmatrix (2-66):

$\underline{I}_1$, $\underline{I}_2$, $\underline{I}_3$	Maschenströme in den Maschen 1,2 und 3
$\underline{A}_{11}$, $\underline{A}_{22}$, $\underline{A}_{33}$	Hauptdiagonalelemente der Widerstandsmatrix. Summe aller Widerstände in den Maschen 1,2 und 3.
$\underline{A}_{12} = \underline{A}_{21}$	Koppelwiderstand zwischen den Maschen 1 und 2. Ein Koppelwiderstand ist positiv einzusetzen, wenn er von den Maschenströmen gleichsinnig, und negativ, wenn er gegensinnig durchflossen wird.
$\underline{A}_{14}$, $\underline{A}_{24}$, $\underline{A}_{34}$	Negative Summe aller Quellenspannungen in den Maschen 1,2 und 3, wenn die Maschen in Richtung der Maschenströme durchlaufen werden. Es wird also die Quellenspannung positiv gezählt, deren Zählpfeil dem Maschenstrom entgegen gerichtet ist.

Man erkennt, daß die Widerstandsmatrix bezüglich ihrer Hauptdiagonalen symmetrisch ist. Diese Tatsache kann zur Kontrolle und zur Verkürzung der Rechnung mit dem Gauß-Algorithmus ausgenutzt werden.

Alle Elemente des Schemas (2-66) können also direkt der Schaltung entnommen werden. Dieses Schema, das ja ein Gleichungssystem repräsentiert, kann entweder mit dem Gauß-Algorithmus oder mit Determinanten nach den unbekannten Maschenströmen aufgelöst werden. Mit der Kenntnis der Maschenströme ist dann auch die gesamte Strom- und Spannungsverteilung des Netzwerkes bekannt.

Beispiel 1:

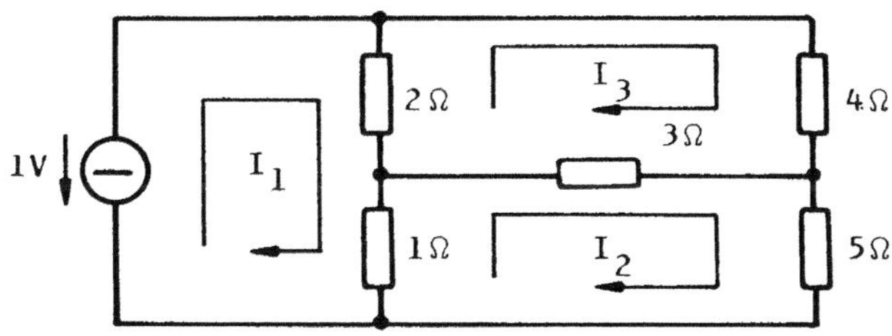

Gesucht ist der Eingangswiderstand R_{in} der Schaltung.

Wird die Schaltung von einer Spannungsquelle von 1V gespeist, dann ist der Eingangswiderstand $R_{in} = 1V/I_1$. Der Strom I_1 wird mit dem Maschenstromverfahren berechnet. Das Gleichungssystem wird in der Form des Schemas (2-66) angeschrieben. Die Elemente der Widerstandsmatrix können direkt der Schaltung entnommen werden. Für die numerische Auflösung mit einem Rechnerprogramm kann die untere Dreiecksmatrix weggelassen werden (wegen der Symmetrie der Widerstandsmatrix).

I_1	I_2	I_3	$-\Sigma U$
3Ω	-1Ω	-2Ω	1V
	9Ω	-3Ω	0
		9Ω	0

Werden die Einheiten V und Ω aus der Matrix ausgeklammert und den Variablen I_1, I_2 und I_3 zugeordnet, dann sind alle Elemente der Matrix reine Zahlenwerte:

I_1/A	I_2/A	I_3/A	$-\Sigma U/V$
3	-1	-2	1
	9	-3	0
		9	0

Die Auflösung ergibt $I_1 = 0.453\,A$. Hieraus folgt der Eingangswiderstand:

$$R_{in} = 1V/0.453A = 2.21\Omega$$

Beispiel 2:

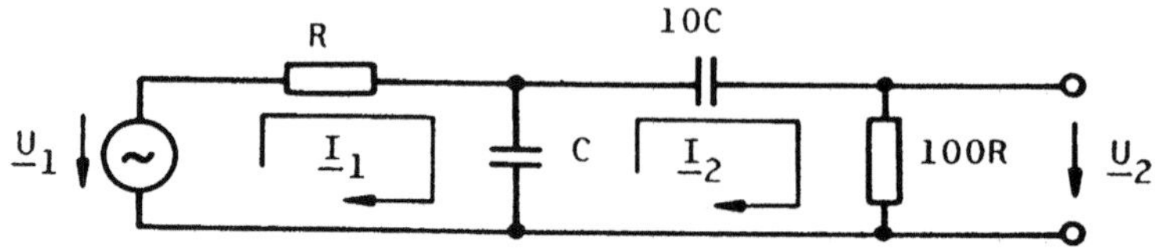

Gesucht ist das Spannungsverhältnis $\underline{U}_2/\underline{U}_1$.

Zunächst wird der Maschenstrom $\underline{I}_2$ berechnet. Das Gleichungssystem der Maschenströme wird in der schematischen Form (2-66) angeschrieben. Zur Vermeidung von Doppelbrüchen in der Lösung werden die Gleichungen sofort mit $j\omega C$ multipliziert.

$\underline{I}_1$	$\underline{I}_2$	$-\Sigma\underline{U}$
$R + \frac{1}{j\omega C}$	$-\frac{1}{j\omega C}$	$\underline{U}_1$
$-\frac{1}{j\omega C}$	$100R + \frac{1}{j\omega C} + \frac{1}{j10\omega C}$	0
$1 + j\omega RC$	-1	$j\omega C\underline{U}_1$
-1	$1.1 + j100\omega RC$	0

Die Auflösung erfolgt hier mit Determinanten:

$$\underline{I}_2 = \frac{j\omega C\underline{U}_1}{(1 + j\omega RC)(1.1 + j100\omega RC) - 1}$$

Außerdem gilt:

$$\underline{I}_2 = \frac{\underline{U}_2}{100R}$$

Hieraus folgt das gesuchte Spannungsverhältnis:

$$\frac{\underline{U}_2}{\underline{U}_1} = \frac{j1000\omega RC}{1 + 1011j\omega RC + 1000(j\omega RC)^2}$$

Beispiel 3:

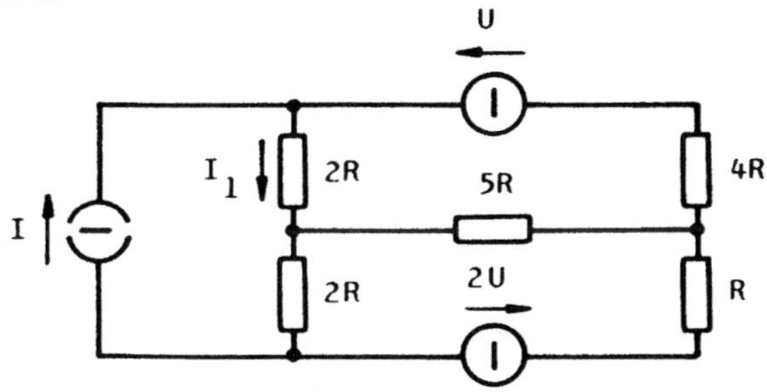

Der Strom I_1 ist zu berechnen.

Da für das Maschenstromverfahren nur Spannungsquellen zugelassen sind, muß die Stromquelle in eine äquivalente Spannungsquelle umgewandelt werden. Dies geschieht mit dem im Abschnitt 2.13.2 geschilderten Verfahren. Der Quellenstrom I erzeugt in der gewählten äußeren Umlaufbahn Spannungsabfälle an den Widerständen 4R und R. Diese Spannungsabfälle werden als äquivalente Quellenspannungen gesetzt.

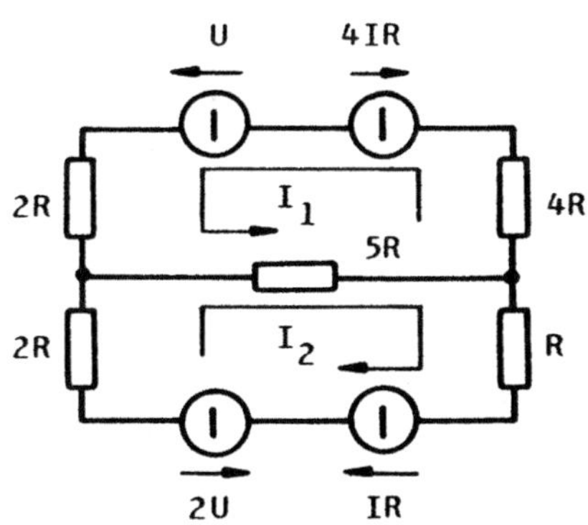

Die Maschenstromgleichungen lauten:

I_1	I_2	$-\Sigma U$
11R	5R	4IR - U
5R	8R	-IR + 2U

Sie werden mit Determinanten aufgelöst:

$$I_1 = \frac{(4IR - U)8R - (-IR + 2U)5R}{11R \cdot 8R - 5R \cdot 5R} = 0.59I - 0.29\,\frac{U}{R}$$

2.15 Knotenpunktpotentialverfahren

2.15.1 Voraussetzungen

Das Verfahren setzt voraus, daß sich nur Stromquellen im Netzwerk befinden. Diese Voraussetzung läßt sich immer realisieren, indem jeder Zweig in eine äquivalente Ersatzstromquelle umgewandelt wird. Besteht ein Zweig nur aus einer Spannungsquelle, dann muß diese vor der Umwandlung verlegt werden (siehe Abschnitt 2.13.1).

2.15.2 Ansatz mit Knotenpunktpotentialen

Das Verfahren wird an einem Netzwerk mit drei Knotenpunktpotentialen erläutert (Bild 2.38). Der Ansatz erfolgt mit den Knotenpunktpotentialen als Unbekannte, d.h. den Spannungen eines jeden Knotens zu einem gewählten Bezugsknoten. Die Zweigspannungen sind dann die Differenzen der Knotenpunktpotentiale. Es sind K-1 Knotenpunktpotentiale erforderlich, wenn K die Anzahl der Knoten eines Netzwerkes ist. Es ist leicht einzusehen, daß die Maschengleichungen automatisch erfüllt werden, so daß nur Knotengleichungen erforderlich sind. In dem Netzwerk des Bildes 2.38 sei angenommen, daß die Umwandlung der Zweige in Ersatzstromquellen bereits durchgeführt ist. Jeder Zweig besteht also aus einer Paral-

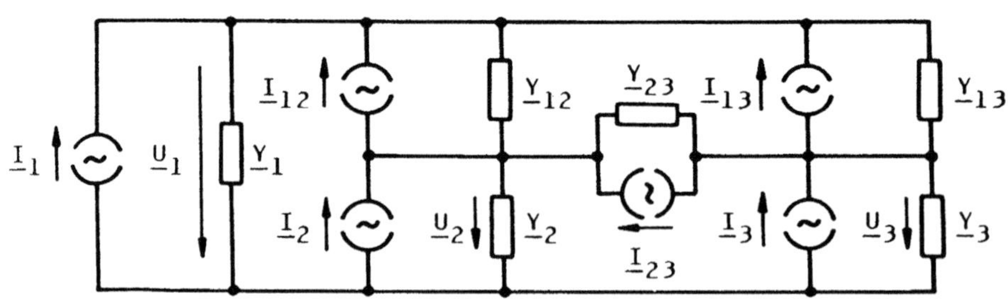

Bild 2.38: Ansatz mit Knotenpunktpotentialen

lelschaltung einer idealen Stromquelle mit einem Leitwert. Die Zweige dürfen natürlich auch unvollständig sein. Zur Berechnung der Knotenpunktpotentiale $\underline{U}_1$, $\underline{U}_2$ und $\underline{U}_3$ sind drei Knotengleichungen erforderlich:

$$\underline{U}_1\underline{Y}_1 + (\underline{U}_1-\underline{U}_2)\underline{Y}_{12} + (\underline{U}_1-\underline{U}_3)\underline{Y}_{13} = \underline{I}_1+\underline{I}_{12}+\underline{I}_{13} \tag{2-67a}$$

$$\underline{U}_2\underline{Y}_2 + (\underline{U}_2-\underline{U}_1)\underline{Y}_{12} + (\underline{U}_2-\underline{U}_3)\underline{Y}_{23} = \underline{I}_2-\underline{I}_{12}+\underline{I}_{23} \tag{2-67b}$$

$$\underline{U}_3\underline{Y}_3 + (\underline{U}_3-\underline{U}_2)\underline{Y}_{23} + (\underline{U}_3-\underline{U}_1)\underline{Y}_{13} = \underline{I}_3-\underline{I}_{13}-\underline{I}_{23} \tag{2-67c}$$

2.15.3 Direkter Ansatz mit der Leitwertmatrix

Mit dem folgenden Ansatz kann das bereits geordnete Gleichungssystem der Knotenpunktpotentiale direkt der Schaltung entnommen werden. Das Gleichungssystem (2-67) lautet nach einer Umformung in der Matrixschreibweise:

$$\begin{bmatrix} \underline{Y}_1+\underline{Y}_{12}+\underline{Y}_{13} & -\underline{Y}_{12} & -\underline{Y}_{13} \\ -\underline{Y}_{12} & \underline{Y}_2+\underline{Y}_{12}+\underline{Y}_{23} & -\underline{Y}_{23} \\ -\underline{Y}_{13} & -\underline{Y}_{23} & \underline{Y}_3+\underline{Y}_{13}+\underline{Y}_{23} \end{bmatrix} \cdot \begin{bmatrix} \underline{U}_1 \\ \underline{U}_2 \\ \underline{U}_3 \end{bmatrix} = \begin{bmatrix} \underline{I}_1+\underline{I}_{12}+\underline{I}_{13} \\ \underline{I}_2-\underline{I}_{12}+\underline{I}_{23} \\ \underline{I}_3-\underline{I}_{13}-\underline{I}_{23} \end{bmatrix} \tag{2-68}$$

Mit den allgemeinen Elementen $\underline{A}_{ij}$ kann das Gleichungssystem in der folgenden schematischen Form geschrieben werden:

$\underline{U}_1$	$\underline{U}_2$	$\underline{U}_3$	$\Sigma\underline{I}$
$\underline{A}_{11}$	$\underline{A}_{12}$	$\underline{A}_{13}$	$\underline{A}_{14}$
$\underline{A}_{21}$	$\underline{A}_{22}$	$\underline{A}_{23}$	$\underline{A}_{24}$
$\underline{A}_{31}$	$\underline{A}_{32}$	$\underline{A}_{33}$	$\underline{A}_{34}$

(2-69)

Durch Vergleich von (2-68) mit (2-69) findet man die folgenden allgemeinen Eigenschaften der erweiterten Leitwertmatrix (2-69):

$\underline{U}_1$, $\underline{U}_2$, $\underline{U}_3$	Knotenpunktpotentiale der Knoten 1,2 und 3 zu einem gewählten Bezugsknoten.
$\underline{A}_{11}$, $\underline{A}_{22}$, $\underline{A}_{33}$	Hauptdiagonalelemente der Leitwertmatrix. Summe der Leitwerte aller mit einem Knoten verknüpften Zweige.
$\underline{A}_{12} = \underline{A}_{21}$ usw.	Koppelleitwert zwischen den Knoten 1 und 2. Die Koppelleitwerte sind immer negativ in die Matrix einzusetzen.
$\underline{A}_{14}$, $\underline{A}_{24}$, $\underline{A}_{34}$	Summe aller in einen Knoten 1,2 und 3 hineinfließenden Quellenströme.

Man erkennt, daß auch die Leitwertmatrix bezüglich ihrer Hauptdiagonalen symmetrisch ist. Diese Tatsache bringt Vorteile bei der Rechnung mit dem Gauß-Algorithmus.

Die Elemente des Schemas (2-69) können mit den Vorschriften der Tabelle direkt der Schaltung entnommen werden. Die Auflösung erfolgt entweder mit dem Gauß-Algorithmus oder mit Determinanten. Mit der Kenntnis aller Knotenpunktpotentiale ist dann auch die gesamte Spannungs- und Stromverteilung des Netzwerkes bekannt.

Vergleicht man das Knotenpunktpotentialverfahren mit dem Maschenstromverfahren, so wird man feststellen, daß jede Analyseaufgabe grundsätzlich mit beiden Verfahren gelöst werden kann. Sie sind beide allgemeine Verfahren und prinzipiell gleichwertig. Welchem Verfahren man in einem speziellen Fall den Vorzug gibt, hängt von verschiedenen Gesichtspunkten ab. Für das Knotenpunktpotentialverfahren spricht:

1. wenn es weniger Gleichungen als das Maschenstromverfahren benötigt,
2. wenn in der Schaltung überwiegend Stromquellen vorhanden sind,
3. wenn in erster Linie die Spannungsverteilung des Netzwerkes von Interesse ist.

Das Umgekehrte gilt für das Maschenstromverfahren.

Beispiel 1:

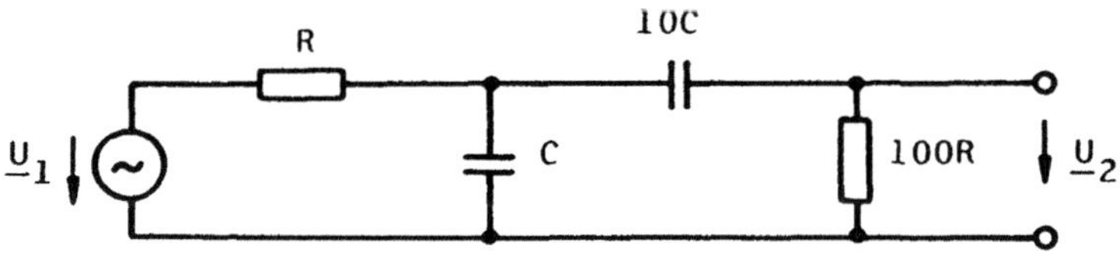

Gesucht ist das Spannungsverhältnis $\underline{U}_2/\underline{U}_1$.

Da für das Knotenpunktpotentialverfahren nur Stromquellen zugelassen sind, muß die Spannungsquelle zunächst in eine äquivalente Stromquelle umgewandelt werden:

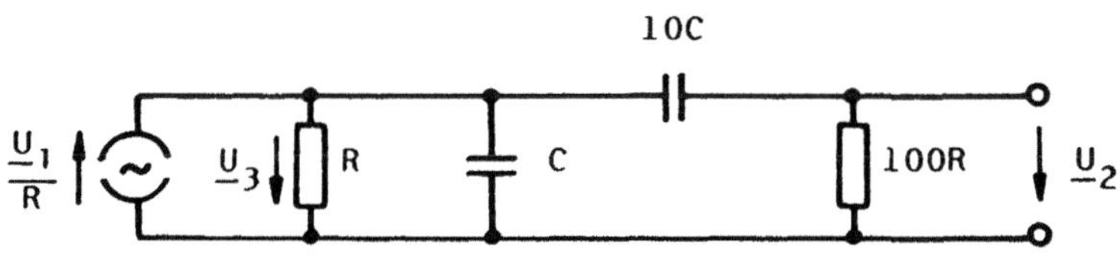

Das Gleichungssystem der Knotenpunktpotentiale $\underline{U}_2$ und $\underline{U}_3$ wird in der schematischen Form (2-69) angeschrieben. Die Elemente der Leitwertmatrix werden direkt der Schaltung entnommen:

$\underline{U}_2$	$\underline{U}_3$	$\Sigma\underline{I}$
$\frac{1}{100R} + j\omega 10C$	$-j\omega 10C$	0
$-j\omega 10C$	$\frac{1}{R} + j\omega C + j\omega 10C$	$\underline{U}_1/R$
$1 + 1000j\omega RC$	$-1000j\omega RC$	0
$-10j\omega RC$	$1 + 11j\omega RC$	$\underline{U}_1$

Das Gleichungssystem wird am besten mit Determinanten aufgelöst:

$$\frac{\underline{U}_2}{\underline{U}_1} = \frac{1000j\omega RC}{1 + 1011j\omega RC + 1000(j\omega RC)^2}$$

Man vergleiche mit Beispiel 2 (Maschenstromverfahren).

Beispiel 2:

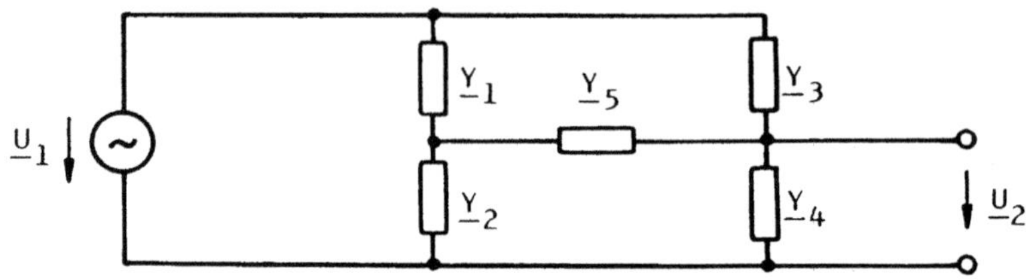

Gesucht ist das Spannungsverhältnis $\underline{U}_2/\underline{U}_1$.

Die Spannungsquelle muß vor der Umwandlung in Stromquellen verlegt werden (siehe Abschnitt 2.13.1).

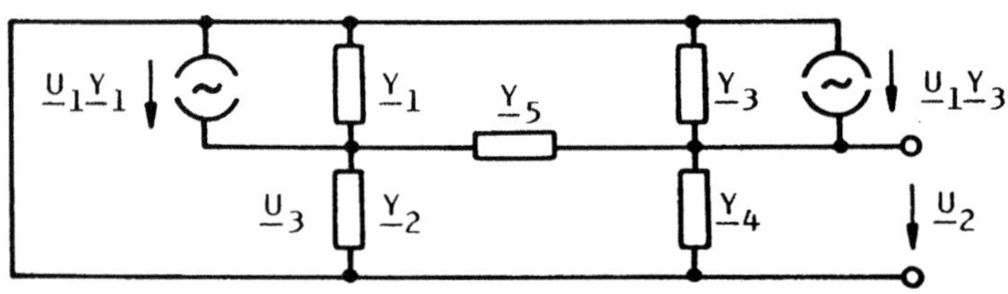

Man beachte, daß durch die Verlegung der Spannungsquelle ein Knoten abgebaut wurde. Damit ergibt sich eine Leitwertmatrix mit nur zwei Knotenspannungen $\underline{U}_2$ und $\underline{U}_3$.

$\underline{U}_2$	$\underline{U}_3$	$\Sigma\underline{I}$
$\underline{Y}_3 + \underline{Y}_4 + \underline{Y}_5$	$-\underline{Y}_5$	$\underline{U}_1\underline{Y}_3$
$-\underline{Y}_5$	$\underline{Y}_1 + \underline{Y}_2 + \underline{Y}_5$	$\underline{U}_1\underline{Y}_1$

Das Gleichungssystem wird mit Determinanten nach $\underline{U}_2$ aufgelöst:

$$\frac{\underline{U}_2}{\underline{U}_1} = \frac{\underline{Y}_3(\underline{Y}_1+\underline{Y}_2+\underline{Y}_5) + \underline{Y}_1\underline{Y}_5}{(\underline{Y}_1+\underline{Y}_2+\underline{Y}_5)(\underline{Y}_3+\underline{Y}_4+\underline{Y}_5) - \underline{Y}_5^2}$$

2.16 Wechselstromleistung

2.16.1 Augenblicksleistung

Die Augenblicksleistung eines Wechselstromzweipols ist:

$$p(t) = u(t) \cdot i(t) \tag{2-70}$$

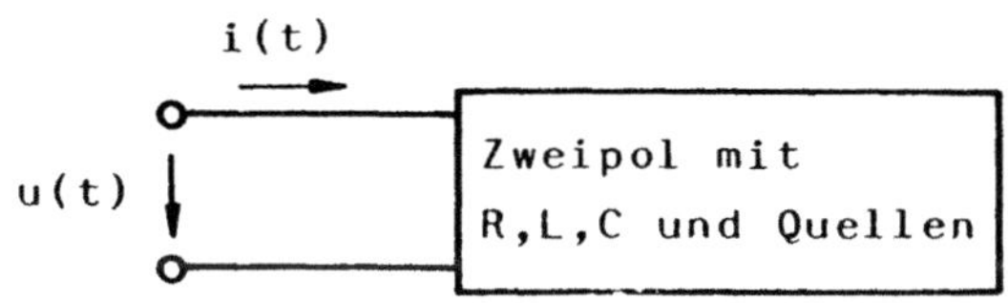

Bild 2.39: Zweipol im Verbraucherzählpfeilsystem

Spannung und Strom seien phasenverschoben:

$$u(t) = \sqrt{2}\, U \cos(\omega t + \phi_u) \tag{2-71}$$

$$i(t) = \sqrt{2}\, I \cos(\omega t + \phi_i) \tag{2-72}$$

Dann ist die Augenblicksleistung:

$$\begin{aligned} p(t) &= 2\, U\, I \cos(\omega t + \phi_u) \cos(\omega t + \phi_i) \\ &= U\, I \cos(\phi_u - \phi_i) + U\, I \cos(2\omega t + \phi_u + \phi_i) \end{aligned} \tag{2-73}$$

Der erste Term in (2-73) ist der Mittelwert der Wechselstromleistung: die Wirkleistung. Der zweite Term ist eine pulsierende Leistung doppelter Frequenz mit dem Mittelwert Null.

Es wird die Phasenverschiebung der Spannung gegenüber dem Strom definiert durch:

$$\phi = \phi_u - \phi_i \tag{2-74}$$

Dann ist die Wirkleistung des Zweipols:

$$P = U\, I \cos\phi \tag{2-75}$$

Eine positive Leistung im Verbraucherzählpfeilsystem ist eine Verbraucherlcistung und umgekehrt.

2.16.2 Komplexe Leistung

Für die komplexe Leistung $\underline{S}$ wird der Ansatz gemacht:

$$\underline{S} = \underline{U}\,\underline{I}^* = U e^{j\phi_u}\; I e^{-j\phi_i} \qquad (2\text{-}76)$$

$$= U I e^{j\phi} = U I \cos\phi + j U I \sin\phi \qquad (2\text{-}77)$$

Der Realteil in (2-77) ist gleich der Wirkleistung in (2-75). Somit hat sich also der Ansatz (2-76) als sinnvoll erwiesen.

Es wird nun definiert:

$$\underline{S} = P + jQ = S e^{j\phi} \qquad (2\text{-}78)$$

Hierin ist:

$$P = \mathrm{Re}(\underline{U}\,\underline{I}^*) \quad \text{die Wirkleistung} \qquad (2\text{-}79)$$

$$Q = \mathrm{Im}(\underline{U}\,\underline{I}^*) \quad \text{die Blindleistung} \qquad (2\text{-}80)$$

$$S = U I = \sqrt{P^2 + Q^2} \quad \text{die Scheinleistung} \qquad (2\text{-}81)$$

Für die praktische Berechnung der Wirkleistung werden die Formeln (2-75) und (2-79) benutzt.

Beispiel:

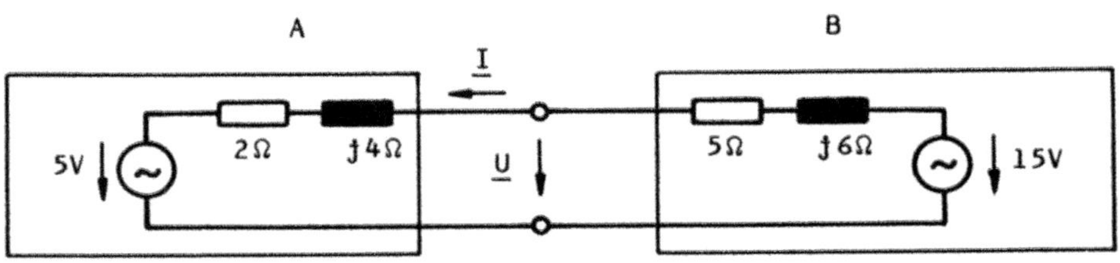

Gesucht ist die Wirkleistung des Zweipols A.

$$\underline{I} = \frac{15V - 5V}{7\Omega + j10\Omega} = 0.47A - j0.67A$$

$$\underline{U} = 5V + \underline{I}(2\Omega + j4\Omega) = 8.62V + j0.54V$$

Die Wirkleistung von A im Verbraucherzählpfeilsystem ist:

$$P_A = \mathrm{Re}(\underline{U}\,\underline{I}^*) = \mathrm{Re}((8.62V + j0.54V)(0.47A + j0.67A)) = 3.7\,W$$

2.17 Leistungsanpassung

Ein aktiver Zweipol soll mit einer solchen Impedanz $\underline{Z}$ belastet werden, daß ihm maximale Wirkleistung entnommen wird. Der aktive Zweipol wird zunächst durch eine Ersatzzweipolquelle ersetzt.

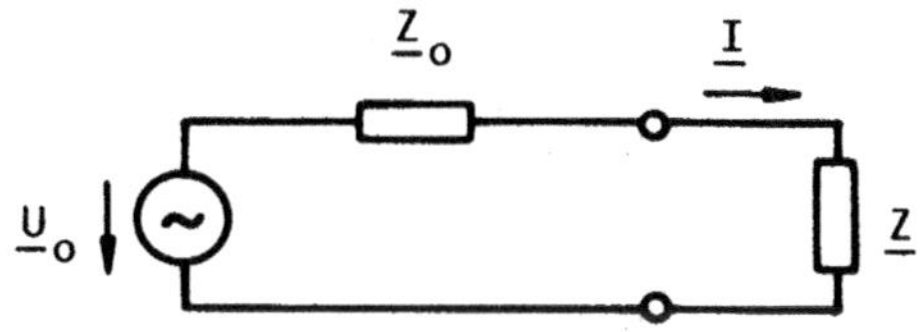

Bild 2.40: Ersatzzweipolquelle mit Anpassungswiderstand

Dann folgt für die Leistung im Belastungswiderstand $\underline{Z}$:

$$\underline{I} = \frac{\underline{U}_o}{\underline{Z}_o + \underline{Z}} = \frac{\underline{U}_o}{R_o + R + j(X_o + X)}$$

$$P = |\underline{I}|^2 R = \frac{U_o^2 R}{(R_o+R)^2 + (X_o+X)^2} \tag{2-82}$$

Der Realteil R und der Imaginärteil X des Belastungswiderstandes $\underline{Z}$ können unabhängig voneinander variiert werden. Das Maximum von P wird durch partielle Differentiation ermittelt:

$$\frac{\partial P}{\partial X} = 0 \quad \text{liefert} \quad X = -X_o \tag{2-83}$$

$$\frac{\partial P}{\partial R} = 0 \quad \text{liefert} \quad R = R_o \tag{2-84}$$

Beide Bedingungen für maximale Leistungsabgabe können zu einer einzigen zusammengefaßt werden:

$$\underline{Z} = \underline{Z}_o^* \tag{2-85}$$

Durch Einsetzen von (2-85) in (2-82) folgt die maximale (verfügbare) Leistung der Ersatzquelle:

$$P_{max} = U_o^2 / (4R_o) \tag{2-85}$$

Beispiel:

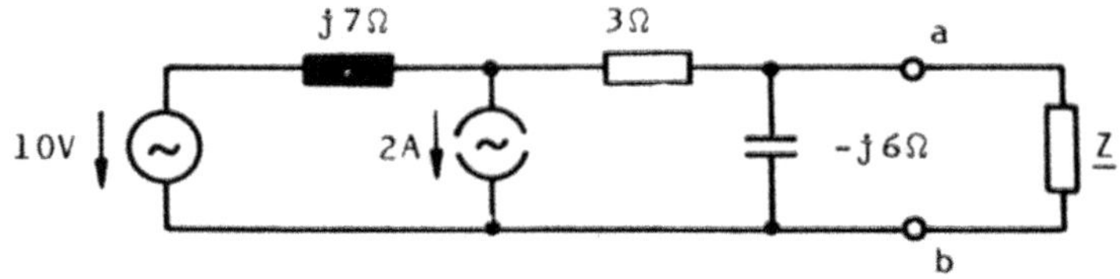

Der Anpassungswiderstand $\underline{Z}$ soll so dimensioniert werden, daß dem aktiven Zweipol maximale Wirkleistung entnommen wird. Wie groß ist die verfügbare Leistung des Zweipols ?

Zunächst wird der Kurzschlußstrom einer äquivalenten Ersatzquelle bezüglich der Klemmen a,b mit dem Überlagerungssatz bestimmt:

$$\underline{I}_o = \frac{10V}{3\Omega + j7\Omega} - 2A\,\frac{j7\Omega}{3\Omega + j7\Omega} = -1.17A - j1.93A$$

Der Innenleitwert der Ersatzquelle ergibt sich, wenn die Quellen zu Null gemacht werden:

$$\underline{Y}_o = \frac{1}{3\Omega + j7\Omega} + \frac{1}{-j6\Omega} = 0.0517S + j0.0460S$$

Der Innenwiderstand ist:

$$\underline{Z}_o = 1/\underline{Y}_o = 10.8\Omega - j9.60\Omega$$

Hieraus folgt die Leerlaufspannung der Ersatzquelle:

$$\underline{U}_o = \underline{I}_o \underline{Z}_o = -31.2V - j9.60V = 32.6V\, e^{-j163^o}$$

Der Anpassungswiderstand bzw. -leitwert ist:

$$\underline{Z} = \underline{Z}_o^* = 10.8\Omega + j9.60\Omega$$

$$\underline{Y} = \underline{Y}_o^* = 0.0517S - j0.0460S$$

Er kann also durch einen Ohmschen Widerstand und eine Induktivität in Reihen- oder Parallelschaltung realisiert werden.

Die verfügbare Leistung des Zweipols beträgt:

$$P_{max} = \frac{U_o^2}{4R_o} = \frac{(32.6V)^2}{4\cdot 10.8\Omega} = 24.7\ W$$

2.18 Ersatzschaltungen der Gegeninduktivität

2.18.1 Kopplungsersatzbild

Die Gegeninduktivität kann auf Ersatzschaltungen mit Induktivitäten zurückgeführt werden. Damit lassen sich die behandelten Analyseverfahren auch auf Schaltungen mit Gegeninduktivitäten anwenden.

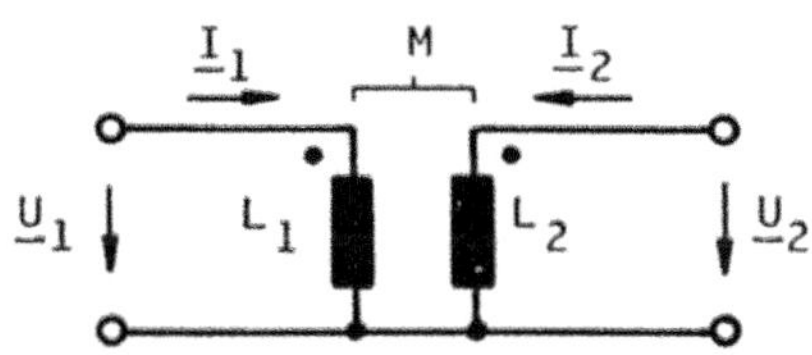

Bild 2.41: Gekoppelte Spulen ohne Verluste

Nach dem Überlagerungssatz und mit den Strom-Spannungsbeziehungen an der Gegeninduktivität (2-40) und (2-41) gelten für den Übertrager (Bild 2.41) die Vierpolgleichungen:

$$\underline{U}_1 = j\omega L_1 \underline{I}_1 + j\omega M \underline{I}_2 \qquad (2\text{-}86)$$

$$\underline{U}_2 = j\omega M \underline{I}_1 + j\omega L_2 \underline{I}_2 \qquad (2\text{-}87)$$

Diese Gleichungen werden mit der Maschenregel durch das folgende Kopplungsersatzbild erfüllt.

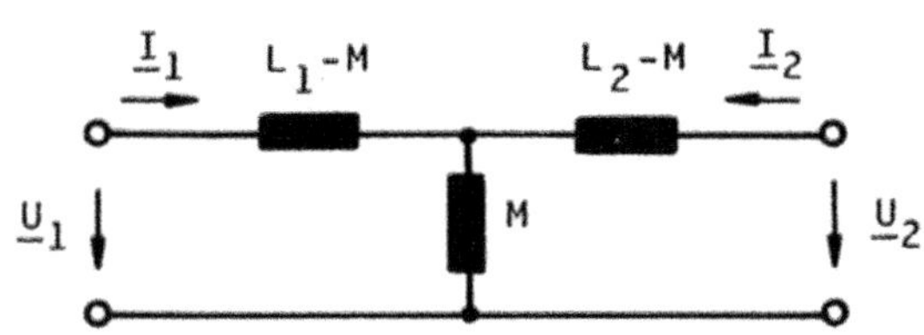

Bild 2.42: Kopplungsersatzbild des Übertragers Bild 2.41

Die Ersatzinduktivitäten L_1-M und L_2-M können formal negativ werden. Dies entspricht dann einem kapazitiven Blindwiderstand.

Es wird der Kopplungsgrad k definiert:

$$k = \frac{M}{\sqrt{L_1 L_2}} \leq 1 \tag{2-88}$$

Die Spannungsübersetzung für sekundären Leerlauf ergibt sich z.B. mit der Spannungsteilerregel aus dem Kopplungsersatzbild:

$$\frac{\underline{U}_2}{\underline{U}_1} (\underline{I}_2=0) = \frac{M}{L_1} = k \sqrt{L_2/L_1} \tag{2-89}$$

Die Spannungsübersetzung für primären Leerlauf ist entsprechend:

$$\frac{\underline{U}_1}{\underline{U}_2} (\underline{I}_1=0) = \frac{M}{L_2} = k \sqrt{L_1/L_2} \tag{2-90}$$

Für vollständige Kopplung k=1 ist die Spannungsübersetzung ü in beiden Richtungen reziprok:

$$\frac{\underline{U}_1}{\underline{U}_2} = ü = \sqrt{L_1/L_2} \tag{2-91}$$

Für die Stromübersetzung gilt entsprechend für sekundären Kurzschluß:

$$\frac{\underline{I}_2}{\underline{I}_1} (\underline{U}_2=0) = -\frac{M}{L_2} = -k \sqrt{L_1/L_2} \tag{2-92}$$

und für primären Kurzschluß:

$$\frac{\underline{I}_1}{\underline{I}_2} (\underline{U}_1=0) = -\frac{M}{L_1} = -k \sqrt{L_2/L_1} \tag{2-93}$$

Für vollständige Kopplung k=1 ist auch die Stromübersetzung 1/ü in beiden Richtungen reziprok:

$$\frac{\underline{I}_1}{\underline{I}_2} = \frac{1}{ü} = \sqrt{L_2/L_1} \tag{2-94}$$

Beispiel 1:

Gegeben ist ein verlustloser Übertrager mit vollständiger Kopplung k=1. Seine Daten sind: $\omega M=100\Omega$, $\omega L_1=10\Omega$, $\omega L_2=1000\Omega$.

Gesucht sind:

1) das Spannungsverhältnis $\underline{U}_2/\underline{U}_1$ für Leerlauf und Belastung mit $R=100\Omega$,
2) das Stromverhältnis $\underline{I}_2/\underline{I}_1$ für Kurzschluß und Belastung mit $R=100\Omega$.

Lösung:

Zunächst wird das Kopplungsersatzbild entsprechend Bild 2.42 ermittelt:

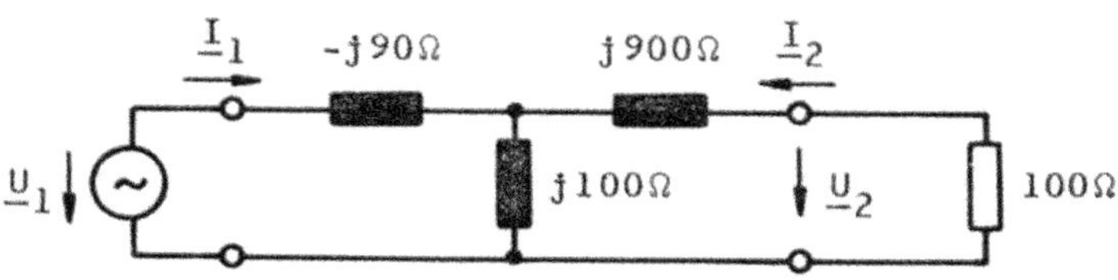

Für sekundären Leerlauf ist das Spannungsverhältnis mit Gl.(2-91):

$$\underline{U}_2/\underline{U}_1 = \sqrt{L_2/L_1} = \sqrt{\omega L_2/(\omega L_1)} = 10$$

Für Belastung mit $R=100\Omega$ wird das Spannungsverhältnis mit normalen Analyseverfahren, z.B. mit dem Maschenstromverfahren ermittelt. Es ergibt sich auch hier:

$$\underline{U}_2/\underline{U}_1 = 10$$

Für sekundären Kurzschluß ist das Stromverhältnis mit (2-94):

$$\underline{I}_2/\underline{I}_1 = -\sqrt{L_1/L_2} = -1/10$$

Das Stromverhältnis bei Belastung mit $R=100\Omega$ ergibt sich z.B. mit dem Maschenstromverfahren zu:

$$\underline{I}_2/\underline{I}_1 = -1/10.05$$

Der Übertrager mit vollständiger Kopplung k=1 hat also annähernd die Eigenschaften des idealen Übertragers (s.2.18.2).

Beispiel 2:

Gegeben ist ein verlustbehafteter Übertrager mit den Daten: L_1=5H, L_2=20H, R_1=10 , R_2=20 , k=0.8 und ω=10 1/s. Er wird mit einem Widerstand von 100Ω belastet.

Gesucht sind das Spannungsverhältnis $\underline{U}_2/\underline{U}_1$ und das Stromverhältnis $\underline{I}_2/\underline{I}_1$.

Lösung:

Zunächst wird das Kopplungsersatzbild ermittelt:

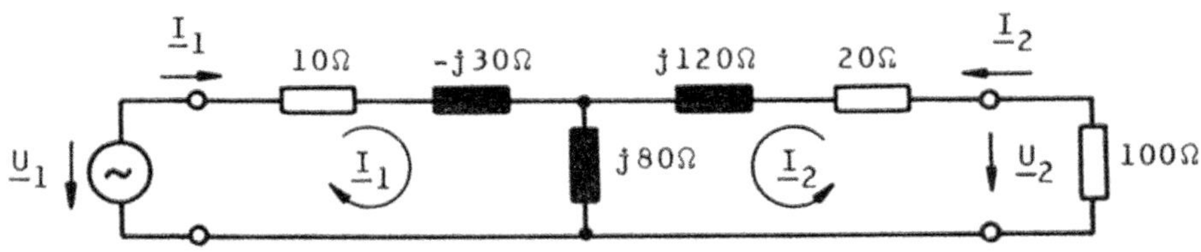

R_1 und R_2 sind die Wicklungswiderstände der primären und sekundären Spulen. Die Gegeninduktivität ergibt sich aus der Gl.(2-88):

$$M = k\sqrt{L_1 L_2} = 8H$$

Zur Bestimmung der Ströme $\underline{I}_1$ und $\underline{I}_2$ wird das Maschenstromverfahren angewandt:

$\underline{I}_1$	$\underline{I}_2$	$\Sigma \underline{U}$
10Ω + j50Ω	j80Ω	$\underline{U}_1$
j80Ω	120Ω +j200Ω	0

Die Auflösung dieses Gleichungssystems ergibt:

$$\underline{I}_1 = (0.0188 - j0.0206)\underline{U}_1/\Omega$$

$$\underline{I}_2 = (-0.00917 + j0.00275)\,\underline{U}_1/\Omega$$

Hieraus folgt das Spannungsverhältnis:

$$\underline{U}_2/\underline{U}_1 = -\underline{I}_2 \cdot 100\Omega/\underline{U}_1 = 0.958\,e^{-j16.7^o}$$

und das Stromverhältnis:

$$\underline{I}_2/\underline{I}_1 = 0.343\,e^{-j149^o}$$

2.18.2 Idealer Übertrager

Der ideale Übertrager wird durch die folgenden Gleichungen definiert. Das Spannungsübersetzungsverhältnis

$$\underline{U}_1/\underline{U}_2 = ü \tag{2-95}$$

und das Stromübersetzungsverhältnis

$$\underline{I}_1/\underline{I}_2 = -1/ü \tag{2-96}$$

sind konstant.

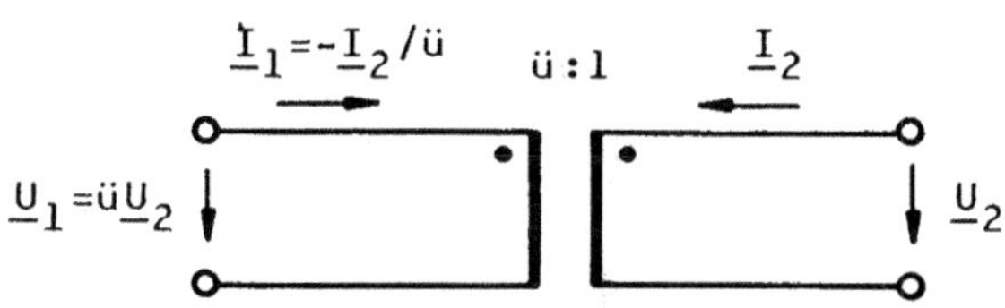

Bild 2.43: Idealer Übertrager

Wird die Gl.(2-95) durch die Gl.(2-96) dividiert, dann ergibt sich das Widerstandsübersetzungsverhältnis:

$$\frac{\underline{U}_1/\underline{I}_1}{\underline{U}_2/\underline{I}_2} = \frac{\underline{Z}_1}{-\underline{Z}_2} = -ü^2 \tag{2-97}$$

Beispiel: Wird die Sekundärseite eines idealen Übertragers mit ü=2 durch einen Widerstand $R_2=100\Omega$ belastet, so wird auf der Primärseite ein Widerstand von

$$R_1 = ü^2 R_2 = 400\Omega$$

gemessen.

Der ideale Übertrager läßt sich durch das Kopplungsersatzbild nicht darstellen. Er kann aber durch ein Kopplungsersatzbild angenähert werden, wenn k=1 und M hinreichend groß gewählt werden. Die übrigen Daten der Näherung sind dann:

$$L_1 = üM \qquad \text{und} \qquad L_2 = M/ü \tag{2-98}$$

2.19 Frequenzgang, Bode-Diagramm

Der komplexe Frequenzgang

$$\underline{F}(\omega) = F(\omega)\, e^{j\phi(\omega)} = \frac{\underline{X}_2}{\underline{X}_1} \tag{2-99}$$

ist das frequenzabhängige Verhältnis einer komplexen Ausgangsgröße $\underline{X}_2$ zu einer komplexen Eingangsgröße $\underline{X}_1$. Der Frequenzgang läßt sich für Schaltungen mit konzentrierten Elementen immer als rationale Funktion schreiben:

$$\underline{F}(j\omega) = \frac{a_o + a_1(j\omega) + a_2(j\omega)^2 + a_3(j\omega)^3 + \ldots}{b_o + b_1(j\omega) + b_2(j\omega)^2 + b_3(j\omega)^3 + \ldots} \tag{2-100}$$

Der Zähler und Nenner können als Produkt von Linearfaktoren umgeschrieben werden:

$$\underline{F}(j\omega) = K \frac{(j\omega - s_{o1})(j\omega - s_{o2})(j\omega - s_{o3})\ldots}{(j\omega - s_1)(j\omega - s_2)(j\omega - s_3)\ldots} \tag{2-101}$$

Hierin sind s_{o1}, s_{o2} usw. die Nullstellen und s_1, s_2 usw. die Pole. Sie können entweder reell oder konjugiert komplex sein.

Eine zweckmäßige Form der Darstellung des Frequenzganges ist das Bode-Diagramm. In diesem wird dargestellt:

1) der logarithmische Amplitudengang $20\lg F(\omega)$ als Funktion von $\lg\omega$, gemessen in Dezibel (dB).
2) der Phasengang $\phi(\omega)$ als Funktion von $\lg\omega$.

Aus der Gl.(2-101) folgt für den logarithmischen Amplitudengang:

$$\begin{aligned} 20\lg F(\omega) = {} & 20\lg K + 20\lg|j\omega - s_{o1}| + 20\lg|j\omega - s_{o2}| + \ldots \\ & - 20\lg|j\omega - s_1| + 20\lg|j\omega - s_2| + \ldots \end{aligned} \tag{2-102}$$

Der Vorteil dieser Darstellung besteht im wesentlichen darin, daß die einzelnen Amplitudengänge addiert werden können.

2.19.1 Reelle Pole und Nullstellen

Sind die Pole und Nullstellen in (2-101) reell, dann läßt sich eine sehr einfache graphische Konstruktion des logarithmischen Amplitudenganges durchführen. An dem Schaltungsbeispiel Bild 2.44 wird die Konstruktion des Bode-Diagramms gezeigt.

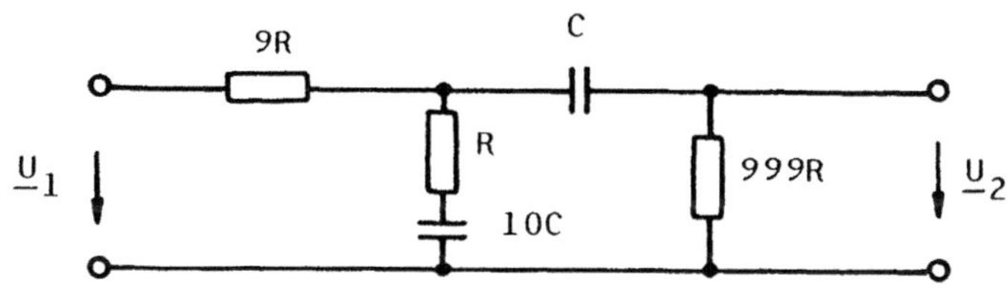

Bild 2.44: RC-Schaltung

Der komplexe Frequenzgang kann z.B. mit dem Maschenstromverfahren ermittelt werden:

$$\underline{F}(j\omega) = \underline{U}_2/\underline{U}_1 = \frac{j\omega T(1 + 10\cdot j\omega T)}{1 + 1108\cdot j\omega T + 99900\,(j\omega)^2 T^2} \cdot 999$$

Hier ist zur Abkürzung T=RC gesetzt worden. Werden die Nullstellen des Nenners (Pole) bestimmt, dann kann der Nenner in Linearfaktoren zerlegt werden:

$$\underline{F}(j\omega) = 999 \frac{j\omega T(1 + 10 j\omega T)}{(1 + 100 j\omega T)(1 + 1000 j\omega T)} \qquad (2\text{-}103)$$

Wir betrachten zunächst einen einzelnen Linearfaktor im Nenner, z.B.:

$$\underline{F}_1(j\omega) = \frac{1}{1 + 100 j\omega T}$$

Der Amplitudengang dieses Linearfaktors ist:

$$F_1(\omega) = |\underline{F}_1(j\omega)| = \frac{1}{\sqrt{1 + (100\omega T)^2}}$$

Für kleine und große Frequenzen nähert sich der Amplitudengang den beiden Asymptoten:

$$\omega \to 0 \;; \qquad F_1(\omega) \approx 1 \;; \qquad 20\lg F_1(\omega) \approx 0$$

$$\omega \to \infty \;; \qquad F_1(\omega) \approx \frac{1}{100\omega T} \;; \qquad 20\lg F_1(\omega) \approx -20\lg(100\omega T)$$

Die Asymptoten sind im logarithmischen Maßstab Geraden. Die letztere hat einen Zuwachs von -20dB für $\Delta \lg\omega = 1$, d.h. für eine Dekade, also eine Steigung von -20 dB/Dekade. Eine Dekade ist ein Frequenzintervall um den Faktor 10, z.B. von $\omega=10$ bis $\omega=100$. Die Asymptoten schneiden sich in der Eckfrequenz:

$$\omega_e = \frac{1}{100T}$$

Hier ist die Abweichung vom wirklichen Verlauf des Amplitudenganges am größten und beträgt -3dB.

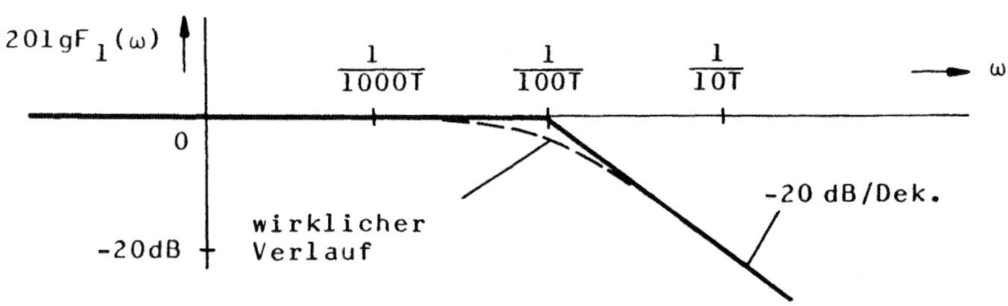

Bild 2.45: Amplitudengang eines reellen Poles

Wir betrachten jetzt einen Linearfaktor im Zähler von (2-103):

$$\underline{F}_2(j\omega) = 1 + 10j\omega T$$

In ganz analoger Weise ergibt sich hier die asymptotische Darstellung des Bildes 2.46.

Entsprechend Gl.(2-102) werden die logarithmischen Amplitudengänge der einzelnen Linearfaktoren addiert. Hieraus folgt die folgende Konstruktionsregel für den resultierenden Amplitudengang:

1) Zeichnung der Asymptote des Gesamtamplitudenganges $20\lg F(\omega)$ für $\omega \to 0$.

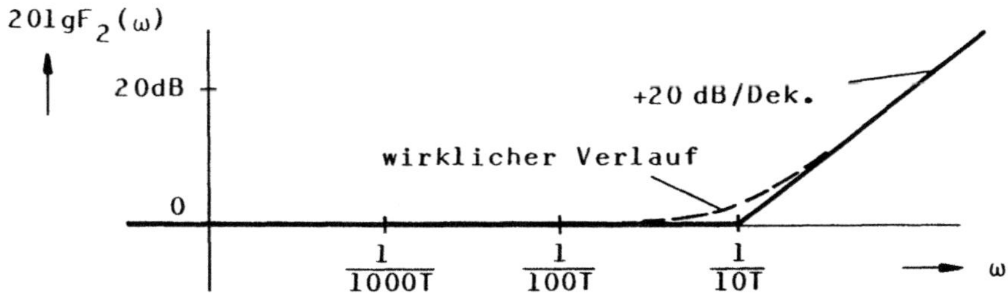

Bild 2.46: Amplitudengang einer reellen Nullstelle

2) Jeder Linearfaktor $1 + j\omega T_1$ im Nenner von $\underline{F}(j\omega)$ bewirkt bei der Eckfrequenz $\omega_e = 1/T_1$ eine Änderung der Steigung um -20dB/Dekade. Steht der Linearfaktor im Zähler, dann bewirkt er eine Änderung der Steigung um +20dB/Dekade.

Mit diesen Vorschriften wird jetzt der Amplitudengang der Gl.(2-103) im Zusammenhang bestimmt. Die Asymptote ergibt sich, indem in (2-103) kleine Größen gegenüber Eins vernachlässigt werden:

$$\omega \to 0 \; ; \qquad F(\omega) \approx 999\omega T \; ; \qquad 20\lg F(\omega) \approx 20\lg(999\omega T)$$

Diese Asymptote hat eine Steigung von +20dB/Dek. und den Wert 1 entsprechend 0 Dezibel für die Durchtrittsfrequenz:

$$\omega_d = 1/(999T)$$

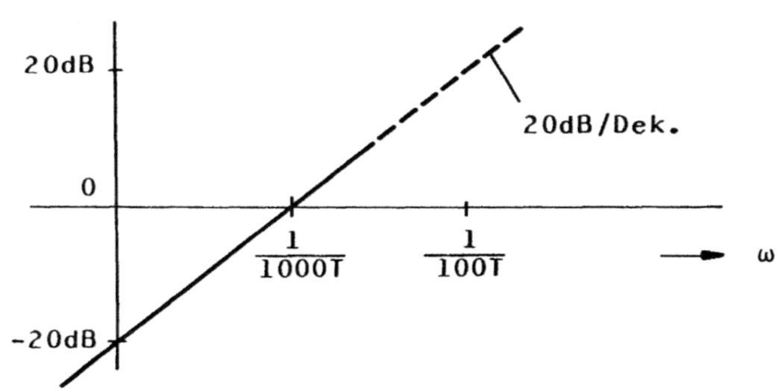

Bild 2.47: Asymptote von $F(\omega)$ für $\omega \to 0$

Nun werden die Eckfrequenzen von links nach rechts eingezeichnet. Bei der ersten Eckfrequenz $\omega_{e1} = 1/(1000T)$ erfolgt eine Änderung der Steigung um -20dB/Dek. (Polstelle).

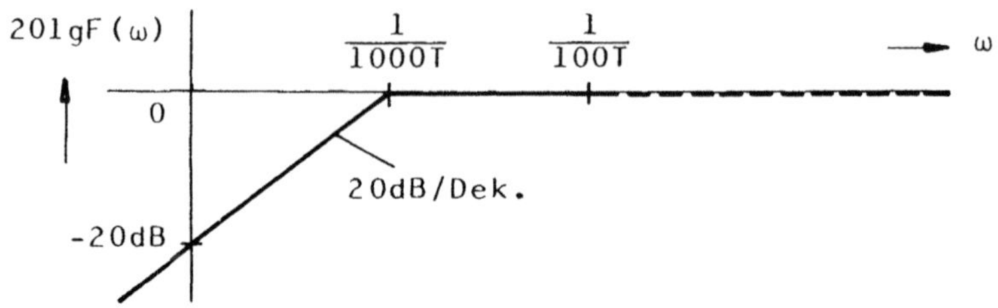

Bild 2.48: Amplitudengang nach der ersten Eckfrequenz

Bei der zweiten Eckfrequenz $\omega_{e2} = 1/(100T)$ erfolgt wiederum eine Änderung der Steigung um -20dB/Dek., da auch sie im Nenner auftritt.

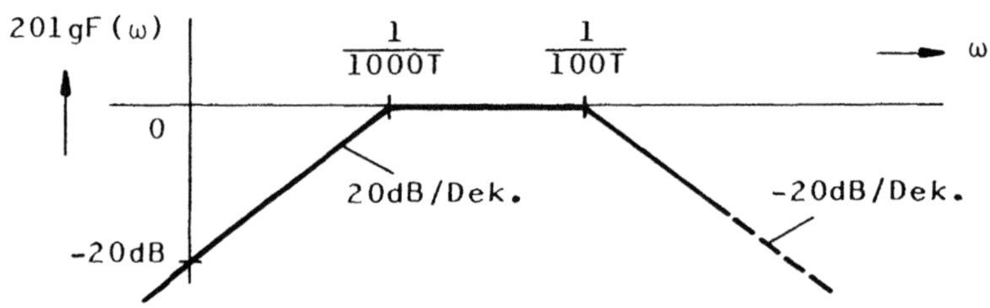

Bild 2.49: Amplitudengang nach der zweiten Eckfrequenz

Bei der dritten Eckfrequenz $\omega_{e3} = 1/(10T)$ erfolgt eine Änderung der Steigung um +20dB/Dek., da sie im Zähler auftritt (Nullstelle von $\underline{F}(j\omega)$).

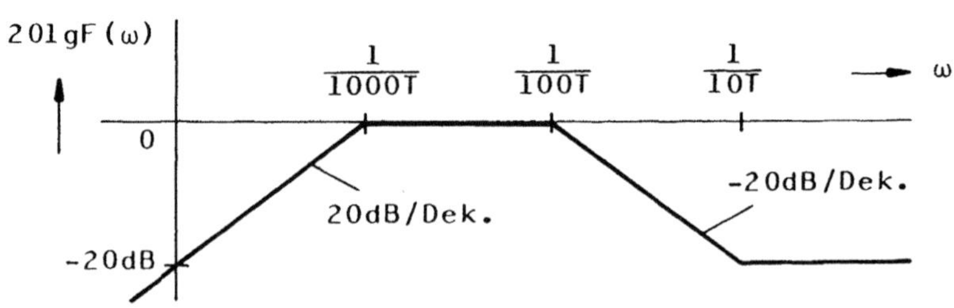

Bild 2.50: Amplitudengang nach der dritten Eckfrequenz

2.19.2 Komplexe Pole

Komplexe Pole treten immer als konjugiert komplexe Paare auf, die sich zu einem quadratischen Ausdruck zusammenfassen lassen:

$$\underline{F}(j\omega) = \frac{1}{1 + 2\vartheta(\frac{j\omega}{\omega_o}) + (\frac{j\omega}{\omega_o})^2} \qquad (2\text{-}104)$$

Hierin ist ϑ der Dämpfungsgrad und ω_o die Kennfrequenz. Der Verlauf des Amplitudenganges in der weiteren Entfernung von ω_o kann durch zwei Asymptoten dargestellt werden:

$$j\omega \to 0 \;; \qquad \underline{F}(j\omega) \approx 1 \;; \qquad F(\omega) \approx 0 \qquad (2\text{-}105)$$

$$j\omega \to \infty \;; \qquad \underline{F}(j\Omega) \approx 1/(j\omega/\omega_o)^2 \;; \qquad F(\omega) \approx -40\lg(\omega/\omega_o)^2$$

Die Asymptoten haben eine Steigung von 0 bzw. -40dB/Dek. und schneiden sich in ω_o. Die Kennfrequenz ω_o kann für einen komplexen Pol als Eckfrequenz betrachtet werden. Hier springt die Steigung um -40dB/Dek..

Setzt man in (2-104) $\omega = \omega_o$ ein, so erhält man den wirklichen Wert des Amplitudenganges an dieser Stelle:

$$F(\omega_o) = \frac{1}{2\vartheta} \qquad \text{(Resonanzüberhöhung)} \qquad (2\text{-}106)$$

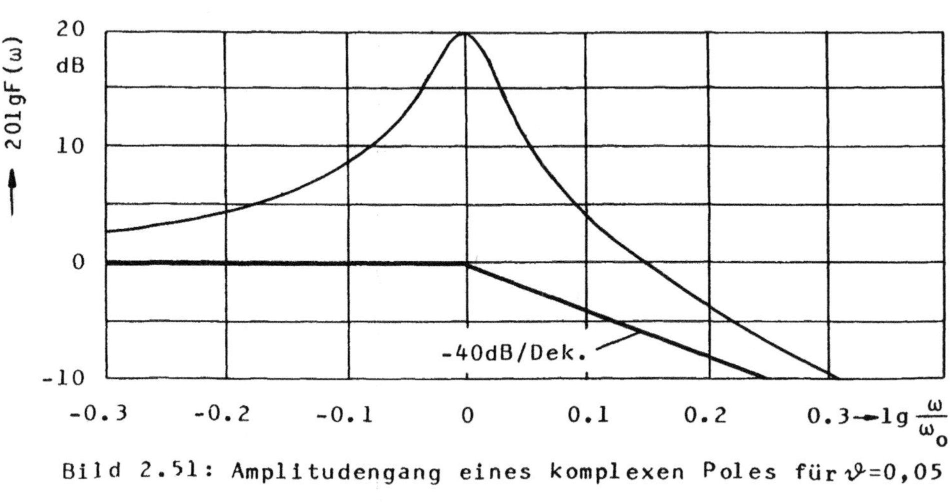

Bild 2.51: Amplitudengang eines komplexen Poles für ϑ=0,05

2.19.3 Phasengang

Ist $\underline{F}(j\omega) = K(j\omega)^n$ eine allgemeine Asymptote, dann hat ihr Amplitudengang

$$20\lg(K\omega^n) = n \cdot 20\lg(K\omega) \tag{2-107}$$

eine konstante Steigung von n·20 dB/Dek. und ihr Phasengang

$$\phi(\omega) = n \cdot 90^\circ \tag{2-108}$$

ist konstant. Es gilt also die asymptotische Beziehung: Eine Steigung des Amplitudenganges von n·20 dB/Dek. entspricht einer konstanten Phase von n·90°. Im Bild 2.52 sind einige Werte zusammengestellt.

$\underline{F}(j\omega)$	Steigung dB/Dek.	Phase $\phi(\omega)$
$K(j\omega)^2$	40	180°
$K(j\omega)$	20	90°
K	0	0°
$K/(j\omega)$	-20	-90°
$K/(j\omega)^2$	-40	-180°

Bild 2.52: Beziehung zwischen Amplituden- und Phasengang

Beispiel:
Wendet man die Tabelle Bild 2.52 auf den asymptotischen Amplitudengang des Bildes 2.50 an, so ergibt sich der folgende asymptotische Phasengang:

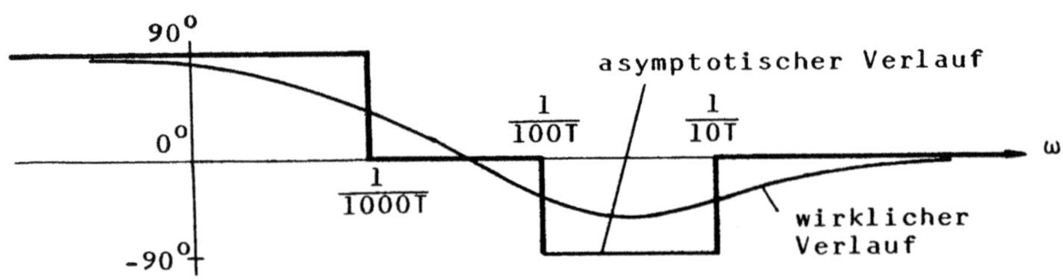

Bild 2.53: Phasengang für Amplitudengang Bild 2.50

2.19.4 Schwingkreis

Ein idealer Schwingkreis hat den komplexen Frequenzgang:

$$\underline{F}(j\omega) = \frac{\frac{1}{Q}(j\omega/\omega_o)}{1 + \frac{1}{Q}(j\omega/\omega_o) + (j\omega/\omega_o)^2} \qquad (2\text{-}109)$$

Hierin sind Q die Güte und ω_o die Kennfrequenz. $\underline{F}(j\omega)$ hat ein konjugiert komplexes Polpaar für $Q > 0{,}5$. Durch Vergleich mit (2-104) findet man die Beziehung zwischen Dämpfung und Güte:

$$\frac{1}{Q} = 2\vartheta \qquad (2\text{-}110)$$

Für $\omega = \omega_o$ wird der komplexe Frequenzgang (2-109):

$$\underline{F}(j\omega_o) = 1$$

Seine Amplitude ist an dieser Stelle maximal und seine Phase ist gleich Null (Phasenresonanz).

In der weiteren Umgebung von ω_o kann der Amplitudengang durch die zwei Asymptoten angenähert werden:

$$\omega \to 0 \;;\; \underline{F}(j\omega) \approx \frac{1}{Q}(j\omega/\omega_o) \;; \qquad 20\lg F(\omega) \approx 20\lg(\tfrac{1}{Q}\omega/\omega_o)$$

$$\omega \to \infty \;;\; \underline{F}(j\omega) \approx \frac{1}{Q}\,\frac{1}{j\omega/\omega_o} \;; \qquad 20\lg F(\omega) \approx -20\lg(Q\omega/\omega_o)$$

Die Asymptoten haben eine Steigung von +20 bzw. -20dB/Dek. und schneiden sich in $\omega = \omega_o$. Hier haben sie den Wert:

$$F_{Asym}\big|_{\omega=\omega_o} = -20\lg Q$$

Die asymptotische Konstruktion des Amplitudenganges sowie sein wirklicher Verlauf sind in Bild 2.54 dargestellt.

Die Grenzfrequenzen ω_1 und ω_2 sind die Frequenzen, bei denen der Amplitudengang um -3dB unter seinem Maximalwert liegt. Ihre Differenz wird als Bandbreite $\Delta\omega$ definiert. Sie ergibt sich nach Zwischenrechnung aus (2-109):

$$\Delta\omega = \omega_2 - \omega_1 = \omega_o/Q \approx (\omega_2-\omega_o)\cdot 2 \approx (\omega_o-\omega_1)\cdot 2 \qquad (2\text{-}111)$$

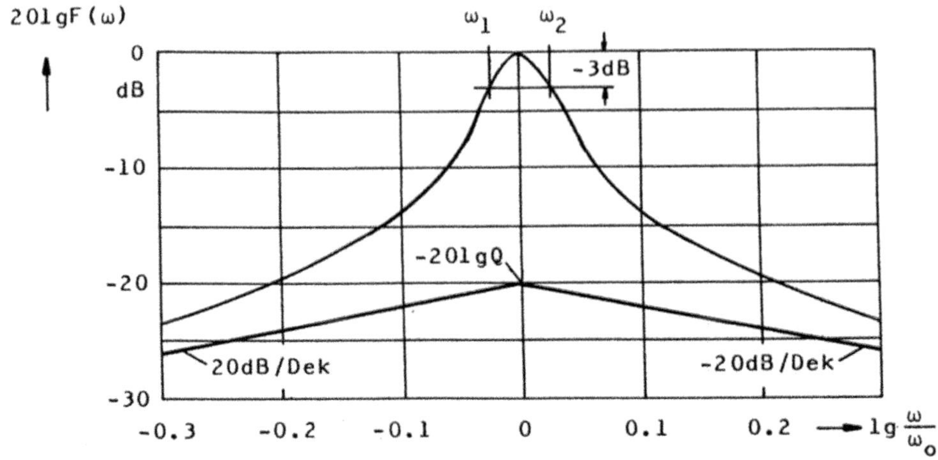

Bild 2.54: Amplitudengang eines Schwingkreises mit Q=10

Beispiel 1: Serienschwingkreis

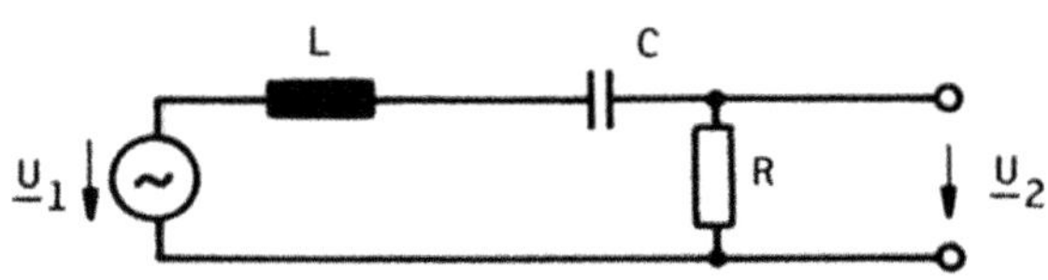

Mit der Spannungsteilerregel ergibt sich der Frequenzgang:

$$\underline{F}(j\omega) = \frac{\underline{U}_2}{\underline{U}_1} = \frac{j\omega RC}{1 + j\omega RC + (j\omega)^2 LC}$$

Durch Koeffizientenvergleich mit (2-109) findet man die Kennfrequenz

$$1/\omega_o^2 = LC \quad \rightarrow \quad \omega_o = \frac{1}{\sqrt{LC}}$$

sowie die Güte

$$\frac{1}{Q\omega_o} = RC \quad \rightarrow \quad Q = \frac{\sqrt{L/C}}{R} = Z_o/R$$

mit dem Kennwiderstand $Z_o = \omega_o L = 1/(\omega_o C) = \sqrt{L/C}$

Die Bandbreite dieses Schwingkreises ist:

$$\Delta\omega = \omega_o/Q = \frac{1/\sqrt{LC}}{Z_o/R} = R/L$$

Beispiel 2: Parallelschwingkreis

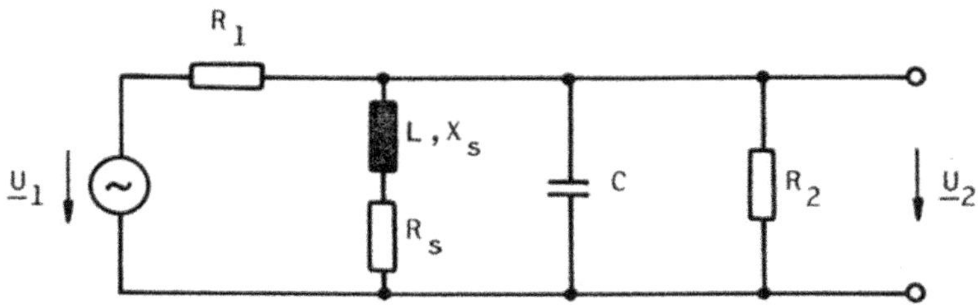

Bild 2.55: Parallelschwingkreis mit drei Dämpfungswiderständen

Die exakte Bestimmung der Güte dieses Schwingkreises ist umständlich. Unter der Voraussetzung hoher Güte ist eine einfache Näherung möglich. Die Schaltung wird zunächst in eine äquivalente Ersatzschaltung umgewandelt.

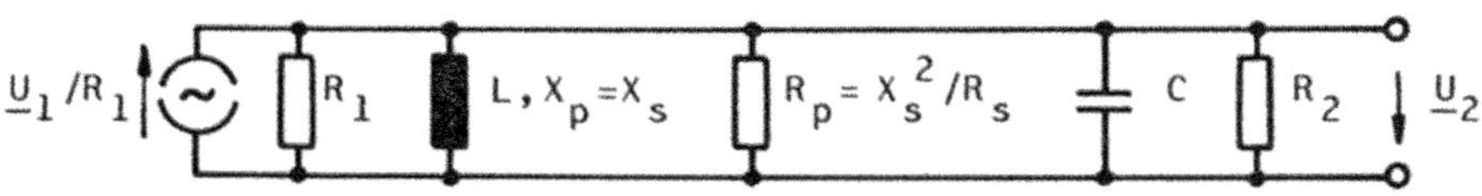

Bild 2.56: Ersatzschaltung zu Bild 2.55

Für die Umrechnung der Serienschaltung R_s, X_s in eine äquivalente Parallelschaltung R_p, X_p gibt es eine einfache Näherung:

$$\frac{1}{R_p} + \frac{1}{jX_p} = \frac{1}{R_s + jX_s} = \frac{R_s/X_s^2 - j/X_s}{1 + (R_s/X_s)^2}$$

Wenn nun

$$R_s/X_s \ll 1 \qquad (2\text{-}112)$$

ist, dann gilt angenähert mit dem Kennwiderstand Z_o:

$$R_s R_p \approx X_s^2 = Z_o^2 \qquad (2\text{-}113)$$

$$X_s = X_p = Z_o = \omega_o L = 1/(\omega_o C) = \sqrt{L/C} \qquad (2\text{-}114)$$

Die parallelen Widerstände können zusammengefaßt werden zu R_{ges}. Der komplexe Frequenzgang lautet dann:

$$\underline{F}(j\omega) = \frac{\underline{U}_2}{\underline{U}_1} = \frac{j\omega L/R_1}{1 + j\omega L/R_{ges} + (j\omega)^2 LC} \tag{2-115}$$

Der Frequenzgang ist mit den gemachten Näherungen auf den des idealen Schwingkreises zurückgeführt. Die Gln. (2-109) und (2-115) können daher verglichen werden. Durch Koeffizientenvergleich des Nenners findet man:

$$1/\omega_o^2 = LC \quad \rightarrow \quad \omega_o = 1/\sqrt{LC} \tag{2-116}$$

$$1/(Q\omega_o) = L/R_{ges} \quad \rightarrow \quad Q = R_{ges}/(\omega_o L) \tag{2-117}$$

Aus (2-117) folgt

$$\frac{1}{Q} = 2\vartheta = \frac{Z_o}{R_{ges}} = \frac{Z_o}{R_1} + \frac{R_s}{Z_o} + \frac{Z_o}{R_2} \tag{2-118}$$

Diese Gleichung besagt: die Anteile eines jeden Widerstandes an $1/Q$ werden addiert. Ein Serienwiderstand verursacht den Anteil R_s/Z_o, ein Parallelwiderstand den Anteil Z_o/R_p (vergl. auch Beispiel 1:Serienschwingkreis). Die hierfür in (2-112) gemachte Voraussetzung $R_s/Z_o \ll 1$ bedeutet also eine hohe Güte.

Zahlenbeispiel: aus den gegebenen Daten $R_1 = 10\,k\Omega$, $R_s = 2\Omega$, $R_2 = 3\,k\Omega$, $L = 2\,mH$, $C = 0.2\,\mu F$ folgen die Ergebnisse:

$\omega_o = 50\,000\ 1/s$	mit (2-116)
$Z_o = 100\Omega$	mit (2-114)
$Q = 15.78$	mit (2-118)
$\vartheta = 0.0317$	mit (2-118)
$\Delta\omega = 3167\ 1/s$	mit (2-111)
$F_{max} = 0.158$	mit (2-115)
$\omega_1 = 48417\ 1/s$	mit (2-111)
$\omega_2 = 51583\ 1/s$	mit (2-111)

2.20 Ortskurve

Trägt man eine komplexe Zahl $\underline{U}(\lambda)$ für verschiedene Werte einer unabhängigen Variablen λ als Punkt in der komplexen Zahlenebene ($\underline{U}$-Ebene) ein und verbindet diese Punkte, dann entsteht eine Ortskurve. Ein praktisch wichtiger Fall ist der Kreis. Kriterium: eine Ortskurve ist ein Kreis, wenn die komplexe Funktion sich in der Form der "allgemeinen Kreisgleichung" schreiben läßt:

$$\underline{U}(\lambda) = \frac{\underline{A} + \underline{B}\lambda}{\underline{C} + \underline{D}\lambda} \qquad (2\text{-}119)$$

worin $\underline{A}$, $\underline{B}$, $\underline{C}$, $\underline{D}$ komplexe Konstanten und λ eine reellwertige Variable ist.

Beispiel:

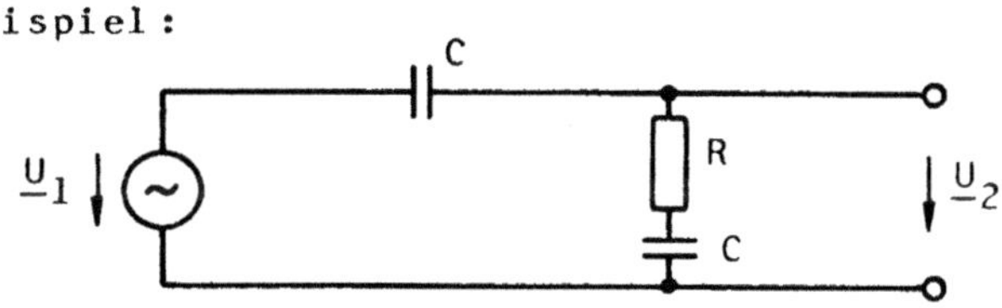

Der komplexe Frequenzgang $\underline{U}_2/\underline{U}_1$ soll als Ortskurve dargestellt werden. Mit der Spannungsteilerregel ergibt sich:

$$\underline{U}_2/\underline{U}_1 = \frac{1 + j\omega RC}{2 + j\omega RC}$$

Mit $\omega = \lambda$ ist die allgemeine Kreisgleichung erfüllt. Der Kreis läßt sich zeichnen, wenn drei Punkte bekannt sind:

1) $\omega = 0$; $\underline{U}_2/\underline{U}_1 = 0{,}5$

2) $\omega = \infty$; $\underline{U}_2/\underline{U}_1 = 1$

3) $\omega = 2/(RC)$; $\underline{U}_2/\underline{U}_1 = 0{,}75 + j0{,}25$

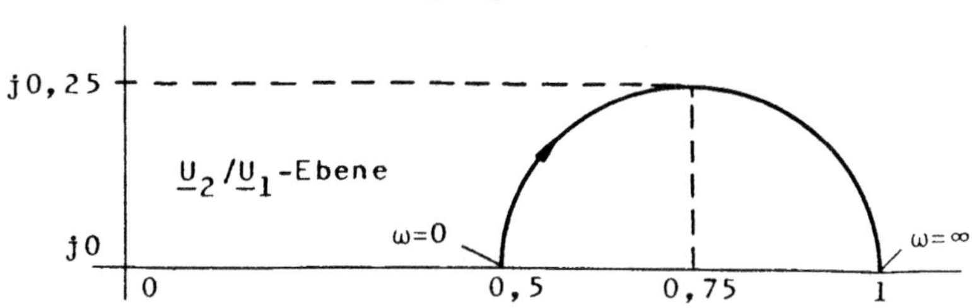

2.21 Gesteuerte Quellen

Gesteuerte Quellen sind ideale Spannungs- und Stromquellen, die von einer Steuerspannung oder einem Steuerstrom abhängig sind. Man unterscheidet vier Typen:

1. Spannungsgesteuerte Stromquelle
2. Spannungsgesteuerte Spannungsquelle
3. Stromgesteuerte Stromquelle
4. Stromgesteuerte Spannungsquelle

Die meisten Schaltungen mit gesteuerten Quellen lassen sich am einfachsten mit dem Knotenpunktpotential-Verfahren berechnen. Dieses läßt sich direkt anwenden bei Schaltungen mit spannungsgesteuerten Stromquellen (siehe Beispiel 1). Sind in der Schaltung andere Quellen vorhanden, so können diese immer in spannungsgesteuerte Stromquellen umgewandelt werden. Hierfür gelten dieselben Regeln, wie sie in den Abschnitten 2.12 und 2.13 für starre Quellen beschrieben wurden.

Beispiel 1:

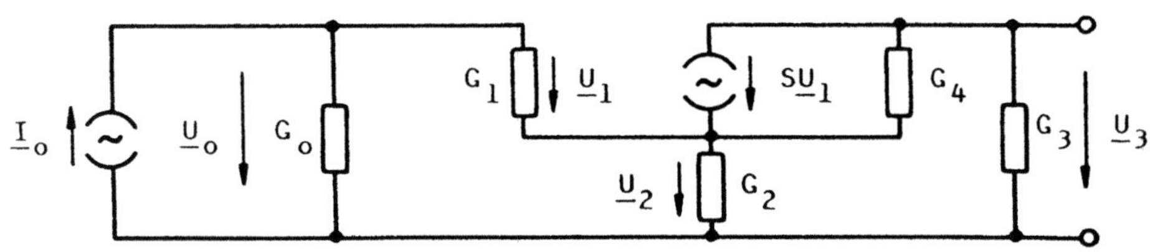

$S\underline{U}_1$ ist eine von der Spannung $\underline{U}_1$ gesteuerte Stromquelle mit der Steilheit S. Man bestimme das Spannungsverhältnis $\underline{U}_3/\underline{U}_o$.

Gegeben sind die Zahlenwerte:

$G_o = 2\text{mS}$	$G_1 = 0{,}8\text{mS}$	$G_2 = 0{,}5\text{mS}$
$G_3 = 1\text{mS}$	$G_4 = 0{,}02\text{mS}$	$S = 0{,}05\ \text{A/V}$

Der Ansatz mit den Knotenpunktpotentialen $\underline{U}_o$, $\underline{U}_2$ und $\underline{U}_3$ kann als Schema entsprechend den Vorschriften des Abschnittes 2.15 erfolgen, wobei zunächst die spannungsgesteuerte Stromquelle wie eine starre Stromquelle auf der rechten Seite des Gleichungssystems eingesetzt wird.

$\underline{U}_o$	$\underline{U}_2$	$\underline{U}_3$	$\Sigma\underline{I}$
G_o+G_1	$-G_1$	0	$\underline{I}_o$
$-G_1$	$G_1+G_2+G_4$	$-G_4$	$S(\underline{U}_o-\underline{U}_2)$
0	$-G_4$	G_3+G_4	$-S(\underline{U}_o-\underline{U}_2)$

Das Gleichungssystem wird so umgeformt, daß sich auf seiner rechten Seite nur noch Konstante befinden:

$\underline{U}_o$	$\underline{U}_2$	$\underline{U}_3$	$\Sigma\underline{I}$
G_o+G_1	$-G_1$	0	$\underline{I}_o$
$-S-G_1$	$S+G_1+G_2+G_4$	$-G_4$	0
S	$-S-G_4$	G_3+G_4	0

Man erkennt, daß die Steilheit S als Leitwert in der Leitwertmatrix auftritt. Sie wird dadurch unsymmetrisch.

Mit den gegebenen Zahlenwerten hat das Gleichungssystem die Lösung:

$\underline{U}_o = 0{,}049794 \ \underline{I}_o$; $\quad\quad \underline{U}_2 = 0{,}049280 \ \underline{I}_o$

$\underline{U}_3 = -0{,}024229 \ \underline{I}_o$

Hieraus folgt die gesuchte Lösung:

$$\underline{U}_3/\underline{U}_o = -0{,}4866$$

Beispiel 2:

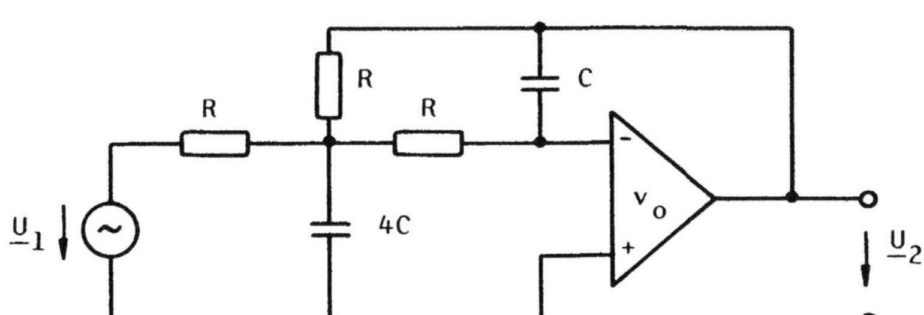

Gegeben ist ein beschalteter Operationsverstärker.

Er kann als ideale spannungsgesteuerte Spannungsquelle dargestellt werden:

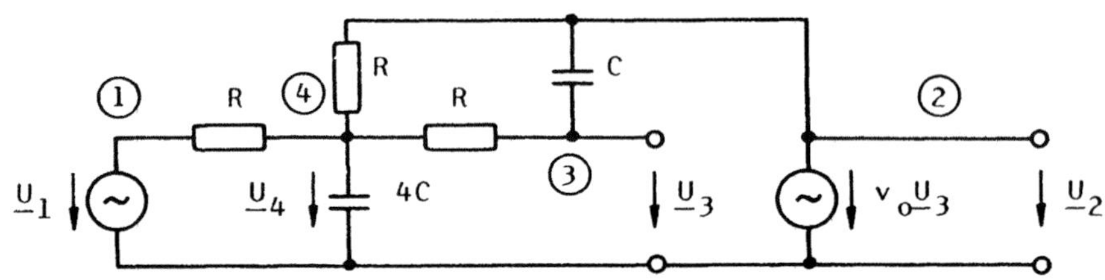

Gesucht ist der komplexe Frequenzgang $\underline{U}_2/\underline{U}_1$.

Man könnte die spannungsgesteuerte Spannungsquelle zunächst in eine spannungsgesteuerte Stromquelle umwandeln und dann das Knotenpunktpotential-Verfahren in ähnlicher Weise anwenden wie in Beispiel 1. Der folgende Ansatz ist jedoch einfacher. Für die Knoten 3 und 4 gelten die Knotengleichungen:

$$(\underline{U}_1-\underline{U}_4)/R + (\underline{U}_2-\underline{U}_4)/R + (\underline{U}_3-\underline{U}_4)/R - \underline{U}_4 j\omega 4C = 0$$

$$(\underline{U}_2-\underline{U}_3)j\omega C + (\underline{U}_4-\underline{U}_3)/R = 0$$

Das Gleichungssystem wird geordnet und $\underline{U}_3 = \underline{U}_2/v_o$ gesetzt:

$\underline{U}_2$	$\underline{U}_4$	$\Sigma\underline{I}$
$\frac{1}{R}(1 + \frac{1}{v_o})$	$-\frac{3}{R} - j\omega 4C$	$\underline{U}_1/R$
$j\omega C(1 - \frac{1}{v_o}) - \frac{1}{v_o R}$	$\frac{1}{R}$	0

Es hat die Lösung:

$$\frac{\underline{U}_2}{\underline{U}_1} = \frac{1}{1 + \frac{1}{v_o} + (3+j\omega 4RC)(j\omega RC(1-\frac{1}{v_o}) - \frac{1}{v_o})}$$

Die Lösung vereinfacht sich, wenn (wie bei Operationsverstärkern meist üblich) $v_o = \infty$ gesetzt wird:

$$\lim_{v_o\to\infty} \frac{\underline{U}_2}{\underline{U}_1} = \frac{1}{1 + j\omega 3RC + 4(j\omega RC)^2}$$

2.22 Vierpolersatzbilder

Die Strom-Spannungsbeziehungen an den Klemmen eines aktiven Vierpols lassen sich durch Vierpolgleichungen angeben. Ein aktiver Vierpol enthält gesteuerte Quellen. Die wichtigsten Vierpolgleichungen werden im folgenden mit den zugehörigen Ersatzschaltungen beschrieben.

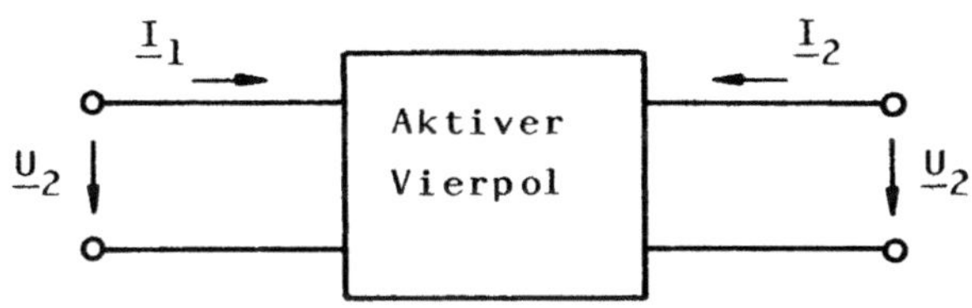

Bild 2.57: Aktiver Vierpol

2.22.1 y-Parameter-Ersatzbild

Die Vierpolgleichungen mit den Leitwertparametern lauten:

$$\underline{I}_1 = y_{11}\underline{U}_1 + y_{12}\underline{U}_2 \qquad (2\text{-}120)$$

$$\underline{I}_2 = y_{21}\underline{U}_1 + y_{22}\underline{U}_2 \qquad ''$$

Hierin sind:

y_{11} = Eingangsleitwert bei kurzgeschlossenem Ausgang

y_{12} = Änderung des Eingangsstromes mit der Ausgangsspannung bei kurzgeschlossenem Eingang

y_{21} = Änderung des Ausgangsstromes mit der Eingangsspannung bei kurzgeschlossenem Ausgang

y_{22} = Ausgangsleitwert bei kurzgeschlossenem Eingang

Die Vierpolgleichungen lassen sich durch das Ersatzbild (Bild 2.58) darstellen. Seine Richtigkeit folgt aus den Knotengleichungen der Eingangs- und Ausgangsseite.

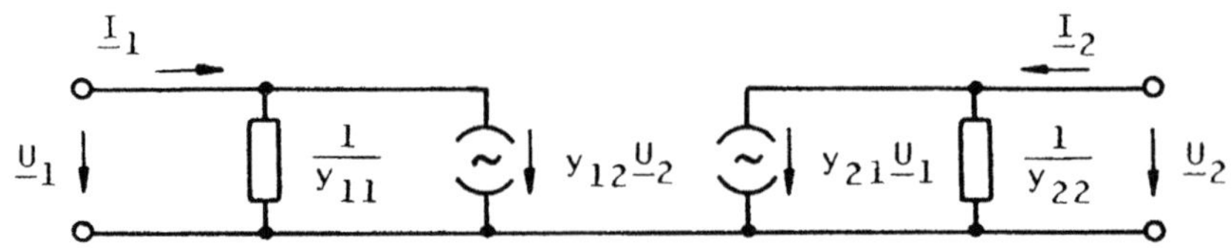

Bild 2.58: Ersatzbild für Leitwertmatrix

2.22.2 h-Parameter-Ersatzbild

Die Vierpolgleichungen der hybriden Stromverstärkermatrix lauten:

$$\underline{U}_1 = h_{11}\underline{I}_1 + h_{12}\underline{U}_2 \qquad (2\text{-}121)$$
$$\underline{I}_2 = h_{21}\underline{I}_1 + h_{22}\underline{U}_2$$

Die h-Parameter haben die folgende Bedeutung:

h_{11} = Eingangswiderstand bei kurzgeschlossenem Ausgang

h_{12} = Änderung der Eingangsspannung mit der Ausgangsspannung (Spannungsrückwirkung) bei offenem Eingang

h_{21} = Änderung des Ausgangsstromes mit dem Eingangsstrom (Stromverstärkung) bei kurzgeschlossenem Ausgang

h_{22} = Ausgangsleitwert bei offenem Eingang

Das zugehörige Ersatzbild ist in Bild 2.59 dargestellt.

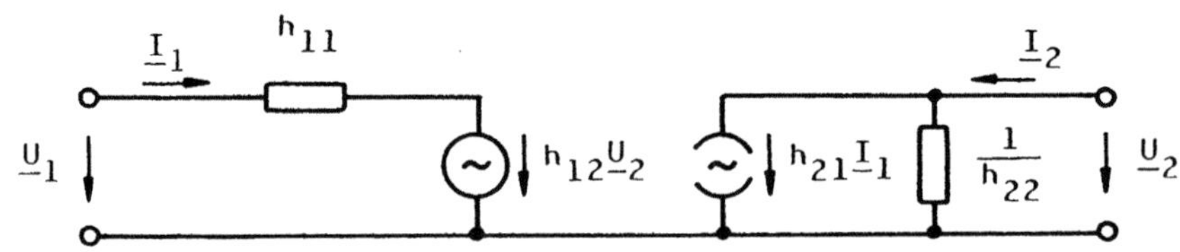

Bild 2.59: Ersatzbild für hybride Stromverstärkermatrix

Beispiel:

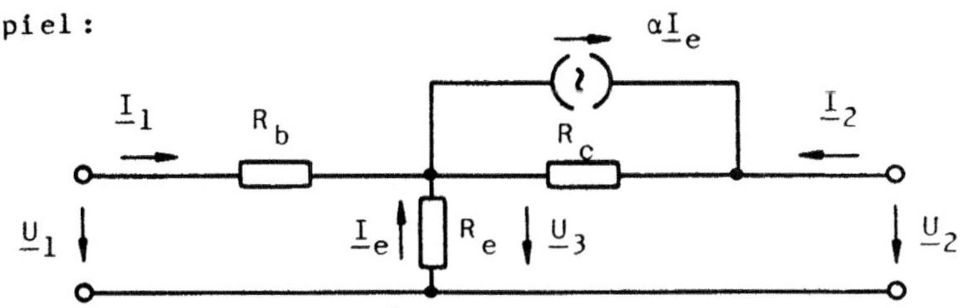

Gegeben ist ein physikalisches Ersatzbild eines Transistors in Emitterschaltung. Hierin ist $\alpha \underline{I}_e$ eine stromgesteuerte Stromquelle. Die Daten der Schaltung sind:

$$R_e = 20\Omega \;;\; R_b = 800\Omega \;;\; R_c = 5\cdot 10^5\Omega \;;\; \alpha = 0{,}98$$

Gesucht ist die Leitwertmatrix des Vierpols. Für die Anwendung des Knotenpunktpotentialverfahrens denke man sich den Vierpol von starren Stromquellen $\underline{I}_1$ und $\underline{I}_2$ gespeist. Die stromgesteuerte Stromquelle wird in eine spannungsgesteuerte Stromquelle umgewandelt:

$$\alpha\cdot\underline{I}_e = -\alpha\cdot\underline{U}_3/R_e$$

Man erhält nach Abschnitt 2.15 das folgende Schema, in welchem die von $\underline{U}_3$ abhängigen Terme auf die linke Seite gebracht werden:

$\underline{U}_1$	$\underline{U}_2$	$\underline{U}_3$	$\Sigma\underline{I}$
$1/R_b$	0	$-1/R_b$	$\underline{I}_1$
0	$1/R_c$	$-1/R_c$	$\underline{I}_2-\alpha\underline{U}_3/R_e$
$-1/R_b$	$-1/R_c$	$1/R_b+1/R_e+1/R_c$	$\alpha\underline{U}_3/R_e$
1,25mS	0	-1,25mS	$\underline{I}_1$
0	0,002mS	48,998mS	$\underline{I}_2$
-1,25mS	-0,002mS	2,252mS	0

Das Gleichungssystem wird durch Elimination der Variablen $\underline{U}_3$ auf ein zweireihiges System reduziert, welches die gesuchte Leitwertmatrix darstellt:

$$\underline{I}_1 = 0{,}5562\text{mS}\cdot\underline{U}_1 - 0{,}00111\text{mS}\cdot\underline{U}_2$$

$$\underline{I}_2 = 27{,}20\text{mS}\cdot\underline{U}_1 + 0{,}04552\text{mS}\cdot\underline{U}_2$$

2.23 Rückkopplung

Wirkt eine gesteuerte Quelle auf ihre Steuergröße zurück, so liegt Rückkopplung vor. Sie läßt sich anschaulich in einem Signalflußplan darstellen (Bild 2.60).

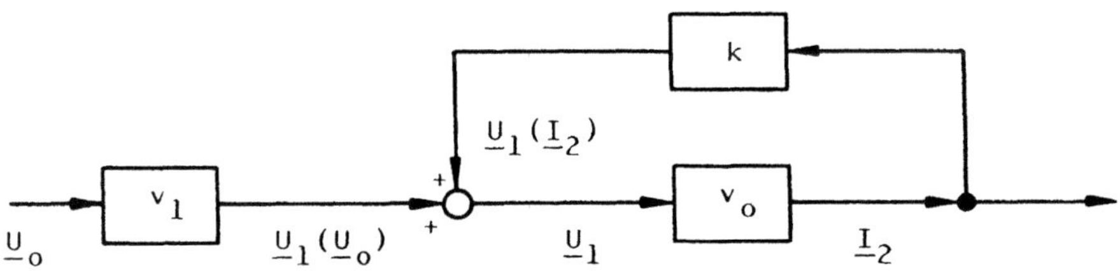

Bild 2.60: Signalflußplan der Rückkopplung am Beispiel einer spannungsgesteuerten Stromquelle

Im Bild 2.60 ist vorausgesetzt, daß der Block v_o eine ideale spannungsgesteuerte Stromquelle darstellt. Seine Ausgangsgröße $\underline{I}_2$ ist dann unabhängig von jeder Belastung. Weiter wird vorausgesetzt, daß die Eingangsgröße des Blockes v_1 (hier $\underline{U}_o$) eine ideale Quelle ist. Die Blöcke v_1 und k sind als Übertragungsfunktionen definiert, die nicht notwendigerweise rückwirkungsfrei sein müssen, da ihre Eingangsgrößen ideale Quellen sind:

$$v_1 = \underline{U}_1(\underline{U}_o)/\underline{U}_o \qquad \text{und} \qquad k = \underline{U}_1(\underline{I}_2)/\underline{I}_2 \tag{2-122}$$

Wendet man den Überlagerungssatz (siehe Abschnitt 2.11) auf den Summationspunkt (Symbol $\overset{+}{\underset{+}{\bigcirc}}$) an, so ergibt sich:

$$\underline{U}_1 = \underline{U}_1(\underline{U}_o) + \underline{U}_1(\underline{I}_2) \tag{2-123}$$

Durch Einsetzen von (2-122) folgt:

$$\underline{I}_2/v_o = \underline{U}_o v_1 + \underline{I}_2 k$$

Nach Umformung ergibt sich die Übertragungsfunktion:

$$v' = \frac{\underline{I}_2}{\underline{U}_o} = \frac{v_1 v_o}{1 - k v_o} \qquad \text{(geschlossene Schleife)} \tag{2-124}$$

Wird die Rückkopplungsschleife geöffnet, so ergibt sich offensichtlich die Übertragungsfunktion:

$$v'' = \frac{\underline{I}_2}{\underline{U}_o} = v_1 v_o \qquad \text{(Offene Schleife)} \qquad (2\text{-}125)$$

Die Verstärkung wird also durch Rückkopplung mit dem Faktor

$$g = \frac{v''}{v'} = 1 - kv_o \qquad \text{(Rückkopplungsfaktor)} \qquad (2\text{-}126)$$

verändert. Hierin wird kv_o als Schleifenverstärkung definiert. Diese kann direkt berechnet werden, wenn die Schleife entsprechend Bild 2.61 geöffnet und die Quelle $\underline{U}_o = 0$ gesetzt wird (Anwendung des Überlagerungssatzes).

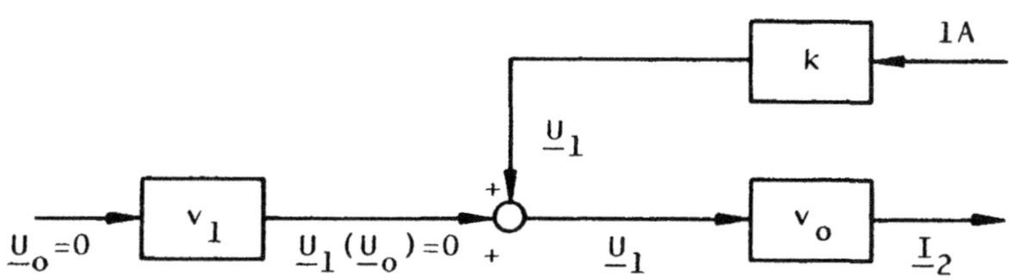

Bild 2.61: Zur Bestimmung von kv_o

Aus Bild 2.61 folgt die Schleifenverstärkung:

$$kv_o = \left.\frac{\underline{I}_2}{1A}\right|_{\underline{U}_o=0}$$

Man unterscheidet zwei Fälle der Rückkopplung:

$|1-kv_o| > 1$ Gegenkopplung: $|v'|$ wird vermindert (2-127)

$|1-kv_o| < 1$ Mitkopplung: $|v'|$ wird erhöht

Anmerkung:
Die Blöcke v_o (Vorwärtsblock) und k (Rückwärtsblock) in Bild 2.60 sind als Übertragungsfunktionen zu betrachten, die sich in den meisten praktischen Fällen gar nicht als Einzelvierpole darstellen lassen.

Für die anderen Typen gesteuerter Quellen gelten ähnliche Betrachtungen wie für die hier behandelte spannungsgesteuerte Stromquelle.

Beispiel 1:

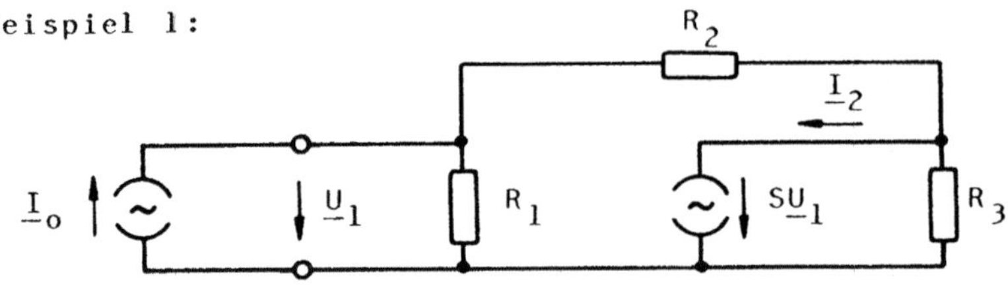

Die spannungsgesteuerte Stromquelle $S\underline{U}_1$ ist über den Widerstand R_2 rückgekoppelt. Man bestimme:

a) die Schleifenverstärkung kv_o durch Öffnen der Schleife,

b) die Gesamtverstärkung $v'' = \underline{I}_2/\underline{I}_o$ bei geöffneter Schleife,

c) aus a) und b) die Gesamtverstärkung bei geschlossener Schleife,

d) den Signalflußplan der gegengekoppelten Schaltung

a) Die Schleife wird direkt am Ausgang der gesteuerten Quelle aufgetrennt. Diese wird kurzgeschlossen. Eine Stromquelle von 1A wird als Eingangsgröße der aufgeschnittenen Schleife dazugeschaltet. Entsprechend Bild 2.61 wird hier $\underline{I}_o = 0$ gesetzt:

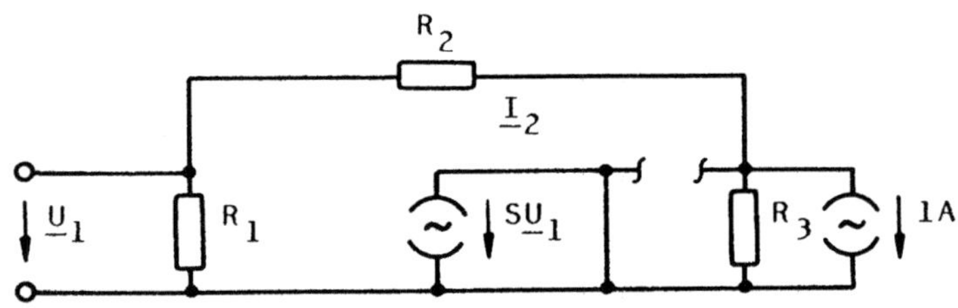

Dann gilt für die Schleifenverstärkung (mit der Stromteilerregel):

$$kv_o = \frac{\underline{I}_2}{1A} = \frac{S\underline{U}_1}{1A} = -S\,\frac{R_1R_3}{R_1 + R_2 + R_3}$$

Wegen $v_o = S$ folgt hieraus die Übertragungsfunktion des Blockes k:

$$k = \frac{kv_o}{S} = -\,\frac{R_1R_3}{R_1 + R_2 + R_3}$$

b) Mit der folgenden Ersatzschaltung wird die Gesamtverstärkung v'' bei aufgeschnittener Schleife, also ohne Gegenkopplung bestimmt:

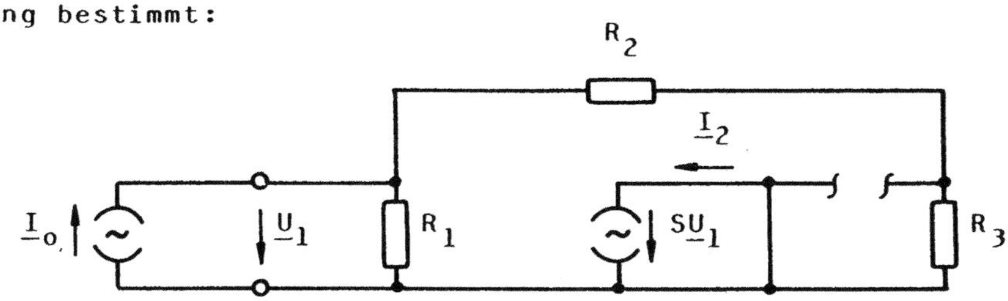

$$v'' = \frac{\underline{I}_2}{\underline{I}_o} = \frac{S\underline{U}_1}{\underline{I}_o} = S\,\frac{R_1(R_1+R_2)}{R_1 + R_2 + R_3}$$

c) Die Gesamtverstärkung v' bei geschlossener Schleife kann jetzt mit (2-126) bestimmt werden:

$$v' = \frac{v''}{1 - kv_o}$$

Nach Einsetzen der Ergebnisse aus a) und b) folgt:

$$v' = \frac{SR_1(R_1 + R_2)}{R_1 + R_2 + R_3 + SR_1R_3}$$

d) Mit den gewonnenen Resultaten ergibt sich der folgende Signalflußplan:

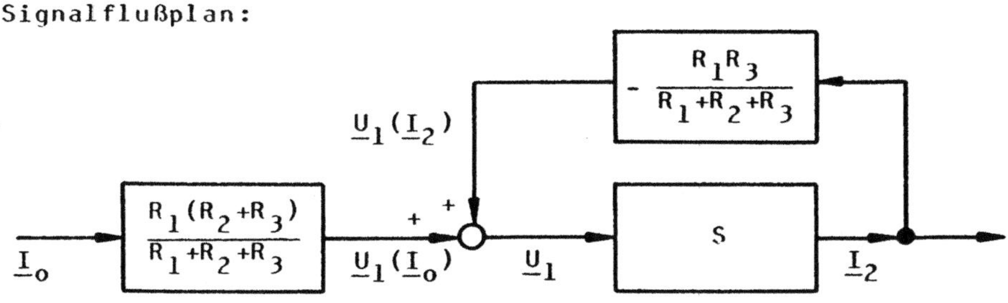

Man beachte: die einzelnen Blöcke können in der Originalschaltung nicht als getrennte Schaltungsteile identifiziert werden. Sie stellen vielmehr Übertragungsfunktionen dar, die mit dem Überlagerungssatz verknüpft sind.

Beispiel 2:

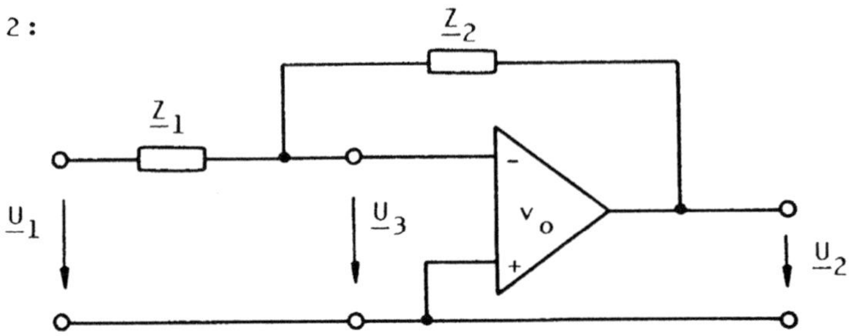

Gegeben ist ein gegengekoppelter Operationsverstärker mit der Verstärkung $v_o = \underline{U}_2/\underline{U}_3$. Er kann durch eine spannungsgesteuerte Spannungsquelle ersetzt werden:

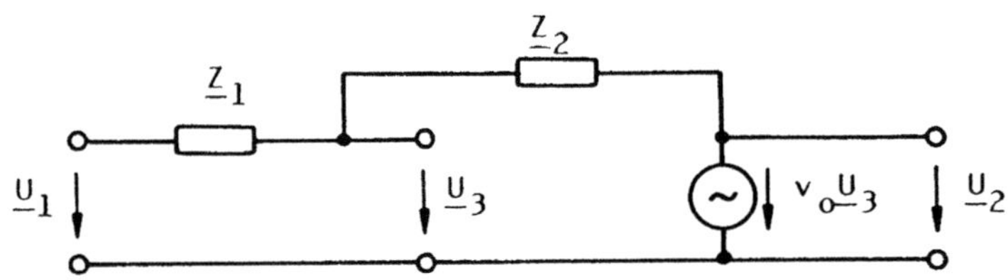

Man bestimme entsprechend Bild 2.60:

a) den Block v_1 mit $v_1 = \underline{U}_3(\underline{U}_1)/\underline{U}_1$

b) den Block k mit $k = \underline{U}_3(\underline{U}_2)/\underline{U}_2$

c) aus a) und b) die Gesamtverstärkung $v' = \underline{U}_2/\underline{U}_1$

d) den Signalflußplan

a) Nur die Quelle $\underline{U}_1$ sei wirksam und $v_o\underline{U}_3 = 0$. Dann gilt mit der Spannungsteilerregel:

$$v_1 = \frac{\underline{U}_3(\underline{U}_1)}{\underline{U}_1} = \frac{\underline{Z}_2}{\underline{Z}_1 + \underline{Z}_2}$$

b) Nur die Quelle $\underline{U}_2 = v_o\underline{U}_3$ sei wirksam und $\underline{U}_1 = 0$. Dann gilt ebenfalls mit der Spannungsteilerregel:

$$k = \frac{\underline{U}_3(\underline{U}_2)}{\underline{U}_2} = \frac{\underline{Z}_1}{\underline{Z}_1 + \underline{Z}_2}$$

Hieraus folgt der Rückkopplungsfaktor

$$1 - kv_o = 1 - \frac{\underline{Z}_1 v_o}{\underline{Z}_1 + \underline{Z}_2}$$

c) Für die Gesamtverstärkung gilt Gl. (2-124):

$$v' = \frac{\underline{U}_2}{\underline{U}_1} = \frac{v_1 v_o}{1 - k v_o}$$

Die unter a) und b) gefundenen Ergebnisse werden eingesetzt:

$$v' = \frac{\underline{Z}_2}{\underline{Z}_1} \; \frac{1}{(1+\underline{Z}_2/\underline{Z}_1)/v_o - 1}$$

Für den Grenzfall $v_o \to \infty$ ergibt sich die einfache Beziehung:

$$\lim_{v_o \to \infty} v' = - \frac{\underline{Z}_2}{\underline{Z}_1}$$

Diese wird häufig bei der Berechnung von beschalteten Operationsverstärkern verwendet.

d) Mit den errechneten Beziehungen läßt sich der folgende Signalflußplan zeichnen:

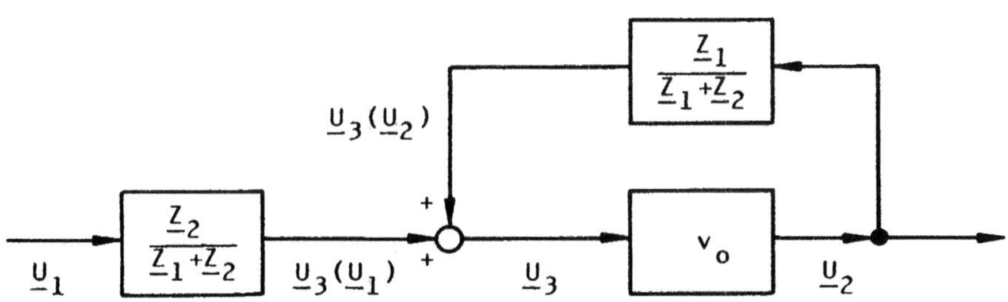

Man beachte: Der Vorwärtsblock v_o muß theoretisch immer eine ideale gesteuerte Quelle sein. Denn sonst ließe sich der Überlagerungssatz nicht anwenden. In vielen praktischen Fällen ist allerdings die Ausgangsgröße des Vorwärtsblockes so stabil, daß sie angenähert als ideale Quelle betrachtet werden kann.

2.24 Stabilität

Ein einfaches numerisches Verfahren zur Untersuchung der Stabilität eines Netzwerkes ist das Nyquist-Kriterium. Im Abschnitt 2.23 wurde der Rückkopplungsfaktor $1-kv_0$ definiert. Trägt man diesen als Frequenzortskurve in der komplexen Zahlenebene auf, dann gilt:

Eine Schaltung ist stabil, wenn der Nullpunkt nicht rechts von der Ortskurve $1-kv_0$ liegt. Voraussetzung für das Kriterium ist, daß keine instabilen Elemente (z.B. negative Widerstände) in der Schaltung vorhanden sind.

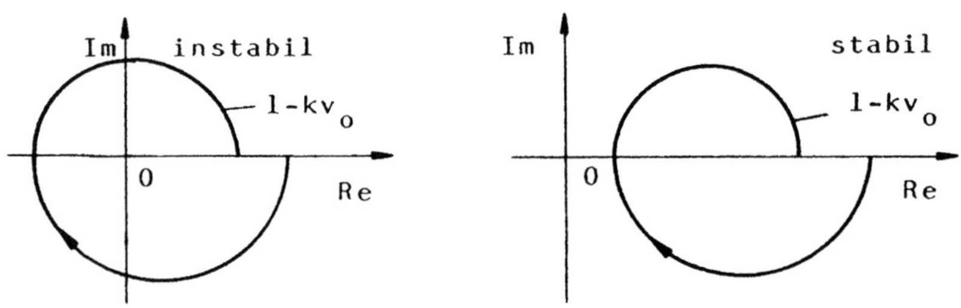

Bild 2.62: Zum Nyquist-Kriterium

Aus Bild 2.62 folgt für den Phasengang einer instabilen Schaltung der in Bild 2.63 gezeigte Verlauf. Diese Schaltung schwingt mit der Frequenz ω_0.

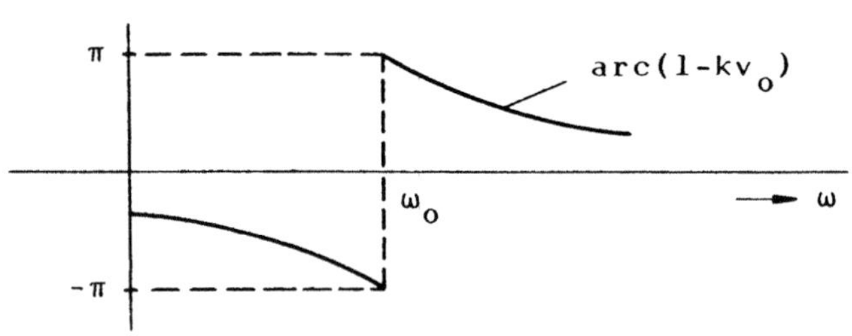

Bild 2.63: Phasengang von $1-kv_0$ einer instabilen Schaltung

Beispiel:

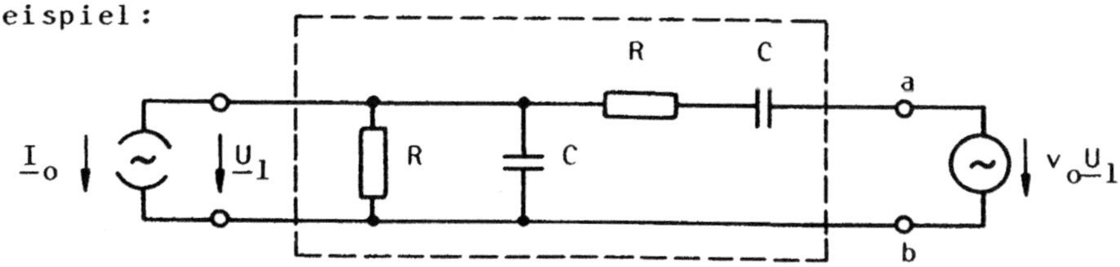

Gegeben ist die Ersatzschaltung eines rückgekoppelten RC-Verstärkers mit einer spannungsgesteuerten Spannungsquelle. Für die Anwendung des Nyquist-Kriteriums muß der Rückkopplungsfaktor $1-kv_o$ bestimmt werden. Hierzu wird die Schleife am Ausgang der gesteuerten Quelle geöffnet. Der Eingang der Schleife wird mit 1V gespeist.

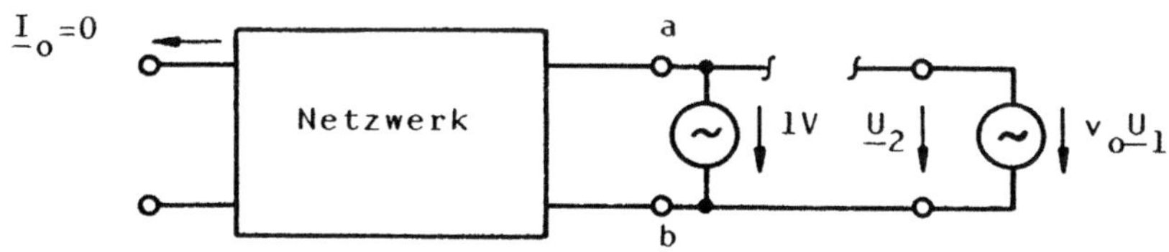

Dann ergibt sich mit der Spannungsteilerregel die Schleifenverstärkung:

$$kv_o = \frac{\underline{U}_2}{1V} = \frac{v_o\underline{U}_1}{1V} = \frac{v_o}{3 + j(\omega RC - \frac{1}{\omega RC})}$$

Hieraus folgt der Rückkopplungsfaktor:

$$1 - kv_o = \frac{3 - v_o + jX}{3 + jX} \qquad \text{mit } X = \omega RC - \frac{1}{\omega RC}$$

Diese Gleichung entspricht der allgemeinen Kreisgleichung (siehe Abschnitt 2.20). Daher ist die Ortskurve ein Kreis mit den speziellen Werten:

1) $\omega = 0$; $\quad 1-kv_o = \frac{3 - v_o}{3}$

2) $\omega = \infty$; $\quad 1-kv_o = 1$

3) $\omega = 1/(RC)$; $\quad 1-kv_o = 1$

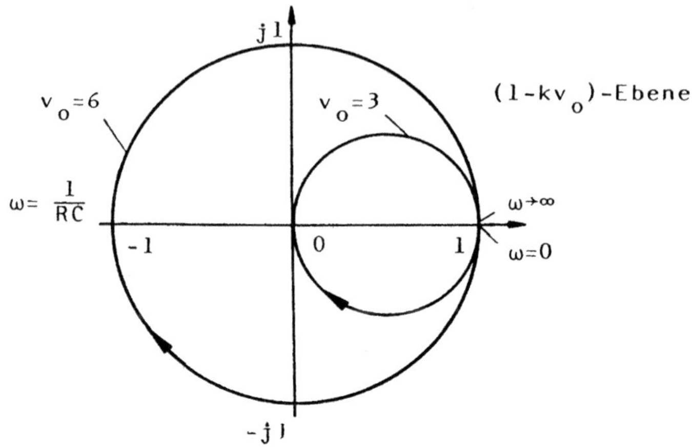

Die Ortskurve ist für zwei Werte der Verstärkung v_o dargestellt. Man erkennt daraus, daß die Schaltung für $v_o > 3$ instabil ist.

Zur Stabilitätsprüfung kann auch der Phasengang von $1-kv_o$ herangezogen werden. Für $v_o = 6$ ergibt sich der komplexe Frequenzgang

$$1-kv_o = \frac{-3 + jX}{3 + jX}$$

mit dem Phasengang

$$\mathrm{arc}(1-kv_o) = \pi - 2\arctan\frac{X}{3} = \pi - 2\arctan\left(\left(\omega RC - \frac{1}{\omega RC}\right)/3\right)$$

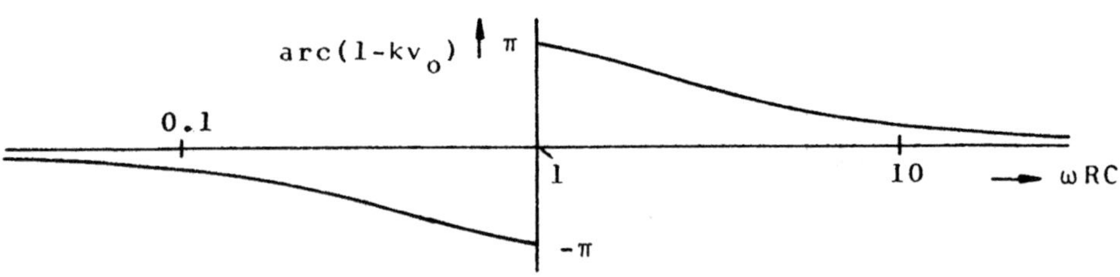

Der Phasengang hat bei fallendem Verlauf den Wert π bei der Frequenz $\omega = 1/(RC)$. Bei dieser Frequenz schwingt die Schaltung.

3 Programm Komplexe Arithmetik ACOM

Mit diesem Programm können elementare Berechnungen in komplexer Arithmetik ausgeführt werden. Für die Berechnung von Wechselstromkreisen benötigt man nur die vier komplexen Grundrechenarten. Wichtig ist, daß ein derartiges Programm Kettenrechnungen in einfacher Weise durchführen kann. Hierfür eignet sich besonders gut die Stackregistertechnik, wie sie von UPN-Rechnern her bekannt ist.

3.1 Theoretische Grundlagen

Löst man die Gleichung

$$x^2 + 2x + 5 = 0$$

nach x auf, so erhält man die beiden Lösungen:

$$x_1 = -1 + 2\sqrt{-1} \qquad \text{und} \qquad x_2 = -1 - 2\sqrt{-1}$$

Setzt man

$$j^2 = -1 \qquad \text{oder} \qquad j = \sqrt{-1}\,, \tag{3.1}$$

dann lassen sich die Lösungen auch so schreiben:

$$x_1 = -1 + j2 \qquad \text{und} \qquad x_2 = -1 - j2$$

x_1 und x_2 sind komplexe Zahlen. Sie haben den gleichen Realteil -1 und einen Imaginärteil mit verschiedenem Vorzeichen +2 bzw. -2. Sie sind zueinander konjugiert komplex.

Mit der Beziehung (3.1) können die folgenden elementaren Rechenregeln komplexer Zahlen direkt aus denen reeller Zahlen hergeleitet werden. Die entsprechenden Operationen des Programms sind in Klammern angegeben.

Komplexe Addition (Operation +):

$$(a + jb) + (c + jd) = (a + c) + j(b + d)$$

Zwei komplexe Zahlen werden also addiert, indem ihre Realteile a und c und ihre Imaginärteile b und d addiert werden.

Komplexe Subtraktion (Operation C, anschließend +):

Sie kann auf die komplexe Addition zurückgeführt werden, indem zunächst ein Vorzeichenwechsel und dann die Addition durchgeführt werden:

$$(a + jb) - (c + jd) = (a + jb) + (-c - jd)$$

Komplexe Multiplikation (Operation *):

Durch Ausmultiplizieren ergibt sich mit $j^2=-1$:

$$(a + jb)(c + jd) = (ac - bd) + j(ad + bc)$$

Das Ergebnis der komplexen Multiplikation ist also wieder eine komplexe Zahl.

Komplexe Inversion (Operation I):

Durch Erweitern mit a-jb (konjugiert komplexe Erweiterung) ergibt sich:

$$\frac{1}{a + jb} = \frac{1}{a + jb} \cdot \frac{a - jb}{a - jb} = \frac{a}{a^2 + b^2} - j\,\frac{b}{a^2 + b^2}$$

Der Kehrwert einer komplexen Zahl ist also auch eine komplexe Zahl.

Komplexe Division (Operation I, anschließend *):

Sie kann auf die Inversion mit nachfolgender Multiplikation zurückgeführt werden:

$$\frac{a + jb}{c + jd} = \frac{1}{c + jd}(a + jb)$$

In den Anwendungen wird häufig die Polarform einer komplexen Zahl benutzt. Die Polarform (P-Form) und die rechtwinklige Form (R-Form) sind durch die Euler-Gleichung miteinander verknüpft:

$$r e^{j\phi} = r(\cos\phi + j\sin\phi) = a + jb$$

Hierin sind r und ϕ die Polarkoordinaten und a und b die rechtwinkligen Koordinaten.

Komplexe Zahlen lassen sich als Punkt in der komplexen Zahlenebene darstellen:

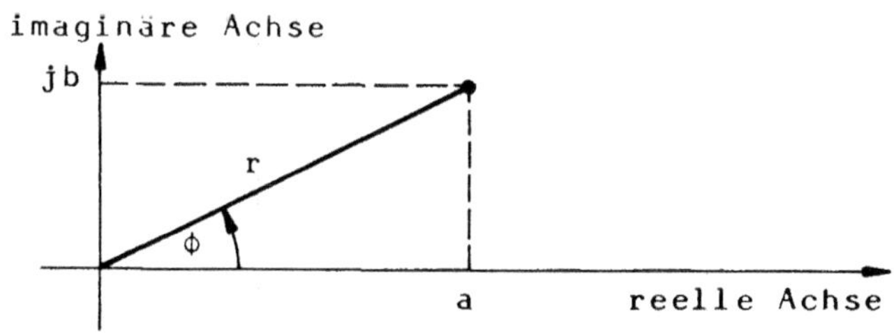

Bild 3.1: Komplexe Zahlenebene

Aufgrund geometrischer Beziehungen gelten die folgenden Umrechnungsformeln zwischen der R-Form und der P-Form:

$r = \sqrt{a^2 + b^2} = \|a + jb\|$	Betrag
$\phi = \arctan(b/a)$	Phase
$a = r\cos\phi$	Realteil
$b = r\sin\phi$	Imaginärteil

Für die Umrechnung gibt es auf fast allen programmierbaren Taschenrechnern Funktionstasten. In dem vorliegenden Programm werden die folgenden Operationen angewandt:

R-Form → P-Form (Operation P)

P-Form → R-Form (Operation R)

Die Rechnung der geschilderten komplexen Operationen wird in einem Stackregister ausgeführt. Bild 3.2 zeigt den Datenfluß.

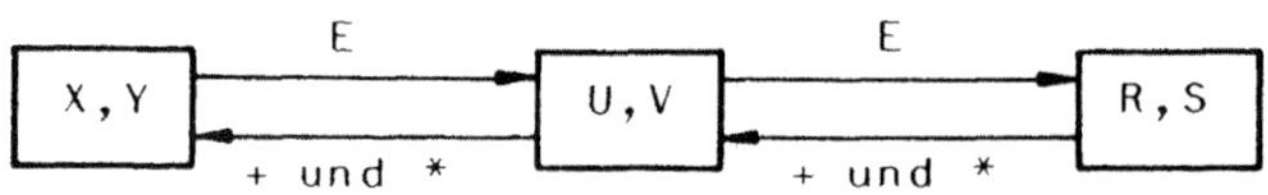

Bild 3.2: Datenfluß des Stackregisters

Bei Operationen mit zwei Operanden, also Addition und Multiplikation, befindet sich der eine Operand in den Registern X,Y und der andere in U,V. Das Ergebnis befindet sich in X,Y und wird angezeigt.

Die Register R,S dienen zum Speichern von Zwischenergebnissen. Diese Register werden automatisch belegt, wenn eine neue komplexe Zahl mit der Operation E eingegeben wird. Hierbei wird zunächst die komplexe Zahl in U,V nach R,S und dann die komplexe Zahl in X,Y nach U,V geschoben. Anschließend wird die eingegebene komplexe Zahl nach X,Y gespeichert.

Wird nun eine komplexe Addition oder Multiplikation ausgeführt, so gehen beide Operanden (X,Y und U,V) verloren, während das Ergebnis in X,Y steht. Anschließend wird die komplexe Zahl im Zwischenspeicher R,S automatisch nach U,V zurückgeschoben, wo sie jetzt für eine weitere Addition oder Multiplikation zur Verfügung steht. Ihr Wert in R,S bleibt dabei erhalten.

Dieses Vorgehen entspricht der umgekehrten polnischen Notation, wie sie in den sogenannten UPN-Rechnern für reelle Rechenoperationen verwendet wird.

Alle Operationen werden nach dem Programmstart durch Drücken <u>einer</u> Taste ausgelöst. Die komplexe Addition wird z.B. durch Drücken der Taste + ausgelöst. Diese Taste (und andere) ist durch das Programm neu "belegt" worden. Nach Beendigung jeder Operation befindet sich der Rechner in einer Warteschleife und reagiert dann nur auf die "belegten" Operationstasten.

Als Beispiel für den Datenfluß des Stackregisters soll der Ausdruck

(2 + j3)(4 - j5) + (6 + j7)(8 - j9)

berechnet werden. In der Tabelle Bild 3.3 wird der Inhalt der einzelnen Register nach jeder Operation gezeigt.

Operation (Tasten)	Register						Erläuterung
	X	Y	U	V	R	S	
E 2 {ENT} 3 {ENT}	2	3	0	0	0	0	Eingabe: 2 + j3
E 4 {ENT} -5 {ENT}	4	-5	2	3	0	0	Eingabe: 4 - j5
*	23	2	0	0	0	0	Multiplikation
E 6 {ENT} 7 {ENT}	6	7	23	2	0	0	Eingabe: 6 + j7
E 8 {ENT} -9 {ENT}	8	-9	6	7	23	2	Eingabe: 8 - j9
*	111	2	23	2	23	2	Multiplikation
+	134	4	23	2	23	2	Addition

Bild 3.3: Beispiel für Stackregister

Das Ergebnis befindet sich in X,Y und lautet: 134 + j4. Man beachte, daß bei dieser Technik besondere Zwischenspeicheroperationen nicht benötigt werden.

3.2 Bedienungsanleitung

Nr.	Tasten	Anzeige	Bemerkung
1	RUN 430	(X) (Y)	Programmstart
2	E (X) {ENT} (Y) {ENT}	X? Y? (X) (Y)	Umspeichern U → R, V → S, X → U, Y → V. Anschließend Eingabe einer neuen komplexen Zahl nach X,Y.
3	R	(X) (Y)	Umwandlung der komplexen Zahl in X,Y von der P-Form in die R-Form.
4	P	(X) (Y)	Umwandlung der komplexen Zahl in X,Y von der R-Form in die P-Form.
5	+	(X) (Y)	Addition: X+U → X, Y+V → Y. Anschließend Umspeichern: R → U, S → V.
6	C	(X) (Y)	Vorzeichenwechsel: -X → X, -Y → Y
7	*	(X) (Y)	Multiplikation: X*U-Y*V → X, X*V+Y*U → Y. Anschließend Umspeichern R → U, S → V.
8	I	(X) (Y)	Inversion: $\frac{X}{X^2+Y^2} \rightarrow X, \quad \frac{-Y}{X^2+Y^2} \rightarrow Y$
			Anmerkungen: Die komplexe Subtraktion wird auf Vorzeichenwechsel mit anschließender Addition zurückgeführt. Die komplexe Division wird auf Inversion mit nachfolgender Multiplikation zurückgeführt. Alle Rechenoperationen müssen in der R-Form ausgeführt werden. Nur zum Zwecke der Eingabe oder der Anzeige eines Ergebnisses darf die P-Form verwendet werden.

3.3 Programmauflistung

Basic-Programm PC-1500	Erläuterungen
420:M$=INKEY$:IF M$THEN 424	UP: Warteschleife für nächste Operation.
422:GOTO 420	
424:A$=INKEY$:IF A$THEN 424	Blockade gegen doppelte Ausführung
426:RETURN	
430:"K"WAIT 0: USING "##.#####^":PRINT X,Y: GOSUB 420	Programmstart Anzeige der komplexen Zahl
434:GOSUB ASC (M$) +400:GOTO 430	Sprung zu der getasteten Operation
442:M=X:X=M*U-Y*V: Y=M*V+Y*U:GOTO 444	* (Multiplikation)
443:X=X+U:Y=Y+V	+ (Addition)
444:U=R:V=S:RETURN	
467:X=-X:Y=-Y: RETURN	C (Change Sign, Vorzeichenwechsel)
469:R=U:S=V:U=X:V= Y:INPUT "X?",X ,"Y?",Y:RETURN	E (Eingabe einer komplexen Zahl)
473:M=X*X+Y*Y:X=X/ M:Y=-Y/M: RETURN	I (Inversion)
480:M=√(X*X+Y*Y): IF MLET Y=((Y= 0)+SGN Y)*ACS (X/M):X=M	P (Umwandlung R-Form in P-Form)
481:RETURN	
482:M=X*COS Y:Y=X* SIN Y:X=M: RETURN	R (Umwandlung P-Form in R-Form)

3.4 Speicherbelegung

Register	Inhalt
R	Realteil
S	Imaginärteil
U	Realteil
V	Imaginärteil
M	Zwischenspeicher
X	Realteil oder Betrag
Y	Imaginärteil oder Phase

3.5 Übungsaufgaben

Die Benutzung des Programms wird in den folgenden Übungsaufgaben an einigen typischen Problemen der elementaren Schaltungsberechnung gezeigt. Besonderes Augenmerk richte man auf die Handhabung der Zwischenspeichertechnik.

In der jeweils angegebenen Tastenfolge ist der Start des Programms mit RUN 430 nicht jedesmal aufgeführt, da er sich ständig wiederholt.

Programm: Komplexe Arithmetik ACOM

Aufgabe: 3.1	Anwendung: Maschenregel

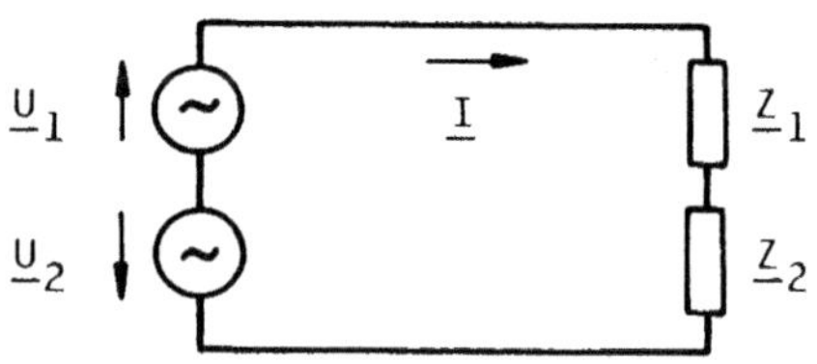

$\underline{U}_1 = 8\text{V}\, e^{j50^\circ}$

$\underline{U}_2 = 5\text{V}\, e^{-j20^\circ}$

$\underline{Z}_1 = 20\Omega + j15\Omega$

$\underline{Z}_2 = 12\Omega\, e^{j18^\circ}$

Man berechne den Strom $\underline{I}$.

Aus dem Ansatz mit der Maschenregel

$$\underline{U}_1 - \underline{U}_2 + \underline{I}(\underline{Z}_1 + \underline{Z}_2) = 0$$

folgt:

$$\underline{I} = \frac{\underline{U}_2 - \underline{U}_1}{\underline{Z}_1 + \underline{Z}_2}$$

Tasten	Anzeige	Bemerkung
E	X?	
5 {ENT}	Y?	
-20 {ENT}	5.00E 00 -2.00E 01	$\underline{U}_2$ (P-Form)
R	4.70E 00 -1.71E 00	(R-Form)
E	X?	
8 {ENT}	Y?	
50 {ENT}	8.00E 00 5.00E 01	$\underline{U}_1$ (P-Form)
R	5.14E 00 6.13E 00	(R-Form)
C	-5.14E 00 -6.13E 00	$-\underline{U}_1$
+	-4.44E-01 -7.84E 00	$\underline{U}_2 - \underline{U}_1$
E	X?	
20 {ENT}	Y?	
15 {ENT}	2.00E 01 1.50E 01	$\underline{Z}_1$
E	X?	
12 {ENT}	Y?	
18 {ENT}	1.20E 01 1.80E 01	$\underline{Z}_2$ (P-Form)
R	1.14E 01 3.71E 00	(R-Form)
+	3.14E 01 1.87E 01	$\underline{Z}_1 + \underline{Z}_2$
I	2.35E-02 -1.40E-02	
*	-1.20E-01 -1.78E-01	$(\underline{U}_2-\underline{U}_1)/(\underline{Z}_1+\underline{Z}_2)$ (R-Form)
P	2.15E-01 -1.24E 02	(P-Form)

Aus der Tabelle entnimmt man das Ergebnis:

$$\underline{I} = -0.12\text{A} - j0.178\text{A} = 0.215\text{A}\, e^{-j124^\circ}$$

Programm: Komplexe Arithmetik ACOM

Aufgabe: 3.2 | Anwendung: Knotenregel

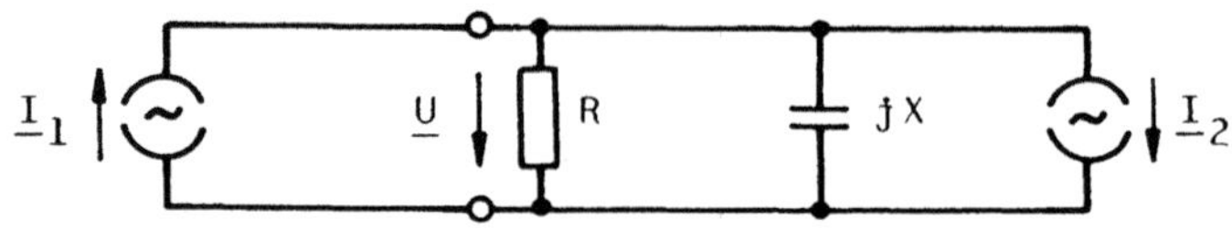

$\underline{I}_1 = 10\text{A}\, e^{j60^\circ}$, $\underline{I}_2 = 5\text{A}\, e^{-j10^\circ}$, $R = 20\Omega$, $X = -30\Omega$

Man berechne die Spannung $\underline{U}$.

Aus dem Ansatz mit der Knotenregel

$$\underline{I}_1 - \underline{I}_2 - \underline{U}/R - \underline{U}/(jX) = 0$$

ergibt sich:

$$\underline{U} = \frac{\underline{I}_1 - \underline{I}_2}{1/R + 1/(jX)}$$

Tasten	Anzeige	Bemerkung
E	X?	
10 {ENT}	Y?	
60 {ENT}	1.00E 01 6.00E 01	$\underline{I}_1$ (P-Form)
R	5.00E 00 8.66E 00	(R-Form)
E	X?	
5 {ENT}	Y?	
-10 {ENT}	5.00E 00 -1.00E 01	$\underline{I}_2$ (P-Form)
R	4.92E 00 -8.68E-01	(R-Form)
C	-4.92E 00 8.68E-01	
+	7.60E-02 9.53E 00	$\underline{I}_1 - \underline{I}_2$
E	X?	
1/20 {ENT}	Y?	
1/30 {ENT}	5.00E-02 3.33E-02	1/R - j/X
I	1.38E 01 -9.23E 00	
*	8.90E 01 1.31E 02	$\underline{U}$ (R-Form)
P	1.59E 02 5.59E 01	(P-Form)

Man beachte, daß auch ein Basic-Ausdruck (z.B. 1/20) eingegeben werden kann.

Das Ergebnis lautet:

$$\underline{U} = 89.0\text{V} + j131\text{V} = 159\text{V}\, e^{j55.9^\circ}$$

Programm: Komplexe Arithmetik ACOM	
Aufgabe: 3.3	Anwendung: Ersatzwiderstand

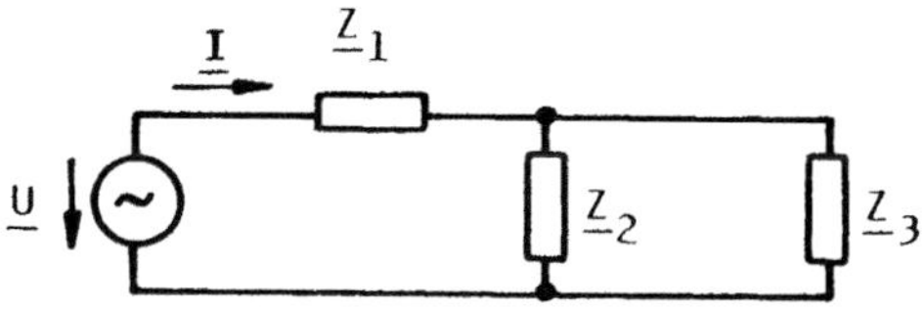

$\underline{U} = 20V$

$\underline{Z}_1 = 2\Omega + j3\Omega$

$\underline{Z}_2 = 4\Omega - j5\Omega$

$\underline{Z}_3 = 3\Omega + j6\Omega$

Man bestimme den Ersatzwiderstand $\underline{Z}_{ges}$ und berechne mit diesem den Strom $\underline{I}$.

Der Ersatzwiderstand der Reihenparallelschaltung ist:

$$\underline{Z}_{ges} = \frac{1}{1/\underline{Z}_2 + 1/\underline{Z}_3} + \underline{Z}_1$$

Hieraus folgt der gesuchte Strom:

$$\underline{I} = \underline{U}/\underline{Z}_{ges}$$

Tasten	Anzeige	Bemerkung
E	X?	
4 {ENT}	Y?	
-5 {ENT}	4.00E 00 -5.00E 00	$\underline{Z}_2$
I	9.76E-02 1.22E-01	$1/\underline{Z}_2$
E	X?	
3 {ENT}	Y?	
6 {ENT}	3.00E 00 6.00E 00	$\underline{Z}_3$
I	6.67E-02 -1.33E-01	$1/\underline{Z}_3$
+	1.64E-01 -1.14E-02	$1/\underline{Z}_2+1/\underline{Z}_3$
I	6.06E 00 4.20E-01	
E	X?	
2 {ENT}	Y?	
3 {ENT}	2.00E 00 3.00E 00	$\underline{Z}_1$
+	8.06E 00 3.42E 00	$\underline{Z}_{ges}$
I	1.05E-01 -4.46E-02	$1/\underline{Z}_{ges}$
E	X?	
20 {ENT}	Y?	
0 {ENT}	2.00E 01 0.00E 00	$\underline{U}$
*	2.10E 00 -8.92E-01	$\underline{I}$ (R-Form)
P	2.28E 00 -2.30E 01	(P-Form)

Die Ergebnisse sind:

$\underline{Z}_{ges} = 8.06\Omega + j3.42\Omega$

$\underline{I} = 2.10A - j0.892A = 2.28A\, e^{-j23^o}$

Programm: Komplexe Arithmetik ACOM

Aufgabe: 3.4 | Anwendung: Komplexer Spannungsteiler

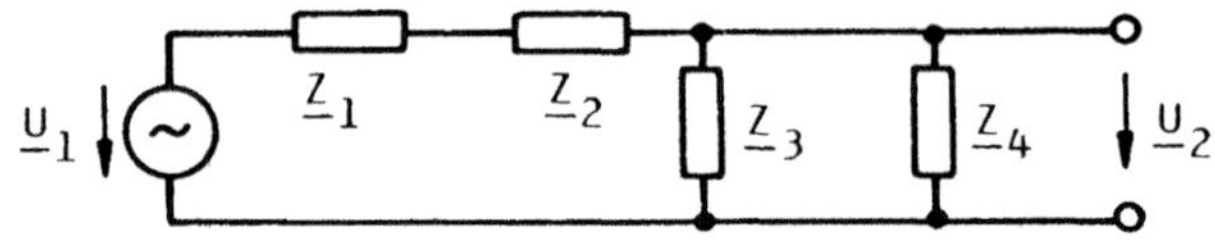

$\underline{Z}_1 = 5\Omega\, e^{j20^o}$, $\underline{Z}_2 = 3\Omega\, e^{-j70^o}$, $\underline{Z}_3 = 4\Omega + j7\Omega$, $\underline{Z}_4 = 6\Omega + j2\Omega$

Man bestimme das Spannungsverhältnis $\underline{U}_2/\underline{U}_1$.

Mit der Spannungsteilerregel ergibt sich:

$$\underline{U}_2/\underline{U}_1 = \frac{1}{1 + (1/\underline{Z}_3 + 1/\underline{Z}_4)(\underline{Z}_1 + \underline{Z}_2)}$$

Tasten	Anzeige	Bemerkung
E	X?	
4 {ENT}	Y?	
7 {ENT}	4.00E 00 7.00E 00	$\underline{Z}_3$
I	6.15E-02 -1.08E-01	$1/\underline{Z}_3$
E	X?	
6 {ENT}	Y?	
2 {ENT}	6.00E 00 2.00E 00	$\underline{Z}_4$
I	1.50E-01 -5.00E-02	$1/\underline{Z}_4$
+	2.12E-01 -1.58E-01	$1/\underline{Z}_3+1/\underline{Z}_4$
E	X?	
5 {ENT}	Y?	
20 {ENT}	5.00E 00 2.00E 01	$\underline{Z}_1$ (P-Form)
R	4.70E 00 1.71E 00	(R-Form)
E	X?	
3 {ENT}	Y?	
-70 {ENT}	3.00E 00 -7.00E 01	$\underline{Z}_2$ (P-Form)
R	1.03E 00 -2.82E 00	(R-Form)
+	5.72E 00 -1.11E 00	$\underline{Z}_1+\underline{Z}_2$
*	1.04E 00 -1.14E 00	$(1/\underline{Z}_3+1/\underline{Z}_4)(\underline{Z}_1+\underline{Z}_2)$
E	X?	
1 {ENT}	Y?	
0 {ENT}	1.00E 00 0.00E 00	1
+	2.04E 00 -1.14E 00	$1 + (1/\underline{Z}_3+1/\underline{Z}_4)(\underline{Z}_1+\underline{Z}_2)$
I	3.74E-01 2.09E-01	$\underline{U}_2/\underline{U}_1$
P	4.29E-01 2.92E 01	

Aus der Tabelle entnimmt man das Ergebnis:

$$\underline{U}_2/\underline{U}_1 = 0.374 + j0.209 = 0.429\, e^{j29.2^o}$$

Programm: Komplexe Arithmetik ACOM

Aufgabe: 3.5 | Anwendung: Komplexer Stromteiler

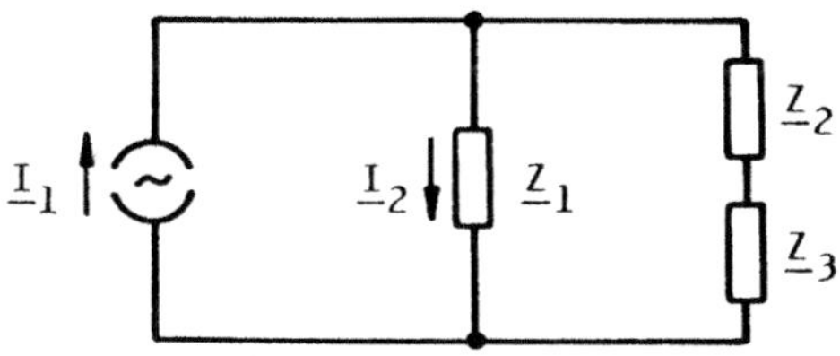

$\underline{I}_1 = 8A$

$\underline{Z}_1 = 3\Omega + j2\Omega$

$\underline{Z}_2 = 5\Omega\, e^{-j60^o}$

$\underline{Z}_3 = 4\Omega\, e^{j25^o}$

Der Strom $\underline{I}_2$ ist zu bestimmen.

Mit der Stromteilerregel ergibt sich:

$$\underline{I}_2 = \underline{I}_1 \frac{\underline{Z}_2 + \underline{Z}_3}{\underline{Z}_1 + \underline{Z}_2 + \underline{Z}_3} = \underline{I}_1 \frac{1}{1 + \underline{Z}_1/(\underline{Z}_2 + \underline{Z}_3)}$$

In der letzteren Form ist der Aufwand für die Eingabe am geringsten.

Tasten	Anzeige	Bemerkung
E	X?	
5 {ENT}	Y?	
-60 {ENT}	5.00E 00 -6.00E 01	$\underline{Z}_2$ (P-Form)
R	2.50E 00 -4.33E	(R-Form)
E	X?	
4 {ENT}	Y?	
25 {ENT}	4.00E 00 2.50E 01	$\underline{Z}_3$ (P-Form)
R	3.63E 00 1.69E 00	(R-Form)
+	6.13E 00 -2.64E 00	$\underline{Z}_2+\underline{Z}_3$
I	1.38E-01 5.93E-02	$1/(\underline{Z}_2+\underline{Z}_3)$
E	X?	
3 {ENT}	Y?	
2 {ENT}	3.00E 00 2.00E 00	$\underline{Z}_1$
*	2.94E-01 4.53E-01	$\underline{Z}_1/(\underline{Z}_2+\underline{Z}_3)$
E	X?	
1 {ENT}	Y?	
0 {ENT}	1.00E 00 0.00E 00	1
+	1.29E 00 4.53E-01	$1 + \underline{Z}_1/(\underline{Z}_2+\underline{Z}_3)$
I	6.88E-01 -2.41E-01	
E	X?	
8 {ENT}	Y?	
0 {ENT}	8.00E 00 0.00E 00	8
*	5.51E 00 -1.93E 00	$\underline{I}_2$

Das Ergebnis ist: $\underline{I}_2 = 5.51A - j1.93A$

Programm: Komplexe Arithmetik ACOM

Aufgabe: 3.6	Anwendung: Brückenschaltung

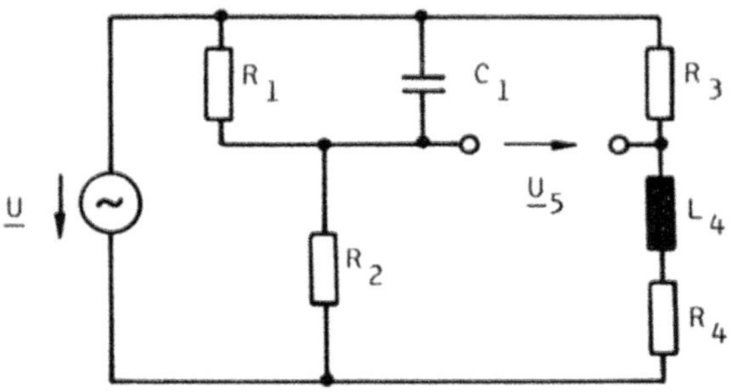

$R_1 = 5\Omega$
$R_2 = 8\Omega$
$R_3 = 6\Omega$
$R_4 = 3\Omega$
$C_1 = 1000\mu F$
$L_4 = 20 mH$
$\omega = 100 \frac{1}{s}$

Das Spannungsverhältnis $\underline{U}_5/\underline{U}$ ist zu bestimmen.

Mit der Spannungsteilerregel ergibt sich sofort:

$$\frac{\underline{U}_5}{\underline{U}} = \frac{1}{1 + (R_4 + j\omega L_4)/R_3} - \frac{1}{1 + R_2(1/R_1 + j\omega C_1)}$$

$$= \frac{1}{1 + R_4/R_3 + j\omega L_4/R_3} - \frac{1}{1 + R_2/R_1 + j\omega C_1 R_2}$$

Tasten	Anzeige	Bemerkung
E	X?	
1+3/6 {ENT}	Y?	
100*0.02/6 {ENT}	1.50E 00 3.33E-01	$1 + R_4/R_3 + j\omega L_4/R_3$
I	6.35E-01 -1.41E-01	
E	X?	
1+8/5 {ENT}	Y?	
100*1E-3*8 {ENT}	2.60E 00 8.00E-01	$1 + R_2/R_1 + j\omega C_1 R_2$
I	3.51E-01 -1.08E-01	
C	-3.51E-01 1.08E-01	
+	2.84E-01 -3.31E-02	$\underline{U}_5/\underline{U}$ (R-Form)
P	2.86E-01 -6.64E 00	(P-Form)

Man beachte, daß auch Basic-Ausdrücke (z.B. 1+3/6) eingegeben werden dürfen.

Das Ergebnis lautet:

$$\underline{U}_5/\underline{U} = 0.284 - j0.0331 = 0.286\, e^{-j6.64^\circ}$$

Programm: Komplexe Arithmetik ACOM

Aufgabe: 3.7 | Anwendung: Drehstrom

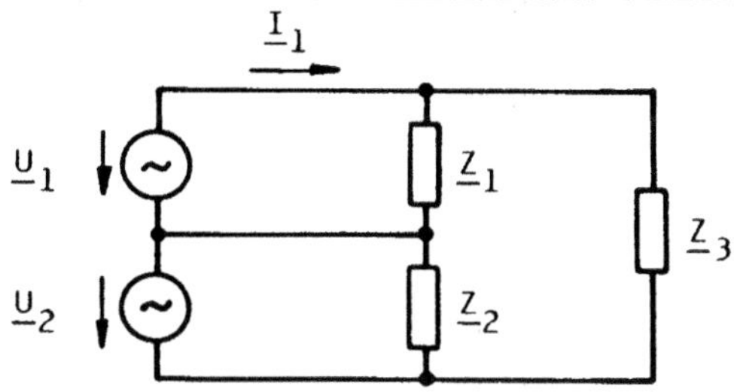

$\underline{U}_1 = 230V$
$\underline{U}_2 = 230V\,e^{j120°}$
$\underline{Z}_1 = 4\Omega + j7\Omega$
$\underline{Z}_2 = 3\Omega - j5\Omega$
$\underline{Z}_3 = 2\Omega + j4\Omega$

Durch die Spannungsquellen $\underline{U}_1$ und $\underline{U}_2$ ist ein Drehstromsystem gegeben, das mit einer unsymmstrischen Dreieckschaltung belastet wird. Man berechne den Außenleiterstrom $\underline{I}_1$.

Nach der Kirchhoffschen Knotenregel ist:

$$\underline{I}_1 = \underline{U}_1/\underline{Z}_1 + (\underline{U}_1 + \underline{U}_2)/\underline{Z}_3$$

Tasten	Anzeige	Bemerkung
E	X?	
230 {ENT}	Y?	
0 {ENT}	2.30E 02 0.00E 00	$\underline{U}_1$
E	X?	
230 {ENT}	Y?	
120 {ENT}	2.30E 02 1.20E 02	$\underline{U}_2$ (P-Form)
R	-1.15E 02 1.99E 02	(R-Form)
+	1.15E 02 1.99E 02	$\underline{U}_1+\underline{U}_2$
E	X?	
2 {ENT}	Y?	
4 {ENT}	2.00E 00 4.00E 00	$\underline{Z}_3$
I	1.00E-01 -2.00E-01	$1/\underline{Z}_3$
*	5.13E 01 -3.08E 00	$(\underline{U}_1+\underline{U}_2)/\underline{Z}_3$
E	X?	
230 {ENT}	Y?	
0 {ENT}	2.30E 02 0.00E 00	$\underline{U}_1$
E	X?	
4 {ENT}	Y?	
7 {ENT}	4.00E 00 7.00E 00	$\underline{Z}_1$
I	6.15E-02 -1.08E-01	$1/\underline{Z}_1$
*	1.42E 01 -2.48E 01	$\underline{U}_1/\underline{Z}_1$
+	6.55E 01 -2.79E 01	$\underline{I}_1$ (R-Form)
P	7.12E 01 -2.30E 01	(P-Form)

Der gesuchte Strom ist also:

$$\underline{I}_1 = 65.5A - j27.9A = 71.2A\,e^{-j23°}$$

Programm: Komplexe Arithmetik ACOM

Aufgabe: 3.8 | Anwendung: Ersatzzweipolquelle

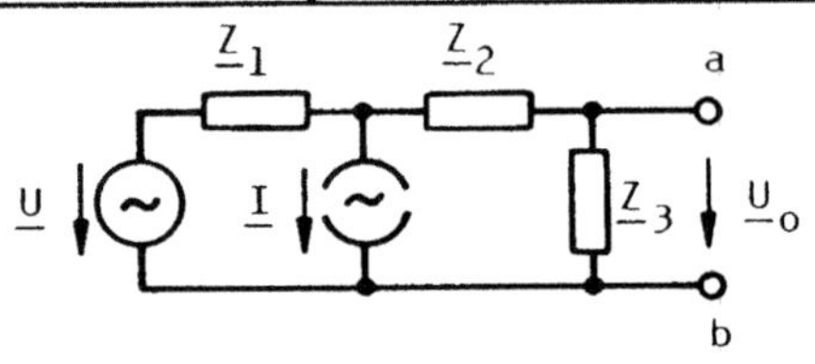

$\underline{U} = 20\text{V}\, e^{j30^o}$

$\underline{I} = 2\text{A}\, e^{j50^o}$

$\underline{Z}_1 = 4\Omega + j9\Omega$

$\underline{Z}_2 = 3\Omega - j5\Omega$

$\underline{Z}_3 = 5\Omega + j6\Omega$

Die Daten $\underline{U}_o$, $\underline{I}_o$ und $\underline{Z}_o$ einer äquivalenten Ersatzquelle bezüglich der Klemmen a,b sind zu bestimmen. Wie groß sind für Leistungsanpassung der Lastwiderstand $\underline{Z}_L$ und die verfügbare (maximale) Leistung der Ersatzquelle?

Den Kurzschlußstrom $\underline{I}_o$ über die Klemmen a,b findet man sofort mit dem Überlagerungssatz:

$$\underline{I}_o = \frac{\underline{U}}{\underline{Z}_1+\underline{Z}_2} - \underline{I}\,\frac{\underline{Z}_1}{\underline{Z}_1+\underline{Z}_2} = \frac{\underline{U} - \underline{I}\,\underline{Z}_1}{\underline{Z}_1+\underline{Z}_2}$$

Der Innenwiderstand $\underline{Z}_o$ ergibt sich, wenn beide Quellen zu Null gemacht werden, d.h. die Spannungsquelle durch einen Kurzschluß und die Stromquelle durch eine Unterbrechung ersetzt werden:

$$\underline{Z}_o = \underline{Z}_3 \,||\, (\underline{Z}_1+\underline{Z}_2) = \frac{1}{\dfrac{1}{\underline{Z}_3} + \dfrac{1}{\underline{Z}_1+\underline{Z}_2}}$$

Hieraus folgt die Leerlaufspannung $\underline{U}_o$ durch Anwendung der Beziehung:

$$\underline{U}_o = \underline{I}_o\,\underline{Z}_o$$

Der Belastungswiderstand $\underline{Z}_L$ ist gleich dem konjugiert komplexen Innenwiderstand:

$$\underline{Z}_L = \underline{Z}_o^*$$

Programm: Komplexe Arithmetik ACOM	
Aufgabe: 3.8	Anwendung: Ersatzzweipolquelle

Es ergibt sich der folgende Rechenablauf.

Tasten	Anzeige	Bemerkung
E	X?	
2 {ENT}	Y?	
50 {ENT}	2.00E 00 5.00E 01	$\underline{I}$ (P-Form)
R	1.29E 00 1.53E 00	(R-Form)
E	X?	
4 {ENT}	Y?	
9 {ENT}	4.00E 00 9.00E 00	$\underline{Z}_1$
*	-8.65E 00 1.77E 01	$\underline{I}\,\underline{Z}_1$
C	8.65E 00 -1.77E 01	$-\underline{I}\,\underline{Z}_1$
E	X?	
20 {ENT}	Y?	
30 {ENT}	2.00E 01 3.00E 01	$\underline{U}$ (P-Form)
R	1.73E 01 1.00E 01	(R-Form)
+	2.60E 01 -7.70E 00	$\underline{U} - \underline{I}\,\underline{Z}_1$
E	X?	
7 {ENT}	Y?	
4 {ENT}	7.00E 00 4.00E 00	$\underline{Z}_1+\underline{Z}_2$
I	1.08E-01 -6.15E-02	
*	2.32E 00 -2.43E 00	$\underline{I}_o$
E	X?	
7 {ENT}	Y?	
4 {ENT}	7.00E 00 4.00E 00	$\underline{Z}_1+\underline{Z}_2$
I	1.08E-01 -6.15E-02	
E	X?	
5 {ENT}	Y?	
6 {ENT}	5.00E 00 6.00E 00	$\underline{Z}_3$
I	8.20E-02 -9.84E-02	$1/\underline{Z}_3$
+	1.90E-01 -1.60E-01	
I	3.08E 00 2.60E 00	$\underline{Z}_o$
*	1.35E 01 -1.44E 00	$\underline{U}_o$ (R-Form)
P	1.35E 01 -6.12E 00	(P-Form)

Der Tabelle entnimmt man die Daten der Ersatzquelle:

$$\underline{U}_o = 13.5\text{V} - j1.44\text{V} = 13.5\text{V}\, e^{-j6.12^o}$$

$$\underline{I}_o = 2.32\text{A} - j2.43\text{A}$$

$$\underline{Z}_o = 3.08\Omega + j2.60\Omega$$

Die Anpassungsdaten sind:

$$\underline{Z}_L = 3.08\Omega - j2.60\Omega,\quad P_{max} = \frac{|\underline{U}_o|^2}{4\text{Re}\,\underline{Z}_o} = 14.8\text{ W}$$

4 Programm Komplexer Gauß-Algorithmus GCOM

In den Programmbibliotheken und Anwendermodulen für Basic-Rechner wird gewöhnlich der Gauß-Algorithmus für die reelle Matrix angeboten. Das Maschenstrom- und das Knotenpunktpotential-Verfahren führen jedoch für Wechselstromnetzwerke auf lineare komplexe Gleichungssysteme. Sind nur starre Quellen vorhanden, dann sind die komplexe Widerstandsmatrix und die komplexe Leitwertmatrix symmetrisch. Sind auch gesteuerte Quellen vorhanden, dann wird die Matrix unsymmetrisch. Das vorliegende Programm kann wahlweise für Gleichstromberechnungen (reelle Matrix) und Wechselstromberechnungen (komplexe Matrix) eingesetzt werden. Der Bedienungskomfort wird dadurch erhöht, daß bei Vorliegen einer symmetrischen Matrix nur die obere Dreiecksmatrix und bei Vorliegen einer reellen Matrix nur die Realteile eingegeben zu werden brauchen.

4.1 Theoretische Grundlagen

Zur Illustration des Gauß-Algorithmus werde zunächst ein Gleichungssystem dritter Ordnung mit unsymmetrischer Koeffizientenmatrix betrachtet.

$$\begin{bmatrix} A_{11} & A_{12} & A_{13} \\ A_{21} & A_{22} & A_{23} \\ A_{31} & A_{32} & A_{33} \end{bmatrix} \begin{bmatrix} X_1 \\ X_2 \\ X_3 \end{bmatrix} = \begin{bmatrix} A_{14} \\ A_{24} \\ A_{34} \end{bmatrix}$$

Bild 4.1: Gleichungssystem mit unsymmetrischer Koeffizientenmatrix

Dieses Gleichungssystem kann in kompakter Weise als "erweiterte" Matrix geschrieben werden (Bild 4.2).

$$\begin{bmatrix} A_{11} & A_{12} & A_{13} & A_{14} \\ A_{21} & A_{22} & A_{23} & A_{24} \\ A_{31} & A_{32} & A_{33} & A_{34} \end{bmatrix}$$

Bild 4.2: Erweiterte Matrix

Jede Zeile der erweiterten Matrix entspricht einer Gleichung des Gleichungssystems. Ziel des Gauß-Algorithmus ist es nun, die erweiterte Matrix durch "elementare Zeilenoperationen" in eine reduzierte Matrix umzuwandeln, die unterhalb der Hauptdiagonalen nur Nullen enthält (Bild 4.3).

$$\begin{bmatrix} B_{11} & B_{12} & B_{13} & B_{14} \\ 0 & B_{22} & B_{23} & B_{24} \\ 0 & 0 & B_{33} & B_{34} \end{bmatrix}$$

Bild 4.3: Reduzierte erweiterte Matrix

Die letzte Zeile der reduzierten Matrix entspricht einer Gleichung mit nur einer Unbekannten, deren Wert leicht zu berechnen ist:

$$X_3 = B_{34}/B_{33}$$

Eine Null in Bild 4.3 wird durch eine elementare Zeilenoperation erzeugt. Mit einem geeigneten Multiplikator wird eine ganze Zeile, die Pivotzeile, multipliziert und dann von der zu reduzierenden Zeile subtrahiert. Ein Zahlenbeispiel möge das verdeutlichen.

Gegeben sei die erweiterte Matrix in Bild 4.4.

Pivotelement

$$\begin{bmatrix} \boxed{16} & -8 & -4 & 4 \\ -8 & 12 & -2 & 18 \\ -4 & -2 & 11 & -19 \end{bmatrix}$$

Bild 4.4: Zahlenbeispiel einer erweiterten Matrix

In der ersten Reduktionsstufe ist die erste Zeile die Pivotzeile. In dieser ist 16 das Pivotelement. Der Multiplikator für die Reduktion der zweiten Zeile lautet -8/16 und für die Reduktion der dritten Zeile -4/16. Das Ergebnis der ersten Reduktionsstufe ist die Matrix in Bild 4.5.

Pivotelement

$$\begin{bmatrix} 16 & -8 & -4 & 4 \\ 0 & \boxed{8} & -4 & 20 \\ 0 & -4 & 10 & -18 \end{bmatrix}$$

Bild 4.5: Matrix nach der ersten Reduktionsstufe

In Bild 4.5 entspricht die zweite und die dritte Zeile einem Gleichungssystem zweier Gleichungen mit nur noch zwei Unbekannten X_2 und X_3. Auf dieses Gleichungssystem wird die zweite Reduktionsstufe angewendet. Jetzt ist die zweite Zeile die Pivotzeile. In dieser ist 8 das Pivotelement. Der Multiplikator für die Reduktion der dritten Zeile lautet -4/8. Das Ergebnis der zweiten und letzten Reduktionsstufe ist die Matrix in Bild 4.6.

$$\begin{bmatrix} 16 & -8 & -4 & 4 \\ 0 & 8 & -4 & 20 \\ 0 & 0 & 8 & -8 \end{bmatrix}$$

Bild 4.6: Matrix nach der zweiten Reduktionsstufe

Aus der dritten Zeile gewinnt man das Ergebnis:

$$X_3 = -8/8 = -1$$

Durch Einsetzen von X_3 in die zweite Gleichung ergibt sich $X_2 = 2$ und durch Einsetzen von X_2 und X_3 in die erste Gleichung $X_1 = 1$.

Allgemein ergeben sich die folgenden Beziehungen für die Reduktion (Vorwärts-Algorithmus). Das Gleichungssystem bestehe aus N Gleichungen. Das aktuelle Pivotelement sei A(K,K). Die zu reduzierende Zeile habe den Zeilenindex I. Der laufende

Spaltenindex während der Reduktion einer Zeile sei J. Der Multiplikator werde mit M bezeichnet. Nehmen wir nun der Einfachheit halber an, daß die Matrixelemente reell sind, dann läßt sich die Reduktion einer unsymmetrischen Matrix in allgemeiner Weise durch das kleine Basic-Programm in Bild 4.7 beschreiben.

```
10  FOR K=1 TO N-1
20  FOR I=K+1 TO N
30  M=A(I,K)/A(K,K)
40  FOR J=K+1 TO N+1
50  A(I,J)=A(I,J) - M*A(K,J)
60  NEXT J: NEXT I: NEXT K
```

Bild 4.7: Basic-Programm für die Reduktion einer reellen erweiterten Matrix

Ein Zeilentausch (zur Vermeidung kleiner Pivotelemente) ist in diesem Programm nicht vorgesehen. Sollte einmal, wenn in einem Subnetzwerk eine Resonanz auftritt, ein Pivotelement Null werden, was zu einer Division durch Null führt, dann ändere man die Zahlenwerte dieses Subnetzwerkes (z.B. Änderung der Frequenz) geringfügig.

Man beachte: Wird das Programm auf beliebige Gleichungssysteme angewandt, die nicht aus dem Maschenstrom- oder dem Knotenpunktpotentialverfahren hervorgehen, dann muß man damit rechnen, daß ein Pivotelement gleich Null wird. Man kann sich helfen, indem für die Hauptdiagonalelemente statt einer Null eine sehr kleine Zahl eingegeben wird.

4.2 Bedienungsanleitung

Der Ablauf der Bedienung wird getrennt am Beispiel einer reellen und einer komplexen Matrix gezeigt.

Beispiel 1: Reelle symmetrische Matrix

Gegeben ist das Gleichungssystem mit reeller symmetrischer Koeffizientenmatrix:

$$
\begin{aligned}
12\,U_1 &- 4\,U_2 - 6\,U_3 = 2\\
-4\,U_1 &+ 9\,U_2 - 3\,U_3 = 5\\
-6\,U_1 &- 3\,U_2 + 10\,U_3 = -5
\end{aligned}
$$

Das Programm GCOM benötigt bei Vorliegen einer symmetrischen Matrix nur die Eingabe der oberen Dreiecksmatrix:

U_1	U_2	U_3	
12	-4	-6	2
	9	-3	5
		10	-5

Die Eingabe der reellen Matrix wird weiter vereinfacht, indem das Programm nur die Realteile anfordert.

Tasten	Anzeige	Bemerkung
RUN 200	N?	Ordnung der Matrix?
3 {ENT}	COMP?	Ist die Matrix komplex?
Ø {ENT}	SYM?	Wenn nein, dann Ø tasten.
		Ist die Matrix symmetrisch?
1 {ENT}	RE11 ?	Wenn ja, dann 1 tasten
12 {ENT}	RE12 ?	
-4 {ENT}	RE13 ?	
-6 {ENT}	RE14 ?	
2 {ENT}	RE22 ?	Eingabe nur Realteile
9 {ENT}	RE23 ?	
-3 {ENT}	RE24 ?	
5 {ENT}	RE33 ?	
10 {ENT}	RE34 ?	
-5 {ENT}	U3=R -8.1395E-02 0.0000E 00	U3 in R-Form
{ENT}	U3=P 8.1395E-02 1.8000E 02	U3 in P-Form
{ENT}	U2=R 6.8604E-01 0.0000E 00	U2 in R-Form
{ENT}	U2=P 6.8604E-01 0.0000E 00	U2 in P-Form
{ENT}	U1=R 3.5465E-01 0.0000E 00	U1 in R-Form
{ENT}	U1=P 3.5465E-01 0.0000E 00	U1 in P-Form

Anmerkung: R-Form heißt rechtwinklige Form (Komponentenform), P-Form heißt Polarform einer komplexen Zahl.

Beispiel 2: Komplexe symmetrische Matrix

Gegeben ist das Gleichungssystem mit komplexer symmetrischer Koeffizientenmatrix:

$$(12 + j5)\,U_1 + (-4 + j5)\,U_2 + (-6 - j7)\,U_3 = 2 + j4$$
$$(-4 + j5)\,U_1 + (9 - j8)\,U_2 + (-3 + j4)\,U_3 = 5 + j3$$
$$(-6 - j7)\,U_1 + (-3 + j4)\,U_2 + (10 - j2)\,U_3 = -5 - j3$$

Das Programm GCOM benötigt nur die Eingabe der oberen Dreiecksmatrix, die in der schematischen Darstellung lautet:

U_1	U_2	U_3	
12 + j5	-4 + j5	-6 - j7	2 + j4
	9 - j8	-3 + j4	5 + j3
		10 - j2	-5 - j3

Die folgende Tabelle zeigt die Bedienung des Rechners:

Tasten	Anzeige	Bemerkung
RUN 200	N?	Ordnung der Matrix?
3 {ENT}	COMP?	Ist die Matrix komplex?
1 {ENT}	SYM?	Wenn ja, dann 1 tasten Ist die Matrix symmetrisch?
1 {ENT}	RE11 ?	Wenn ja, dann 1 tasten
12 {ENT}	IM11 ?	
5 {ENT}	RE12 ?	
-4 {ENT}	IM12 ?	
5 {ENT}	RE13 ?	
-6 {ENT}	IM13 ?	
-7 {ENT}	RE14 ?	
2 {ENT}	IM14 ?	
4 {ENT}	RE22 ?	Eingabe der Real- und Imaginärteile
9 {ENT}	IM22 ?	
-8 {ENT}	RE23 ?	
-3 {ENT}	IM23 ?	
4 {ENT}	RE24 ?	
5 {ENT}	IM24 ?	
3 {ENT}	RE33 ?	
10 {ENT}	IM33 ?	
-2 {ENT}	RE34 ?	
-5 {ENT}	IM34 ?	
-3 {ENT}	U3=R 3.0228E-02 2.3330E-01	U3 in R-Form
{ENT}	U3=P 2.3525E-01 8.2617E 01	U3 in P-Form
{ENT}	U2=R 4.9528E-01 6.2561E-01	U2 in R-Form
{ENT}	U2=P 7.9793E-01 5.1631E 01	U2 in P-Form
{ENT}	U1=R 5.6849E-01 2.3291E-01	U1 in R-Form
{ENT}	U1=P 6.1436E-01 2.2278E 01	U1 in P-Form

4.3 Programmauflistung

Basic-Programm PC-1500	Erläuterungen	Blatt 1 von 2
200:O=0:GOSUB 290: INPUT "COMP?", P,"SYM?",S:FOR I=0TO N-1:M=S* I:FOR J=MTO N: WAIT 0	Programmstart	
210:A$=STR$ (10*I+ J+11)+" "; PRINT "RE";A$; :INPUT R(I,J): CLS :IF P=1 PRINT "IM";A$; :INPUT I(I,J): CLS	Eingabe der Matrixelemente	
220:IF S=1AND J<>N LET R(J,I)=R(I ,J):I(J,I)=I(I ,J)		
230:NEXT J:NEXT I		
250:WAIT :IF N<2 THEN 258	Vorwärts-Algorithmus	
251:FOR K=0TO N-2: FOR I=K+1TO N- 1:A=R(K,K):B=I (K,K):C=R(I,K) :D=I(I,K): GOSUB 280	Multiplikator	
255:FOR J=K+1TO N: E=R(K,J):F=I(K ,J):R(I,J)=R(I ,J)-E*X+F*Y:I(I,J)=I(I,J)-F* X-E*Y	Reduktion einer Zeile	
256:NEXT J:NEXT I: NEXT K		
258:I=N-1	Rückwärts-Algorithmus	
260:C=R(I,N):D=I(I ,N):J=I		
265:J=J+1:IF J<N LET C=C-R(I,J) :D=D-I(I,J): GOTO 265		
270:A=R(I,I):B=I(I ,I):GOSUB 280: IF O<>0RETURN		
271:FOR L=0TO I-1: E=R(L,I):F=I(L ,I):R(L,I)=E*X -F*Y		

Basic-Programm PC-1500	Erläuterungen	Blatt 2 von 2
275: I(L, I)=E*Y+F*X :NEXT L:P$="U" +STR$ (I+1): GOSUB 490:I=I-1:IF I>=0THEN 260	Ausgabe eines Ergebnisses	
276: END	Programmende	
280: Z=A*A+B*B:X=(A *C+B*D)/Z:Y=(A *D-B*C)/Z: RETURN	UP: Komplexe Division	
290: INPUT "N?",N: DIM R(N-1,N),I (N-1,N):RETURN	UP: Eingabe Ordnung der Matrix	
480: M=√(X*X+Y*Y): IF MLET Y=((Y= 0)+SGN Y)*ACS (X/M):X=M	UP: Umwandlung R-Form in P-Form	
481: RETURN		
490: USING "##.#### ^":PRINT P$;"= R";X;Y:GOSUB 4 80:PRINT P$;"= P";X;Y:RETURN	UP: Ausgabeformatierung	

4.4 Speicherbelegung

Register	Inhalt
A	Re } Divisor
B	Im } Divisor
C	Re } Dividend
D	Im } Dividend
E	Re } Zwischenspeicher
F	Im } Zwischenspeicher
I	Zeilenindex
J	Spaltenindex
K	Index des Pivotelementes
L	Index für Rückwärts-Algorithmus
M	Zwischenspeicher
N	Ordnung der Matrix
O	=Ø für Anzeigemodus, ≠Ø für Plotmodus
P	=1, wenn Matrix komplex
S	=1, wenn Matrix symmetrisch
X	Re } Quotient, Ergebnis
Y	Im } Quotient, Ergebnis
Z	Zwischenspeicher
R(I,J)	Realteile } der komplexen Matrix
I(I,J)	Imaginärteile } der komplexen Matrix
	Der Speicherbedarf für die Matrix beträgt 2N(N+1) Register.

4.5 Übungsaufgaben

Entsprechend den Vorschriften des Maschenstrom- und des Knotenpunktpotential-Verfahrens kann die Widerstandsmatrix bzw. die Leitwertmatrix unmittelbar aus der Schaltung abgelesen werden. In den folgenden Aufgaben wird das Programm GCOM eingesetzt, um aus der Matrix die Strom- oder Spannungsverteilung eines Netzwerkes zu berechnen.

Programm: Komplexer Gauß-Algorithmus GCOM	
Aufgabe: 4.1	Anwendung: Ersatzwiderstand

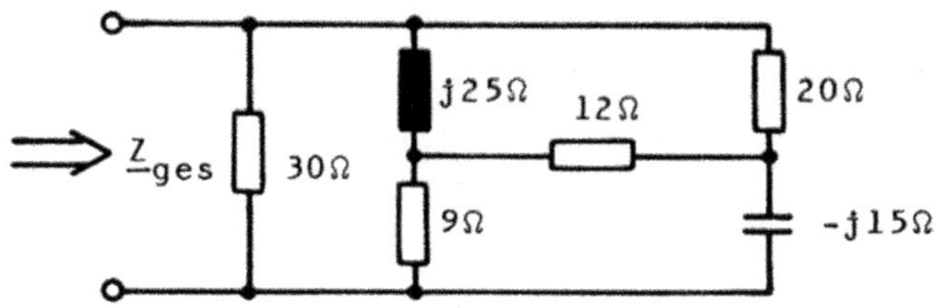

Der Ersatzwiderstand $\underline{Z}_{ges}$ ist zu bestimmen.

Speist man die Schaltung mit einer Stromquelle von 1A, dann ist der Zahlenwert der Eingangsspannung $\underline{U}_1$ gleich dem Zahlenwert des gesuchten Widerstandes:

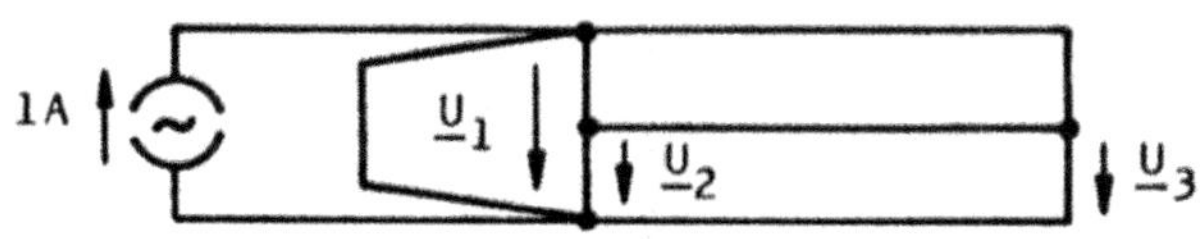

Die Matrix der Knotenpunktpotentiale $\underline{U}_1$, $\underline{U}_2$ und $\underline{U}_3$ läßt sich unmittelbar aus der Schaltung ablesen:

$\underline{U}_1$/V	$\underline{U}_2$/V	$\underline{U}_3$/V	$\Sigma\underline{I}$/A
1/30+1/20-j/25	j/25	-1/20	1
	1/9+1/12-j/25	-1/12	0
		1/12+1/20+j/15	0

Man beachte, daß von dem Programm auch Basic-Ausdrücke (z.B. 1/30+1/20) eingelesen werden.

Das Programm errechnet aus der Matrix die Spannungen:

$\underline{U}_1$ = 12.14V + j2.106V
$\underline{U}_2$ = 3.142V - j3.434V
$\underline{U}_3$ = 4.671V - j3.692V

Der gesuchte Widerstand ist also:

$\underline{Z}_{ges} = \underline{U}_1/1A = 12.14\Omega + j2.106\Omega$

Programm: Komplexer Gauß-Algorithmus GCOM	
Aufgabe: 4.2	Anwendung: Ersatzleitwert

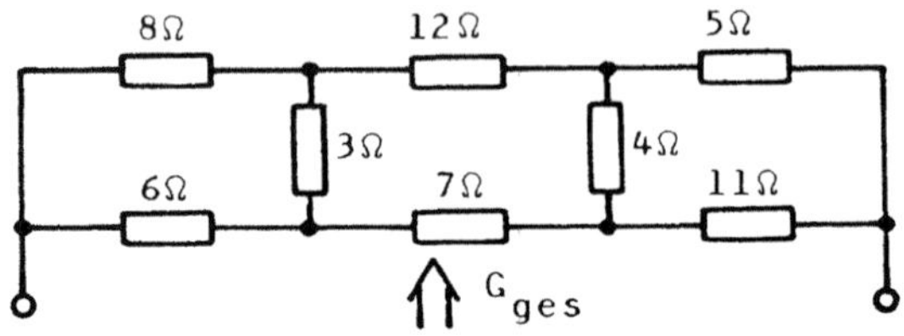

Gesucht ist der Ersatzleitwert G_{ges} bezüglich der Klemmen.

Speist man die Schaltung mit einer Spannungsquelle von 1V, dann ist der Zahlenwert des Eingangsstromes I_1 gleich dem Zahlenwert des gesuchten Leitwertes:

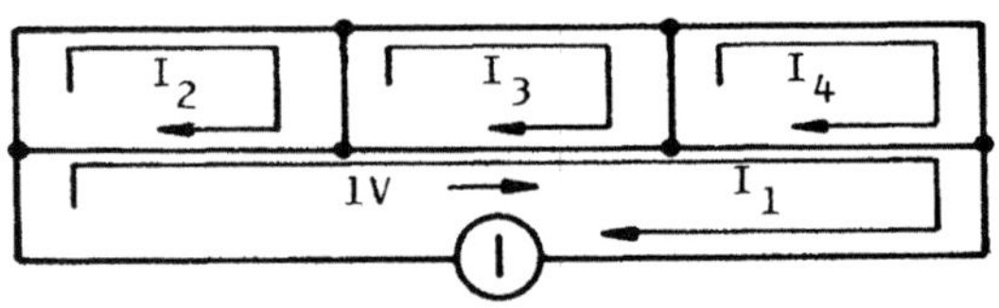

Die Matrix der Maschenströme gewinnt man direkt aus der Schaltung:

I_1/A	I_2/A	I_3/A	I_4/A	$-\Sigma U$/V
24	-6	-7	-11	1
	17	-3	0	0
		26	-4	0
			20	0

Hieraus werden mit GCOM die Maschenströme bestimmt:

I_1 = 0.0931 A
I_2 = 0.0410 A
I_3 = 0.0462 A
I_4 = 0.0604 A

Der Maschenstrom I_1 ist identisch mit dem Eingangsstrom. Es folgt der gesuchte Leitwert:

$$G_{ges} = I_1/1V = 0.0931\ 1/\Omega$$

Programm: Komplexer Gauß-Algorithmus GCOM	
Aufgabe: 4.3	Anwendung: Spannungszeigerdiagramm

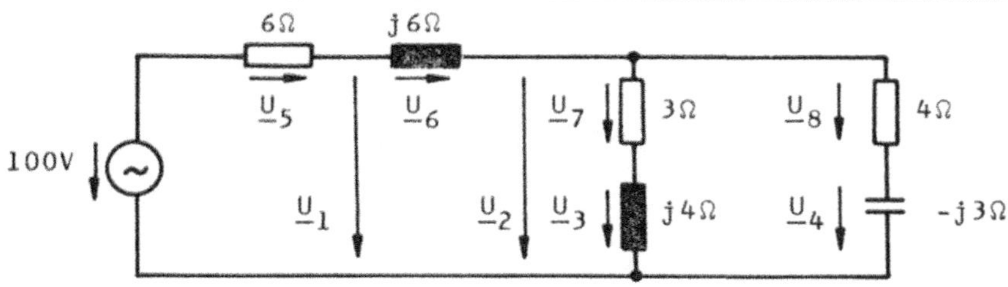

Gesucht ist das Zeigerdiagramm aller Spannungen des Netzwerkes.

Die Spannungsverteilung wird mit dem Knotenpunktpotential-Verfahren ermittelt. Es sind vier Knotenpunktpotentiale $\underline{U}_1$, $\underline{U}_2$, $\underline{U}_3$ und $\underline{U}_4$ erforderlich. Aus den Daten des Netzwerkes folgt sofort die erweiterte symmetrische Leitwertmatrix:

$\underline{U}_1$/V	$\underline{U}_2$/V	$\underline{U}_3$/V	$\underline{U}_4$/V	$\Sigma\underline{I}$/A
1/6-j/6	j/6	0	0	100/6
	1/3+1/4-j/6	-1/3	-1/4	0
		1/3-j/4	0	0
			1/4+j/3	0

Das Programm GCOM liefert aus der Matrix die Potentiale:

$\underline{U}_1/V = 56.98 + j29.43$, $\underline{U}_2/V = 27.55 - j13.58$

$\underline{U}_3/V = 24.15 + j4.528$, $\underline{U}_4/V = 3.396 - j18.11$

Trägt man zunächst die vier berechneten Spannungen in der komplexen Ebene als Zeiger im Nullpunkt ein, dann ergeben sich die Zeiger der übrigen Spannungen automatisch durch geometrische Subtraktion.

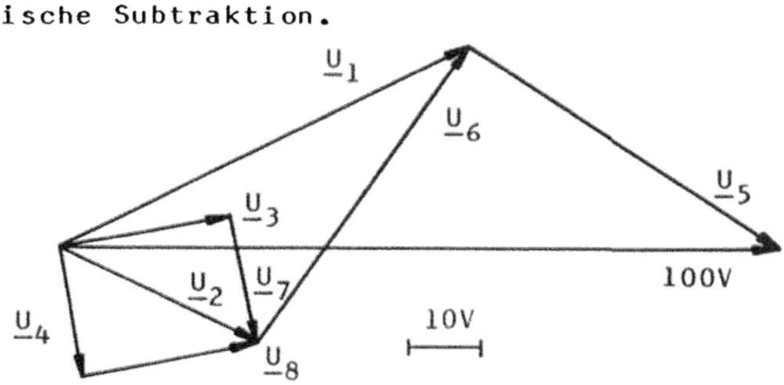

Programm: Komplexer Gauß-Algorithmus GCOM

Aufgabe: 4.4 | Anwendung: Stromzeigerdiagramm

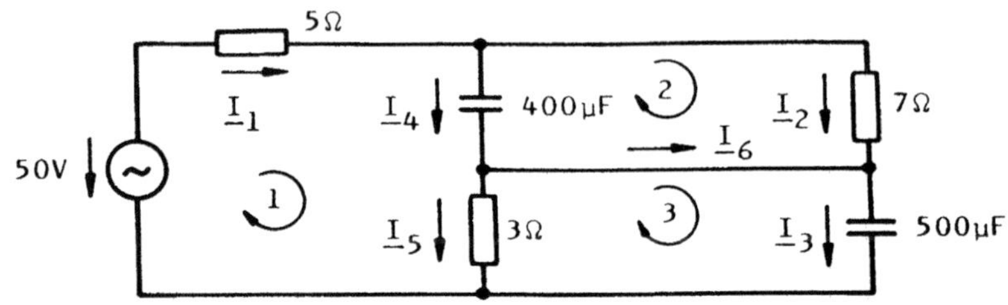

Gesucht ist das Zeigerdiagramm aller Ströme des Netzwerkes für die Frequenz ω=300 1/s.

Die Stromverteilung wird mit dem Maschenstrom-Verfahren ermittelt. Es sind drei Maschenströme erforderlich. Sie werden so gewählt, daß sie mit den Zweigströmen $\underline{I}_1$, $\underline{I}_2$ und $\underline{I}_3$ identisch sind. Aus dem Netzwerk läßt sich die symmetrische erweiterte Widerstandsmatrix ablesen:

$\underline{I}_1$/A	$\underline{I}_2$/A	$\underline{I}_3$/A	
8 - j/(300*400E-6)	j/(300*400E-6)	-3	50
	7 - j/(300*400E-6)	0	0
		3 - j/(300*500E-6)	0

Aus der Matrix errechnet das Programm die Maschenströme:

$\underline{I}_1$/A = 3.731 + j1.47 , $\underline{I}_2$/A = 2.911 - j0.976
$\underline{I}_3$/A = 0.0782 + j1.643

Trägt man zunächst die drei berechneten Maschenströme als Zeiger in der komplexen Ebene im Nullpunkt ein, dann ergeben sich die Zeiger der übrigen Ströme durch geometrische Subtraktion.

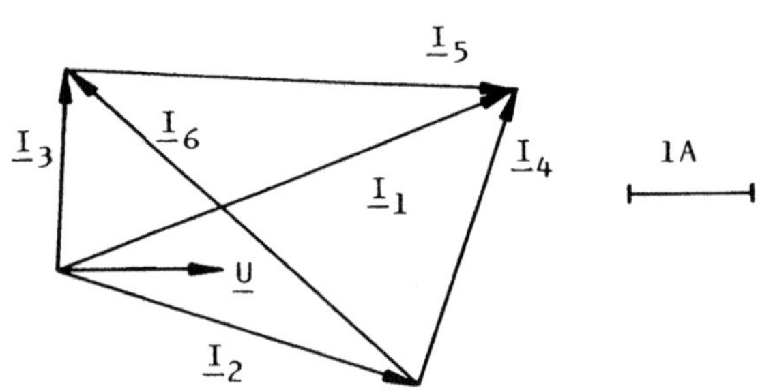

Programm: Komplexer Gauß-Algorithmus GCOM	
Aufgabe: 4.5	Anwendung: Spannungsübertragungsverhältnis

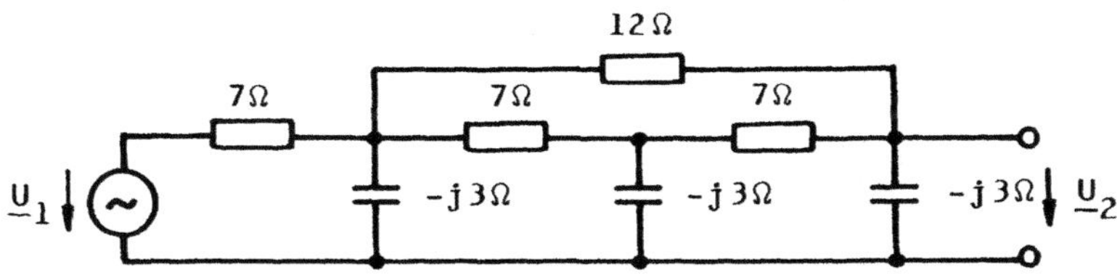

Das Spannungsverhältnis $\underline{U}_2/\underline{U}_1$ ist zu bestimmen.

Setzt man $\underline{U}_1$=1V, dann ist $\underline{U}_2/\underline{U}_1$ identisch mit dem Zahlenwert von $\underline{U}_2$. Für die Anwendung des Knotenpunktpotentialverfahrens ergibt sich nach Umwandlung der Spannungsquelle $\underline{U}_1$=1V in eine äquivalente Stromquelle der folgende Graph:

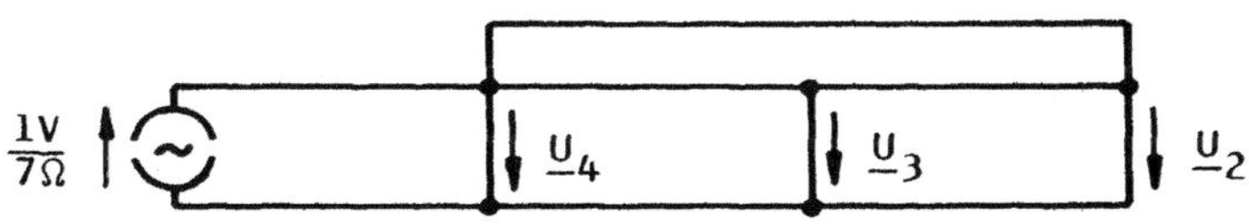

Man beachte, daß jetzt der Widerstand 7Ω parallel zu der Stromquelle liegt. Die Leitwertmatrix folgt unmittelbar aus der Schaltung:

$\underline{U}_2$/V	$\underline{U}_3$/V	$\underline{U}_4$/V	$\Sigma\underline{I}$/A
1/7+1/12+j/3	-1/7	-1/12	0
	2/7+j/3	-1/7	0
		2/7+1/12+j/3	1/7

Aus dieser errechnet das Programm GCOM die Potentiale:

$$\underline{U}_2/V = -0.04831 - j0.05999$$
$$\underline{U}_3/V = -0.03878 - j0.08766$$
$$\underline{U}_4/V = 0.1753 - j0.2058$$

Damit ist das gesuchte Spannungsverhältnis:

$$\underline{U}_2/\underline{U}_1 = \underline{U}_2/1V = -0.04831 - j0.05999$$
$$= 0.07702\,e^{-j128.8^o}$$

Programm: Komplexer Gauß-Algorithmus GCOM

Aufgabe: 4.6 | Anwendung: Drehstromsystem

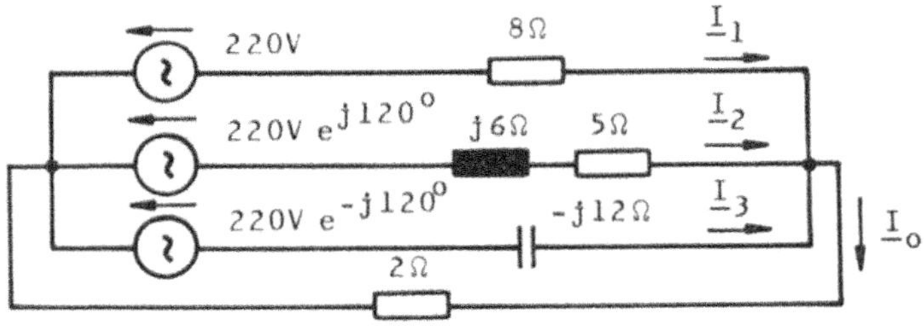

In dem unsymmetrischen Drehstromsystem bestimme man alle Ströme.

Es sind drei Maschenströme erforderlich, die in dem folgenden Graphen dargestellt sind:

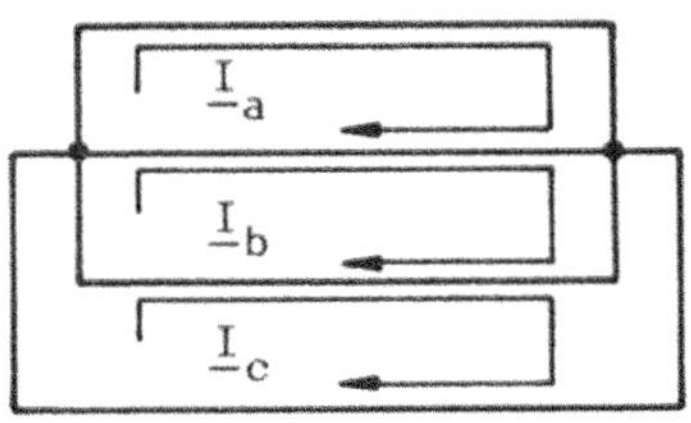

Die Matrix der Maschenströme wird unmittelbar der Schaltung entnommen:

$\underline{I}_a/A$	$\underline{I}_b/A$	$\underline{I}_c/A$	$\Sigma\underline{U}/V$
13+j6	-5-j6	0	220 - 220*COS120 - j220*SIN120
	5-j6	j12	j2*220*SIN120
		2-j12	220*COS120 - j220*SIN120

Man beachte, daß die Basic-Ausdrücke auf der rechten Seite eingelesen werden. Man braucht sie also nicht vorher auszurechnen. Mit GCOM gewinnt man aus der Matrix die Maschenströme:

$\underline{I}_a/A = 18.18 - j3.252$, $\underline{I}_b/A = 19.23 + j28.39$

$\underline{I}_c/A = 37.28 + j13.01$

Hieraus folgen die Zweigströme durch Überlagerung:

$\underline{I}_1 = \underline{I}_a$, $\underline{I}_2 = \underline{I}_b - \underline{I}_a = 1.05A + j25.14A$

$\underline{I}_3 = \underline{I}_c - \underline{I}_b = 18.05A - j15.38A$, $\underline{I}_o = \underline{I}_c$

Programm: Komplexer Gauß-Algorithmus GCOM	
Aufgabe: 4.7	Anwendung: Leistungsbilanz

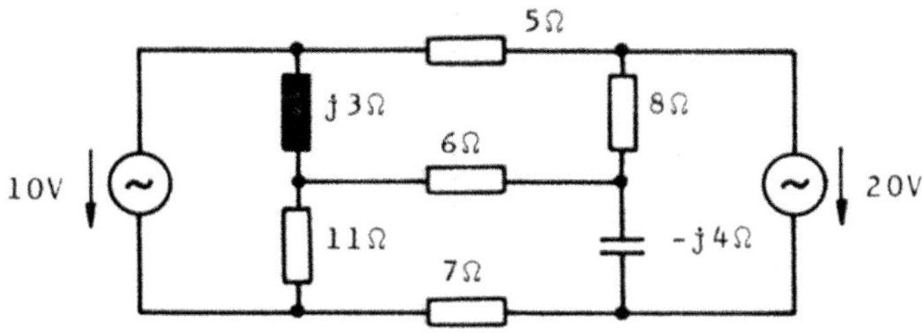

Welche Leistung wird in der Schaltung umgesetzt?

Die Struktur der Schaltung läßt sich durch den folgenden Graphen darstellen, in dem die vier Maschenströme eingezeichnet sind:

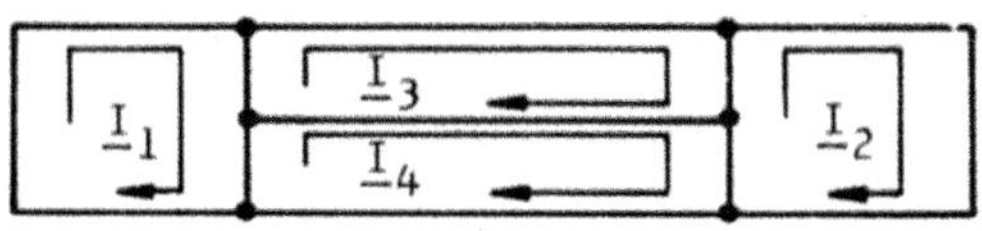

Die symmetrische Matrix der Maschenströme läßt sich direkt aus der Schaltung ablesen:

$\underline{I}_1$/A	$\underline{I}_2$/A	$\underline{I}_3$/A	$\underline{I}_4$/A	$-\Sigma\underline{U}$/V
10+j3	0	-j3	-11	10
	8-j4	-8	j4	-20
		19+j3	-6	0
			24-j4	0

Mit dieser Matrix errechnet das Programm GCOM die folgende Stromverteilung:

$\underline{I}_1$ = 0.5644A - j0.3849A
$\underline{I}_2$ = -2.963A - j1.613A
$\underline{I}_3$ = -1.357A - j0.3209A
$\underline{I}_4$ = -0.3785A + j0.1742A

Die Leistung beider Spannungsquellen im Erzeuger-Zählpfeilsystem ist:

$$P = 10V\ \mathrm{Re}(\underline{I}_1) - 20V\ \mathrm{Re}(\underline{I}_2) = 5.64W + 59.26W = 64.9W$$

Diese Leistung wird in den Widerständen verbraucht.

5 Reduktionsprogramm RED

Mit diesem Programm können Netzwerke analysiert werden, die aus Widerständen, Kapazitäten, Induktivitäten, Blindwiderständen, starren Spannungs- und Stromquellen in beliebigen parallelen oder seriellen Verknüpfungen bestehen dürfen. Als Ergebnis liefert das Programm Spannungen, Ströme und Widerstände an beliebigen Klemmen des Netzwerkes. Von diesen kann sowohl der Amplitudengang als auch der Phasengang geplottet werden.

Außerdem können Frequenzgänge von rückgekoppelten Verstärkern berechnet werden. Gewöhnlich wird hierfür das Knotenpunktpotentialverfahren eingesetzt. Das Reduktionsverfahren ist jedoch wesentlich schneller. Daher wird diesem Verfahren für die Berechnung von Frequenzgängen mit programmierbaren Taschenrechnern der Vorzug gegeben.

Das zu analysierende Netzwerk wird durch allgemeinverständliche, alphanumerische Makroanweisungen beschrieben, die im Rechner gespeichert und, in der Ausführungsphase des Programms, interpretiert und beliebig oft für verschiedene Frequenzen durchgerechnet werden.

5.1 Theoretische Grundlagen

Jeder Zweipol kann für eine vorgegebene Frequenz zu einem äquivalenten Zweipol reduziert werden, der aus nur zwei Elementen besteht. Der äquivalente Zweipol kann als Ersatzspannungsquelle angegeben werden.

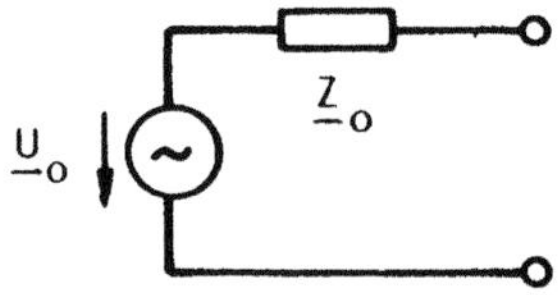

Bild 5.1: Ersatzspannungsquelle

Er kann auch als Ersatzstromquelle angegeben werden.

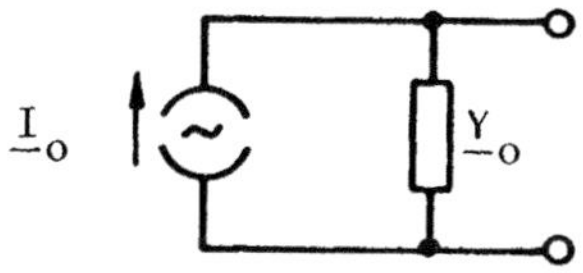

Bild 5.2: Ersatzstromquelle

Diese äquivalenten Zweipole können ineinander umgerechnet werden mit den Formeln:

$$\underline{U}_o = \underline{I}_o \underline{Z}_o \quad \text{oder} \quad \underline{I}_o = \underline{U}_o \underline{Y}_o \tag{5.1}$$

Zu einer Ersatzspannungsquelle kann eine Impedanz in Serie geschaltet werden, indem ihr Wert einfach zu $\underline{Z}_o$ addiert wird; eine Spannungsquelle kann in Serie geschaltet werden, indem ihr Wert zu $\underline{U}_o$ addiert wird.

Andererseits kann zu einer Ersatzstromquelle eine Admittanz (komplexer Leitwert) parallel geschaltet werden, indem ihr Wert zu $\underline{Y}_o$ addiert wird; eine Stromquelle wird parallel geschaltet, indem ihr Wert zu $\underline{I}_o$ addiert wird.

Hieraus folgt allgemein: Zweipole werden in Serie geschaltet, indem ihre $\underline{U}_o$ und $\underline{Z}_o$ addiert werden. Sie werden parallel geschaltet, indem ihre $\underline{I}_o$ und $\underline{Y}_o$ addiert werden. Für eine serielle Verknüpfung muß der Zweipol als Ersatzspannungsquelle vorliegen, für eine parallele Verknüpfung als Ersatzstromquelle.

Werden diese seriellen und parallelen Zuschaltungen nacheinander ausgeführt, so wird der zu analysierende Zweipol Schritt für Schritt im Rechner aufgebaut mit den resultierenden Werten $\underline{U}_o$, $\underline{I}_o$ und $\underline{Z}_o$. Der äquivalente Zweipol wird also dargestellt durch drei Größen:

die Leerlaufspannung $\underline{U}_o$,
den Kurzschlußstrom $\underline{I}_o$,
den Innenwiderstand $\underline{Z}_o$.

Jede dieser Größen kann als Ergebnis ausgegeben werden. Die Berechnung jeder Spannung, jedes Stromes und jeder Impedanz der Schaltung wird auf die Berechnung dieser drei Größen zurückgeführt.

Der Reduktions-Algorithmus wird jetzt an einer konkreten Schaltung erläutert.

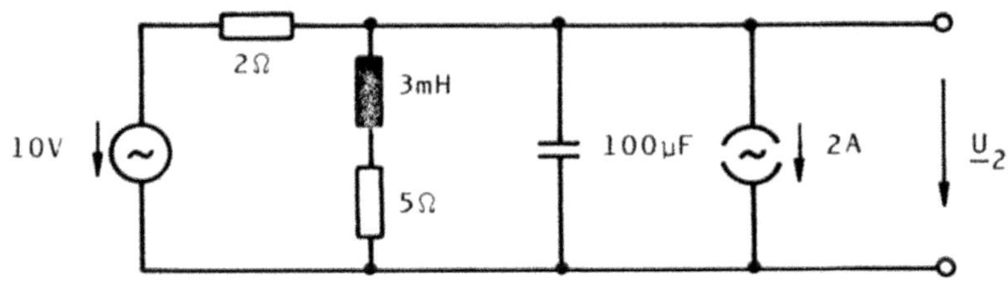

Bild 5.3: Zu reduzierender Zweipol

Die Spannung $\underline{U}_2$ soll berechnet werden. Die Schaltung wird als Folge von Makro-Anweisungen in den Rechner eingegeben. Wir beginnen mit der Spannungsquelle:

```
US=10V
```

Mit dieser Anweisung haben wir den folgenden Zweipol:

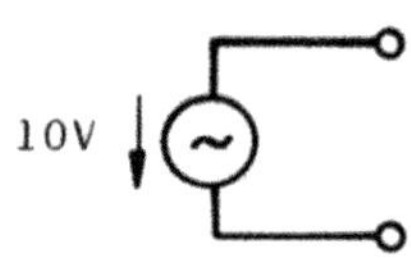

Bild 5.4

Jetzt wird ein Widerstand von 2Ω in Reihe geschaltet. Dies wird durch die folgende Makro-Anweisung ausgedrückt:

```
RS=2Ω
```

Die resultierende Schaltung ist:

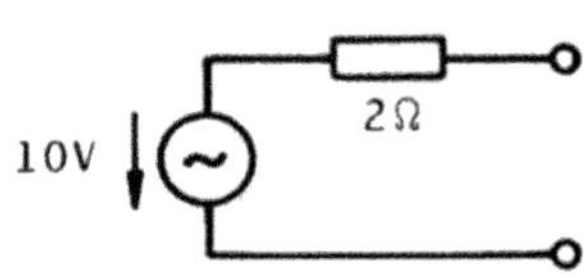

Bild 5.5

Bevor wir mit der Reihen- oder Parallelschaltung eines einzelnen Elementes fortfahren können, müssen wir den aktuellen Zweipol in einem Stack zwischenspeichern. Dies wird ausgeführt durch die Makro-Anweisung:

```
NEW
```

Jetzt kann mit dem Aufbau eines neuen Zweipols begonnen werden. Der nächste Zweipol beginnt mit einem Reihenwiderstand:

| RS=5Ω |

Eine Induktivität wird zu diesem Zweipol in Serie geschaltet:

| LS=3mH |

Der aktuelle Zweipol ist jetzt:

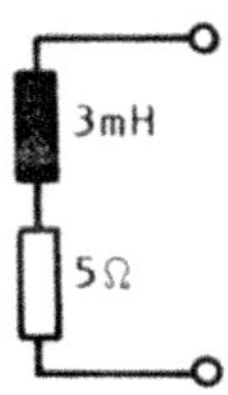

Bild 5.6

Jetzt werden der aktuelle und der gespeicherte Zweipol parallel geschaltet. Die Makro-Anweisung lautet:

| PAR |

Der resultierende Zweipol ist:

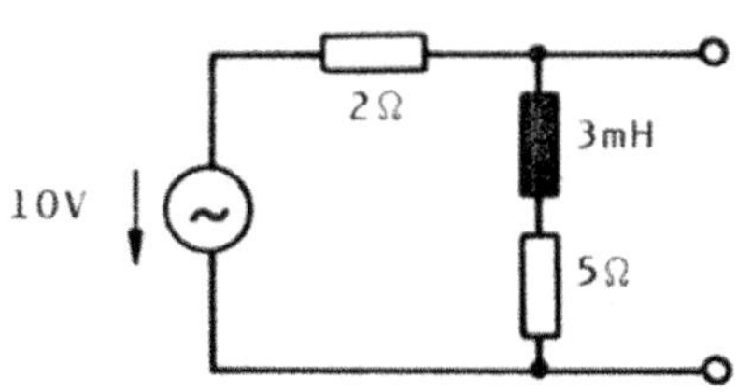

Bild 5.7

Nun wird eine Kapazität von 100µF parallel geschaltet durch die Anweisung:

| CP=100µF |

Schließlich wird eine Stromquelle von 2A parallel geschaltet:

| IP=-2A |

Das negative Vorzeichen des Stromes ist darauf zurückzuführen, daß dieser Strom eine negative Spannungskomponente von $\underline{U}_2$ verursacht. Jetzt ist der Aufbau der Schaltung beendet.

Die Leerlaufspannung wird durch die Makro-Anweisung

UØ

ausgegeben. Sie ist gleich der gesuchten Spannung $\underline{U}_2$. Die Folge aller Makro-Anweisungen wird nun im Zusammenhang angegeben:

US=10V RS=2Ω NEW	RS=5Ω LS=3mH PAR	CP=100μF IP=-2A UØ END

Es wurde gezeigt, daß keine Zweige oder Knoten numeriert zu werden brauchen. Dies wird erreicht durch eine spezielle Speichertechnik. Drei verschiedene Zweipole können gleichzeitig in den Zweipolspeichern A,B und C gespeichert werden. Jeder von ihnen besteht aus vier Registern (Real- und Imaginärteile von $\underline{U}_o$ und $\underline{Z}_o$ oder von $\underline{I}_o$ und $\underline{Y}_o$). Der Datenfluß zwischen diesen Speichern ist in dem folgenden Bild dargestellt.

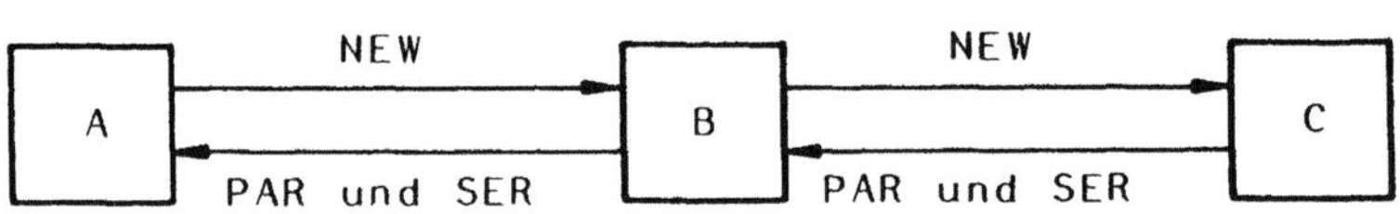

Bild 5.8: Datenfluß der Zweipolspeicher

Die Zweipolspeicher sind als Stack in der folgenden Weise organisiert. A ist der aktuelle Zweipolspeicher, in dem die Umformungen in eine Ersatzspannungsquelle oder eine Ersatzstromquelle ausgeführt werden und in welchem das Ergebnis jeder Reihen- oder Parallelschaltung steht. Die Anweisung NEW bewirkt, daß der Inhalt von B nach C und der Inhalt von A nach B weitergeschoben wird. Außerdem wird A gelöscht, so daß A für den Aufbau eines neuen Zweipols frei wird. Umgekehrt bewirken die Anweisungen PAR und SER, daß die Zweipole A und B parallel bzw. in Serie geschaltet werden. Anschließend wird der Inhalt von C nach B geschoben, wobei aber C erhalten bleibt. Damit kann der in C gespeicherte Zweipol wiederholt verwendet werden (z.B. für Kettenleiter).

Die Bewegungen der Speicherinhalte werden jetzt an dem erwähnten Beispiel demonstriert. Zunächst sind alle Zweipolspeicher gelöscht. Nur die Inhalte der für die Rechnung relevanten Zweipolspeicher werden in der folgenden Tabelle angegeben. Die Frequenz wird hier ω=1000 1/s gewählt.

Makroanweisung	Zweipol	Inhalt
US=10V	A	10V wird zu $\underline{U}_o$ addiert: $\underline{U}_o$=10V+j0 , $\underline{Z}_o$=0+j0
RS=2Ω	A	2Ω wird zu $\underline{Z}_o$ addiert: $\underline{U}_o$=10V+j0 , $\underline{Z}_o$=2Ω+j0
NEW	B	A wird als Ersatzstromquelle nach B umgespeichert und dann gelöscht. $\underline{I}_o$=5A+j0 , $\underline{Y}_o$=0.5S+j0
RS=5Ω	A	5Ω wird zu $\underline{Z}_o$ addiert: $\underline{U}_o$=0+j0 , $\underline{Z}_o$=5Ω+j0
LS=3mH	A B	j3Ω wird zu $\underline{Z}_o$ addiert: $\underline{U}_o$=0+j0 , $\underline{Z}_o$=5Ω+j3Ω $\underline{I}_o$=5A+j0 , $\underline{Y}_o$=0.5S+j0
PAR	A A	Die Zweipole A und B werden parallel geschaltet, indem ihre $\underline{I}_o$ und $\underline{Y}_o$ addiert werden. 1) Umwandeln A in Ersatzstromquelle: $\underline{I}_o$=0+j0 , $\underline{Y}_o$=0.147S-j0.0882S 2) Addieren B zu A: $\underline{I}_o$=5A+j0 , $\underline{Y}_o$=0.647S-j0.0882S
CP=100µF	A	j0.1S wird zu $\underline{Y}_o$ addiert: $\underline{I}_o$=5A+j0 , $\underline{Y}_o$=0.647S+j0.0118S
IP=-2A	A	-2A wird zu $\underline{I}_o$ addiert: $\underline{I}_o$=3A+j0 , $\underline{Y}_o$=0.647S+j0.118S
UØ	A	Umwandeln A in Ersatzspannungsquelle: $\underline{U}_o$=4.635V-j0.085V, $\underline{Z}_o$=1.545Ω-j0.028Ω $\underline{U}_o$ ist das gesuchte Ergebnis der Rechnung.

Der Status des Zweipolspeichers A ist zu Beginn und nach NEW nicht definiert. Ist das erste Element ein Serienelement, dann wird der Status als Ersatzspannungsquelle gesetzt; ist es ein Parallelelement, dann wird er als Ersatzstromquelle gesetzt.

Wird der Reduktions-Algorithmus auf Schaltungen mit Rückkopplung angewendet, dann muß der Überlagerungssatz benutzt werden. Das Prinzip der Reduktion wird an der folgenden Schaltung gezeigt.

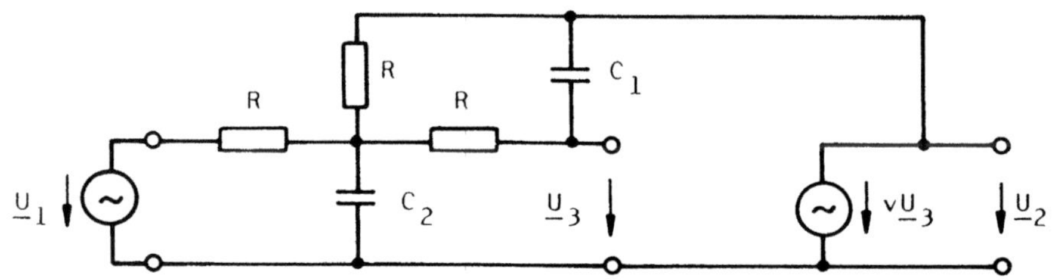

Bild 5.9: Gesteuerte Spannungsquelle mit Rückkopplung

In der aktiven Tiefpaßschaltung ist $v\underline{U}_3$ eine spannungsgesteuerte Spannungsquelle mit der Verstärkung $v=\underline{U}_2/\underline{U}_3$ und der Eingangsspannung $\underline{U}_3=\underline{U}_2/v$. In der folgenden Ersatzschaltung wird eine zusätzliche Spannungsquelle $\underline{U}_2/v$ zur Kompensation der Spannung $\underline{U}_3$ eingeführt.

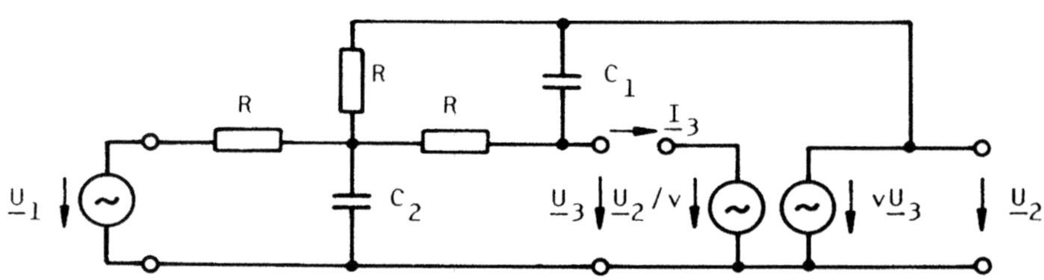

Bild 5.10: Ersatzschaltung mit Kompensationsquelle

Es ist offensichtlich, daß der Kurzschlußstrom $\underline{I}_3$ gleich Null ist. Er hat eine Komponente $\underline{I}_3(\underline{U}_1)$, die nur von der Spannungsquelle $\underline{U}_1$ abhängt, und eine andere $\underline{I}_3(\underline{U}_2)$, die nur von der Spannungsquelle $\underline{U}_2$ abhängt. Mit dem Überlagerungssatz folgt dann:

$$\underline{I}_3 = \underline{I}_3(\underline{U}_1) + \underline{I}_3(\underline{U}_2) = 0$$

Eine Umformung dieser Gleichung ergibt dann die Verstärkung:

$$\frac{\underline{U}_2}{\underline{U}_1} = - \frac{\underline{I}_3(\underline{U}_1)/\underline{U}_1}{\underline{I}_3(\underline{U}_2)/\underline{U}_2} = - \frac{\underline{G}_1}{\underline{G}_2}$$

Es muß also der negative Quotient zweier Übertragungsfunktionen $\underline{G}_1$ und $\underline{G}_2$ ermittelt werden. Sie können nacheinander mit dem Reduktions-Algorithmus berechnet werden. In dem folgenden Bild ist dieses Prinzip schematisch dargestellt.

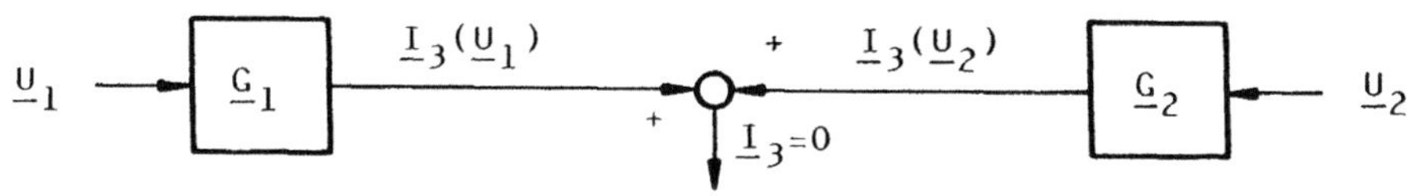

Bild 5.11: Übertragungsfunktionen zur Bestimmung von $\underline{U}_2/\underline{U}_1$

Die Übertragungsfunktion $\underline{G}_2=\underline{I}_3(\underline{U}_2)/\underline{U}_2$ gewinnt man mit dem Reduktions-Algorithmus, wenn $\underline{U}_1=0$ und $\underline{U}_2=1V$ gesetzt werden. Die Ersatzschaltung hierfür ist:

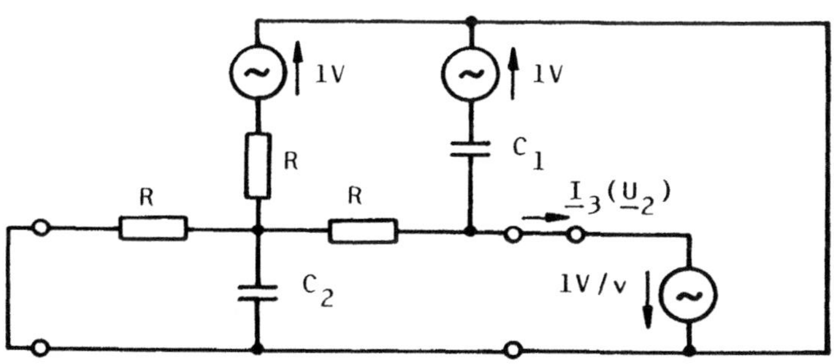

Bild 5.12: Ersatzschaltung zur Bestimmung von $\underline{I}_3(\underline{U}_2)/\underline{U}_2$

Die Spannungsquelle $\underline{U}_2=1V$ mußte verlegt werden, da sie keinen Serienwiderstand hatte. Mit den Werten $R=1k\Omega$, $C_1=75nF$, $C_2=338nF$ und $v=-500$ (Umkehrverstärker) lautet der Reduktions-Algorithmus für $\underline{I}_3(\underline{U}_2)/\underline{U}_2$:

US=1V RS=1000Ω RP=1000Ω CP=338nF RS=1000Ω	NEW US=1V CS=75nF PAR US=0,002V

Die zweite Übertragungsfunktion $\underline{G}_1$ gewinnt man, wenn die Quellen $\underline{U}_2$=0 und $\underline{U}_1$=1V gesetzt werden. Die entsprechende Ersatzschaltung ist:

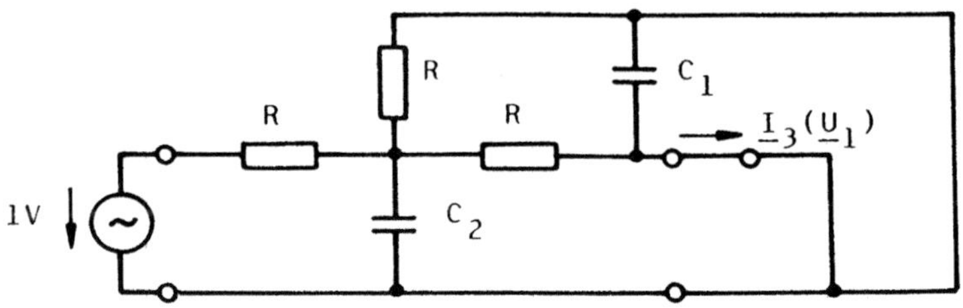

Bild 5.13: Ersatzschaltung zur Bestimmung von $\underline{I}_3(\underline{U}_1)/\underline{U}_1$

Die Kapazität C_1 hat keinen Einfluß auf den Strom $\underline{I}_3(\underline{U}_1)$, da sie parallel zu einem Kurzschluß liegt. Der Reduktions-Algorithmus für $\underline{I}_3(\underline{U}_1)/\underline{U}_1$ lautet entsprechend der Ersatzschaltung

US=1V RS=1000Ω CP=338nF	RP=1000Ω RS=1000Ω

Der negative Quotient beider Übertragungsfunktionen und damit $\underline{U}_2/\underline{U}_1$ wird mit der Makro-Anweisung FB (Feedback) gebildet. $\underline{G}_1$ muß dabei im Zweipolspeicher A und $\underline{G}_2$ im Zweipolspeicher B sein. Alle Makro-Anweisungen für die Berechnung von $\underline{U}_2/\underline{U}_1$ werden jetzt im Zusammenhang angegeben:

US=1V RS=1000Ω RP=1000Ω CP=338nF RS=1000Ω NEW	US=1V CS=75nF PAR US=0.002V NEW US=1V	RS=1000Ω CP=338nF RP=1000Ω RS=1000Ω FB UØ END

Wesentliche Vereinfachungen ergeben sich, wenn (wie bei Operationsverstärkern üblich) die Verstärkung v=∞ angenommen wird. Dann entfällt die Kompensationsquelle völlig, und alle Impedanzen, die parallel zum Strom $\underline{I}_3$ liegen, gehen nicht in die Rechnung ein (siehe Anwendungsbeispiele).

5.2 Bedienungsanleitung

Nr.	Tasten	Anzeige	Bemerkung Blatt 1
1	RUN 30 (M) {ENT}	M=? RED	Maximale Anzahl der Makroanweisungen?
2			Eingabe der Makroanweisungen, 1. Makroanweisungen mit Wert:
	E (R) {ENT}	WERT? RS=(R)	Serienwiderstand
	D (R) {ENT}	WERT? RP=(R)	Parallelwiderstand
	R (C) {ENT}	WERT? CS=(C)	Serienkapazität
	F (C) {ENT}	WERT? CP=(C)	Parallelkapazität
	T (L) {ENT}	WERT? LS=(L)	Serieninduktivität
	G (L) {ENT}	WERT? LP=(L)	Parallelinduktivität
	Y (X) {ENT}	WERT? XS=(X)	Serienblindwiderstand
	H (X) {ENT}	WERT? XP=(X)	Parallelblindwiderstand
	U (U) {ENT}	WERT? US=(U)	Serienspannungsquelle und (wenn ϕ nicht Null):
	O (ϕ) {ENT}	WERT? PH=(ϕ)	Phasenwinkel der Spannungsquelle
	I (I) {ENT}	WERT? IP=(I)	Parallele Stromquelle und (wenn ϕ nicht Null):
	O (ϕ) {ENT}	WERT? PH=(ϕ)	Phasenwinkel der Stromquelle
			2. Makroanweisungen ohne Wert:
	N	NEW	Umspeichern Zweipolspeicher B→C und A→B sowie Löschen A
	P	PAR	Parallelschalten A und B sowie Umspeichern C→B
	S	SER	In Serie schalten A und B sowie Umspeichern C→B
	J	UØ	Ausgabeanweisung für die Spannung
	K	IØ	Ausgabeanweisung für den Strom

Nr.	Tasten	Anzeige	Bemerkung Blatt 2
	L	ZØ	Ausgabeanweisung für Impedanz
	Q	FB	Feed Back für rückgekoppelte Operationsverstärker: es wird der negative Quotient der Ströme in den Zweipolspeichern A und B gebildet (siehe Abschnitt 5.1). Anschließend Ausgabeanweisung UØ geben !
	M	END	Ende des Makroprogramms
3	2	W=?	Start der Rechnung. Kreisfrequenz ω eingeben !
	(ω) {ENT}		Das Makroprogramm wird gerechnet mit den Ergebnissen:
		UØ=R(Re Im)	Spannung UØ in R-Form
	{ENT}	UØ=P(|UØ| ϕ)	Spannung UØ in P-Form und/oder
	{ENT}	IØ=R(Re Im)	Strom IØ in R-Form
	{ENT}	IØ=P(|IØ| ϕ)	Strom IØ in P-Form und/oder
	{ENT}	ZØ=R(Re Im)	Impedanz ZØ in R-Form
	{ENT}	ZØ=P(|ZØ| ϕ)	Impedanz ZØ in P-Form
4	GOTO 35	RED	Start des Review-Programms. Dieser Start unterscheidet sich von dem in Schritt 1 dadurch, daß das gespeicherte Makroprogramm nicht gelöscht wird.
5	Ø	wie im Schritt 2	Einzelschritt vorwärts: Vorwärtslauf des Review-Programms um eine Makroanweisung und Anzeige derselben
6	1	wie im Schritt 2	Einzelschritt rückwärts: Rückwärtslauf des Review-Programms um eine Makroanweisung und Anzeige derselben

Anmerkungen:
Die Schritte 2, 3, 5 und 6 können in gemischter Reihenfolge ausgeführt werden. Durch kombinierte Ausführung der Schritte 5 und 6 kann das Review-Programm genau auf die Makroanweisung positioniert werden, die vor einer zu ändernden Makroanweisung steht. Dann kann entsprechend Schritt 2 die geänderte Makroanweisung eingegeben werden.

Eine Frequenz braucht nur eingegeben zu werden bei Schaltungen mit L und C. Ansonsten drücke man einfach die Taste {ENT}.

Beispiel für Bedienungsanleitung RED

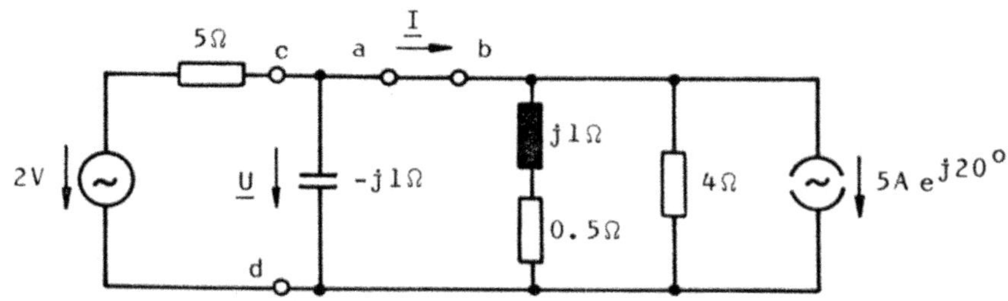

Der Strom $\underline{I}$ ist zu berechnen. Dieser Strom ist identisch mit dem Kurzschlußstrom einer äquivalenten Ersatzquelle von a nach b. Daher muß die Schaltung bezüglich der Klemmen a,b reduziert werden. Es ist offensichtlich, daß der linke und rechte Teil der Schaltung bezüglich a,b in Serie liegen. Das entsprechende Makroprogramm, das den Aufbau der Schaltung beschreibt, lautet also:

US=2V RS=5Ω XP=-1Ω NEW	RS=0.5Ω XS=1Ω RP=4Ω IP=5A	PH=20° SER IØ END	Makroprogramm für Berechnung von $\underline{I}$

Weiterhin soll der Einfluß des kapazitiven Blindwiderstandes untersucht werden, indem sein Wert auf -j3Ω geändert und eine erneute Rechnung durchgeführt wird.

Anschließend soll die Spannung $\underline{U}$ berechnet werden. Diese ist gleich der Leerlaufspannung eines Zweipols mit den Klemmen c,d. Jetzt müssen der linke und rechte Teil der Schaltung parallel geschaltet werden. Außerdem muß der Wert der Stromquelle negativ genommen werden, und zwar aus folgendem Grund. Betrachtet man nach dem Überlagerungsprinzip die Wirkung der Stromquelle allein, so würde ein Quellenstrom in Richtung seines Zählpfeiles einen negativen Spannungsabfall $\underline{U}$ an den Klemmen c,d hervorrufen. Umgekehrt erzeugt ein negativ genommener Quellenstrom einen Spannungsabfall in Richtung des Zählpfeils $\underline{U}$. Das geänderte Makroprogramm lautet:

US=2V RS=5 XP=-3 NEW	RS=0.5 XS=1 RP=4 IP=-5A	PH=20° PAR UØ END	Fortsetzung des Beispiels nächste Seite

Tasten	Anzeige	Bemerkung
RUN 30	M=?	Programmstart
20 {ENT}	RED	Es wurde M=20 dimensioniert
U	WERT?	
2 {ENT}	US= 2	Serienspannungsquelle
E	WERT?	
5 {ENT}	RS= 5	Serienwiderstand
H	WERT?	
-1 {ENT}	XP=-1	Parallelblindwiderstand
N	NEW	Neuer Zweipol
E	WERT?	
0.5 {ENT}	RS= 0.5	Serienwiderstand
Y	WERT?	
1 {ENT}	XS= 1	Serienblindwiderstand
D	WERT?	
4 {ENT}	RP= 4	Parallelwiderstand
I	WERT?	
5 {ENT}	IP= 5	Parallele Stromquelle
0	WERT?	
20 {ENT}	PH= 20	Phase der Stromquelle
S	SER	In Serie schalten zum gespeicherten Zweipol
K	IØ	Ausgabeanweisung für Strom
M	END	Ende des Makroprogramms
2	W=?	Start der Rechnung. Keine Frequenz erforderlich
{ENT}	IØ=R 6.6918E-01 5.3960E 00	IØ in R-Form
{ENT}	IØ=P 5.4373E 00 8.2930E 01	IØ in P-Form
GOTO 35	RED	Start der Review-Routine
Ø	US= 2	Vorwärts
Ø	RS= 5	"
Ø	XP=-1	Diesen Wert ändern
1	RS= 5	Rückwärts
H	WERT?	
-3 {ENT}	XP=-3	Neuer Wert
2	W=?	Neue Rechnung, keine Freq.
{ENT}	IØ=R-2.1901E-01 1.7481E 00	IØ in R-Form
{ENT}	IØ=P 1.7618E 00 9.7140E 01	IØ in P-Form
GOTO 35	RED	Start der Review-Routine
Ø	US= 2	Vorwärts
Ø	RS= 5	"
Ø	XP=-3	"
Ø	NEW	"
Ø	RS=0.5	"
Ø	XS= 1	"
Ø	RP= 4	"
I	WERT?	
-5 {ENT}	IP=-5	Neuer Wert
Ø	PH= 20	Vorwärts
P	PAR	Neue Anweisung
J	UØ	Neue Anweisung
2	W=?	Neue Rechnung
{ENT}	UØ=R-3.0370E 00-3.6792E 00	UØ in R-Form
{ENT}	UØ=P 4.7708E 00-1.2953E 02	UØ in P-Form

Die Makroanweisungen werden über die Tastatur eingegeben. Hierfür ist jeder Makroanweisung eine bestimmte Taste zugeordnet. Der Rechner ist in der Lage, die Bedeutung einer gedrückten Taste mit der INKEY$-Anweisung zu erkennen. Zur Erleichterung der Eingabe kann man die fogende Schablone verwenden. Die Zuordnung der Tasten ist so gewählt worden, daß logisch zusammengehörige Blöcke (z.B. Serien- oder Parallelelemente) zu entsprechenden Blöcken auf der Tastatur zusammengefaßt sind.

FB		RS	CS	LS	XS	US	IP	PH	PAR		
Q	W	E	R	T	Y	U	I	O	P		
	SER	RP	CP	LP	XP	UØ	IØ	ZØ		Rück	Start
A	S	D	F	G	H	J	K	L		1	2
					NEW	END				Vor	
Z	X	C	V	B	N	M				Ø	

Bild 5.14: Schablone mit Makroanweisungen und Steuerbefehlen für Programm RED

Das Programm RED kann als Unterprogramm verwendet werden. Nach Eingabe der Makroanweisungen kann seine Rechenphase mit GOSUB 110 aufgerufen werden. Vorher muß der Speicher 0≠Ø gesetzt werden, damit die Anzeige der Ergebnisse unterdrückt wird. Eine Anwendung für den Einsatz als Unterprogramm ist die Berechnung von Frequenzgängen. Das aufrufende Programm stellt auf dem Speicher W die Kreisfrequenz ω zur Verfügung. Als Ergebnisse kann das aufrufende Programm von den Speichern X und Y den Real- und Imaginärteil von UØ, IØ oder ZØ abrufen. Als Beispiel wird im Abschnitt 7 ein Plot-Programm angegeben, das zum Plotten von Frequenzgängen RED als Unterprogramm benutzt.

Hinweis: Will man ein gespeichertes Makroprogramm ein zweites Mal durchrechnen (für eine neue Frequenz oder nach Änderung von Bauelementen), dann muß RED neu gestartet werden, und zwar mit GOTO 35 (Review-Programm). Ein Start mit RUN 30 würde das Makroprogramm zerstören.

5.3 Programmauflistung

Basic-Programm PC-1500	Erläuterungen	Blatt 1 von 3
2:IF Q=1LET Q=0: GOTO 8 4:Q=0:RETURN	UP: Umwandlung Ersatzspannungs- in Ersatzstromquelle	
5:IF Q=0LET Q=1: GOTO 8 7:Q=1:RETURN	UP: Umwandlung Ersatzstrom- in Ersatzspannungsquelle	
8:M=C*C+D*D:C=C/ M:D=-D/M	Inversion $1/\underline{Z}_o$ oder $1/\underline{Y}_o$	
10:M=A*C-B*D:B=B* C+A*D:A=M: RETURN	Multiplikation $\underline{U}_o*\underline{Y}_o$ oder $\underline{I}_o*\underline{Z}_o$	
20:A=0:B=0:C=1E-3 0:D=0:Q=2: RETURN	UP: Löschen Zweipolspeicher A	
25:A$=MID$ (B$(0) ,M*3-203,3):O$ =RIGHT$ (A$,1) :RETURN	UP: Holen Vokabel der Makroanweisung	
30:INPUT "M=?",R: DIM B$(0)*66,M (R+R-1) 31:B$(0)="RP=RS=C P=LP=XP=IP=U0 I0 Z0 ENDNEWPH =PARFB CS=SERL S=US=********* XS="	Programmstart	
35:"D"USING :WAIT 0:Z=0:PRINT "R ED"	Start Review-Routine	
40:GOSUB 420:M= ASC M$:IF M<68 OR M>89THEN 82	Sprung zur Warteschleife für nächste Operation	
70:GOSUB 25:M(Z)= M:IF O$="=" INPUT "WERT?", M(Z+1) 80:GOTO 95	Speichern der eingegebenen Makroanweisung	
82:ON M-47GOTO 92 ,91,100 84:GOTO 40	Verzweigung für Steuerbefehle	
91:Z=Z-4:IF Z<0 THEN 35 92:M=M(Z):GOSUB 2 5	Eine Makroanweisung rückwärts	
95:Z=Z+2:IF O$<>" ="PRINT A$: GOTO 40 96:PRINT A$;M(Z-1):GOTO 40	Eine Makroanweisung vorwärts und Anzeige derselben	

Basic-Programm PC-1500	Erläuterungen	Blatt 2 von 3
100:WAIT :O=0: INPUT "W=?",W	Start Rechenphase Eingabe der Frequenz	
105:CLS :GOSUB 110 :END		
110:DEGREE :Z=-2: GOSUB 20	Unterprogramm-Eingang Rechenphase	
120:Z=Z+2:IF M(Z)= 77RETURN	Unterprogramm-Ausgang Rechenphase	
130:X=M(Z+1):GOSUB 2*M(Z)+20:GOTO 120	Holen nächste Makroanweisung und Sprung	
156:GOSUB 2:C=C+1/X:RETURN	Ausführen RP	
158:GOSUB 5:C=C+X:RETURN	Ausführen RS	
160:GOSUB 2 161:D=D+W*X:RETURN	Ausführen CP	
162:GOSUB 2:GOTO 185	Ausführen LP	
164:GOSUB 2:D=D-1/X:RETURN	Ausführen XP	
166:GOSUB 2:GOTO 191	Ausführen IP	
168:GOSUB 5:P$="U0":X=A:Y=B:GOTO 174	Ausführen UØ	
170:GOSUB 2:P$="I0":X=A:Y=B:GOTO 174	Ausführen IØ	
172:GOSUB 5:P$="Z0":X=C:Y=D	Ausführen ZØ	
174:IF O=0GOSUB 490	Sprung in UP: Ausgabeformatierung	
175:RETURN		
176:I=E:J=F:K=G:L=H:IF Q=2RETURN 177:GOSUB 2:E=A:F=B:G=C:H=D:GOSUB 20:RETURN	Ausführen NEW	
178:A=A-M+M*COS X:B=B+M*SIN X:RETURN	Ausführen PH	
180:GOSUB 2 181:A=A+E:B=B+F:C=C+G:D=D+H:E=I:F=J:G=K:H=L:RETURN	Ausführen PAR	
182:GOSUB 2:C=-E:D=-F:GOSUB 5:RETURN	Ausführen FB	
184:GOSUB 5 185:D=D-1/W/X:RETURN	Ausführen CS	

Basic-Programm PC-1500	Erläuterungen	Blatt 3 von 3
186:GOSUB 5:M=A:A= E:E=M:M=B:B=F: F=M:M=C:C=G:G= M:M=D:D=H:H=M	Ausführen SER	
187:O=0:GOSUB 5: GOTO 181		
188:GOSUB 5:GOTO 1 61	Ausführen LS	
190:GOSUB 5	Ausführen US	
191:A=A+X:M=X: RETURN		
198:GOSUB 5:D=D+X: RETURN	Ausführen XS	
420:M$=INKEY$:IF M$THEN 424	UP: Warteschleife für nächste Operation	
422:GOTO 420		
424:A$=INKEY$:IF A$THEN 424	Blockade gegen doppelte Ausführung	
426:RETURN		
480:M=√(X*X+Y*Y): IF MLET Y=((Y= 0)+SGN Y)*ACS (X/M):X=M	UP: Umwandlung R-Form in P-Form	
481:RETURN		
490:USING "##.#### ^":PRINT P$;"= R";X;Y:GOSUB 4 80:PRINT P$;"= P";X;Y:RETURN	UP: Ausgabeformatierung	

5.4 Speicherbelegung

Register	Inhalt
A	Re } $\underline{U}_o$ oder $\underline{I}_o$ } Zweipolspeicher A
B	Im
C	Re } $\underline{Z}_o$ oder $\underline{Y}_o$
D	Im
E	" } Zweipolspeicher B
F	
G	
H	
I	" } Zweipolspeicher C
J	
K	
L	
M	Zwischenspeicher
N	nicht benutzt
O	=Ø normal; ≠Ø, wenn RED als UP benutzt wird
P	Zwischenspeicher
Q	=1 Ersatzspannungsquelle; =Ø Ersatzstromquelle =2 Zweipolspeicher A nicht definiert
R	} für Plot-Parameter reserviert
S	
T	
U	
V	
W	Kreisfrequenz ω
X	Re } des Ausgabewertes
Y	Im
Z	Indirekte Adresse der Makroanweisungen
B$(Ø)	Vokabular aller Makroanweisungen
M(Ø)	Code } der ersten Makroanweisung
M(1)	Wert
M(2)	Code } der zweiten "
M(3)	Wert
M(4)	Code } der dritten "
M(5)	Wert
	usw.
	Anmerkung: Die Größe des Feldes M(Z) wird durch den Benutzer dimensioniert. Dieser wird vom Programm durch M=? aufgefordert, die maximale Anzahl der Makroanweisungen festzulegen. Der Code einer Makroanweisung ist identisch mit dem ASCII-Code der zugeordneten Taste.

5.5 Übungsaufgaben

Die folgenden Übungsaufgaben sollen die Anwendungsmöglichkeiten und die Leistungsfähigkeit des Reduktionsprogramms möglichst vollständig zeigen. Sie zeigen aber auch, wo die Grenzen des Programms liegen, nämlich dort, wo eine Reihen- oder Parallelschaltung von Zweipolen nicht mehr möglich ist. Bei stark vermaschten Netzwerken muß das Knotenpunktpotential-Verfahren eingesetzt werden.

Der Benutzer wird erkennen, daß sich das Reduktionsprogramm durch folgende Eigenschaften auszeichnet:

1. Es ist schnell in der Ausführung und daher für die Berechnung von Frequenzgängen gut geeignet.
2. Es ist sehr einfach zu bedienen, da die Zweige nicht numeriert bzw. adressiert zu werden brauchen.
3. Es ist universell anwendbar: man kann mit einem einzigen Programm fast alle Probleme der Netzwerkanalyse lösen.

Das Arbeiten mit dem Programm setzt allerdings auch einen gewissen Blick dafür voraus, zu erkennen, welche Schaltungsteile in Serie oder parallel geschaltet sind. Diese Fähigkeit kann man nur durch Übung erwerben. Der Anfänger zeichnet bekanntlich häufig eine Schaltung um, bevor er mit der Rechnung beginnt. Nach einiger Übung jedoch wird man das Makroprogramm selbst komplizierter Schaltungen direkt in den Rechner eingeben können.

Ein zweiter Punkt, der einige Übung erfordert, ist die richtige Handhabung der Zählpfeile. Am einfachsten ist die folgende Vorstellung. Ruft unter Beachtung der Zählpfeile eine positive Quellenspannung oder ein positiver Quellenstrom ein positives Ergebnis (Spannung U_o oder Strom I_o) hervor, dann wird die Quelle mit ihrem gegeben Vorzeichen in das Makroprogramm eingesetzt. Wenn nicht, dann wird das Vorzeichen der Quelle gewechselt. Dieser Sachverhalt ist vor Beginn der Rechnung immer zu erkennen.

Programm: Reduktionsprogramm RED

Aufgabe: 5.1	Anwendung: Spannungsberechnung

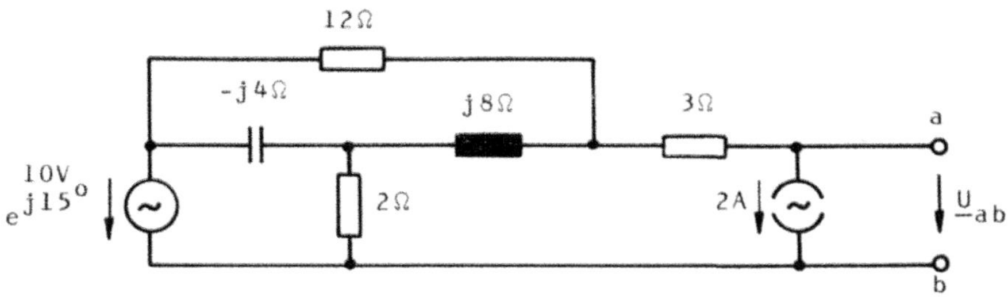

Die Spannung $\underline{U}_{ab}$ ist zu berechnen. Welche Leistung liefert die Stromquelle in das Netzwerk ?

Da die Spannungsquelle keinen Serienwiderstand hat, muß sie vor der Reduktion verlegt werden:

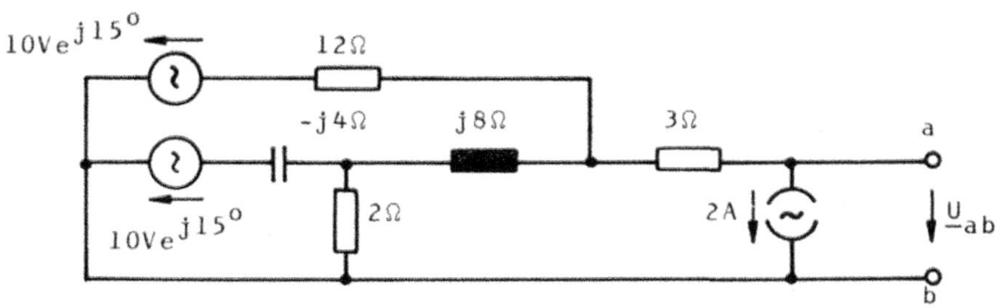

Jede Spannungsberechnung wird auf die Berechnung der Leerlaufspannung $\underline{U}_o$ einer äquivalenten Ersatzquelle zurückgeführt. Der folgende Reduktions-Algorithmus berechnet die Leerlaufspannung bezüglich der Klemmen a,b:

US=10V PH=15° XS=-4Ω RP=2Ω XS=8Ω	NEW US=10V PH=15° RS=12Ω PAR	RS=3Ω IP=-2A UØ END

Das Programm liefert die gesuchte Spannung:

$$\underline{U}_{ab} = \underline{U}_o = 9.348V\, e^{-j169.3^o}$$

Die Leistung P_{ab} der Stromquelle ist dann:

$$P_{ab} = 2A \cdot \mathrm{Re}\, \underline{U}_{ab} = -18.37W \text{ (Erzeugerleistung)}$$

Programm: Reduktionsprogramm RED	
Aufgabe: 5.2	Anwendung: Stromberechnung

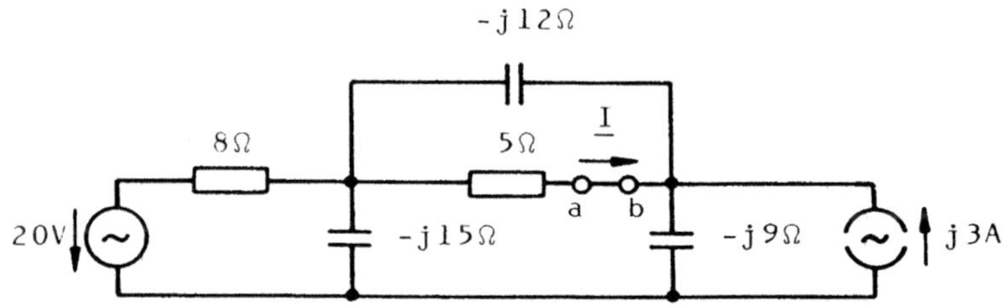

Gesucht ist der Strom $\underline{I}$ im Längszweig des Netzwerkes.

Jede Stromberechnung wird auf die Berechnung des Kurzschlußstromes einer äquivalenten Ersatzquelle zurückgeführt. Der folgende Reduktions-Algorithmus berechnet den Kurzschlußstrom über die Klemmen a,b:

US=20V RS=8Ω XP=-15Ω NEW	IP=-3A PH=90° XP=-9Ω SER	XP=-12Ω RS=5Ω IØ END

Man erkennt ohne weiteres, daß die Spannungsquelle mit ihrem Zählpfeil eine Stromkomponente in Richtung des Zählpfeiles von $\underline{I}$ verursacht. Anders dagegen die Stromquelle, die eine negative Stromkomponente von $\underline{I}$ verursacht und daher negativ in das Makroprogramm eingesetzt wird. Der Faktor j in j3A bedeutet natürlich eine Phase von 90°.

Das Programm liefert das Ergebnis:

$$\underline{I} = \underline{I}_o = 0.7422\text{A}\, e^{-j113.3^\circ}$$

Programm: Reduktionsprogramm RED	
Aufgabe: 5.3	Anwendung: Widerstandsberechnung

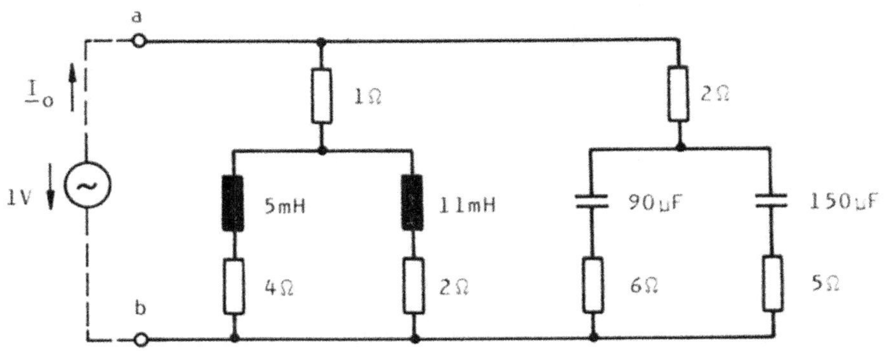

Der Gesamtwiderstand $\underline{Z}_{ges}$ und der Gesamtleitwert $\underline{Y}_{ges}$ sind für die Frequenz ω=1000 1/s zu bestimmen. Hiermit kann die Reihenersatzschaltung und die Parallelersatzschaltung dargestellt werden.

Der Widerstand $\underline{Z}_{ges}$ ist identisch mit dem Innenwiderstand $\underline{Z}_o$ einer äquivalenten Ersatzquelle bezüglich der Klemmen a,b. Schaltet man eine Spannungsquelle von 1V in Serie zu a,b, dann hat der Kurzschlußstrom $\underline{I}_o$ den gleichen Zahlenwert wie der Leitwert $\underline{Y}_{ges}$. Das Makro-Programm lautet:

RS=6Ω CS=90µF NEW RS=5Ω CS=150µF PAR RS=2Ω	NEW RS=4Ω LS=5mH NEW RS=2Ω LS=11mH PAR	RS=1Ω PAR ZØ US=1V IØ END

Die Ergebnisse sind:

$$\underline{Z}_{ges}=\underline{Z}_o=3.877\Omega\, e^{j13.39^o} \quad ; \quad \underline{Y}_{ges}\,\Omega=\underline{I}_o/A= 0.2579\, e^{-j13.39^o}$$

Hieraus folgen die äquivalenten Ersatzschaltungen:

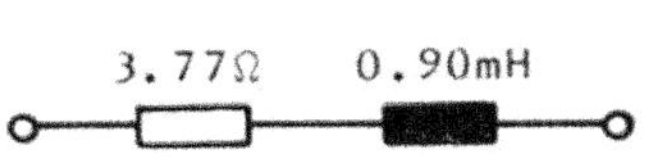

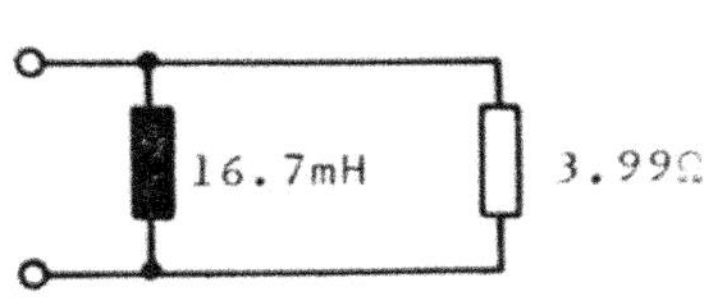

Programm: Reduktionsprogramm RED

Aufgabe: 5.4 | Anwendung: Spannungsteiler

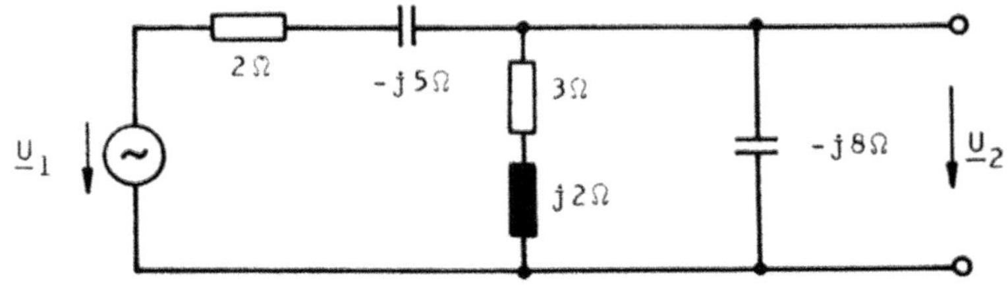

Gesucht ist das Spannungsverhältnis $\underline{U}_2/\underline{U}_1$.

Wird $\underline{U}_1$=1V gesetzt, dann ist $\underline{U}_2/\underline{U}_1=\underline{U}_2/1V$, d.h. der Zahlenwert von $\underline{U}_2$ ist gleich dem gesuchten Spannungsverhältnis. Die Berechnung von $\underline{U}_2$ wird zurückgeführt auf die Berechnung der Leerlaufspannung $\underline{U}_o$ einer äquivalenten Ersatzquelle.

Die Folge der Makro-Anweisungen lautet:

US=1V RS=2Ω XS=-5Ω NEW RS=3Ω	XS=2Ω PAR XP=-8Ω UØ END	

Das Ergebnis ist:

$$\underline{U}_2=0.5587\,V\,e^{j42.6^o}$$

Das gesuchte Spannungsverhältnis ist dann:

$$\underline{U}_2/\underline{U}_1 = 0.5587\,e^{j42.6^o}$$

Programm: Reduktionsprogramm RED	
Aufgabe: 5.5	Anwendung: Stromteiler

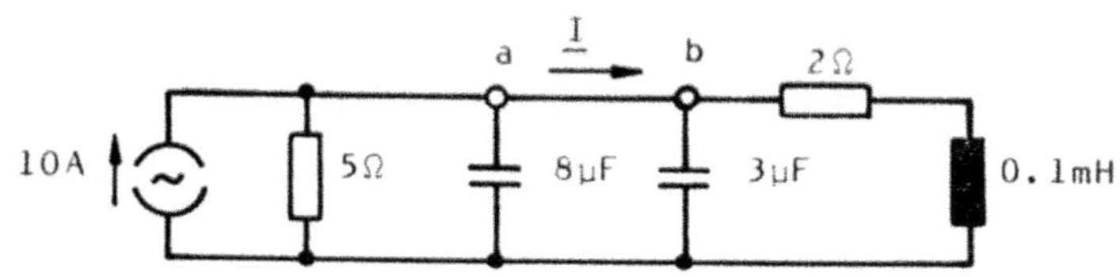

Gesucht ist der Teilstrom $\underline{I}$ des Stromteilers.

Dieser Strom ist identisch mit dem Kurzschlußstrom $\underline{I}_o$ von der Klemme a zur Klemme b. Die Schaltung ist also bezüglich dieser Klemmen zu reduzieren.

Der Reduktions-Algorithmus lautet:

IP=10A RP=5Ω CP=8µF NEW RS=2Ω	LS=0.1mH CP=3µF SER IØ END	

Vor dem Beginn eines Rechenlaufes muß eine Frequenz gewählt werden. Für ω=50000 1/s lautet das Ergebnis:

$$\underline{I} = \underline{I}_o = 1.564\mathrm{A}\, e^{-j72.54^o}$$

Programm: Reduktionsprogramm RED	
Aufgabe: 5.6	Anwendung: Zweiseitig gespeiste Leitung

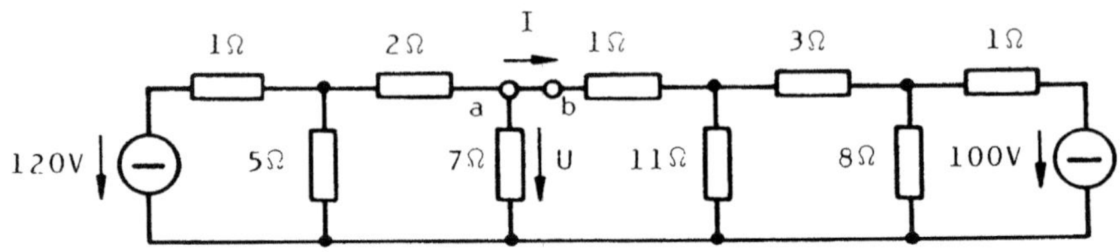

Man bestimme den Strom I und die Spannung U.

Der Strom I ist identisch mit dem Kurzschlußstrom I_o einer äquivalenten Ersatzquelle bezüglich der Klemmen a,b. Die Reduktion erfolgt nach dem Algorithmus:

US=120V RS=1Ω RP=5Ω RS=2Ω RP=7Ω	NEW US=-100V RS=1Ω RP=8Ω RS=3Ω	RP=11Ω RS=1Ω SER IØ END

Das negative Vorzeichen in US=-100V ist darauf zurückzuführen, daß diese Spannungsquelle eine negative Stromkomponente von I verursacht. Das Ergebnis ist:

I = 0.9363 A

Die Spannung U ist identisch mit der Leerlaufspannung U_o einer äquivalenten Ersatzquelle. Die Berechnung wird mit dem folgenden Algorithmus durchgeführt:

US=120V RS=1Ω RP=5Ω RS=2Ω RP=7Ω	NEW US=100V RS=1Ω RP=8Ω RS=3Ω	RP=11Ω RS=1Ω PAR UØ END

Das Ergebnis lautet:

U = 69.30 V

Programm: Reduktionsprogramm RED	
Aufgabe: 5.7	Anwendung: Kettenleiter

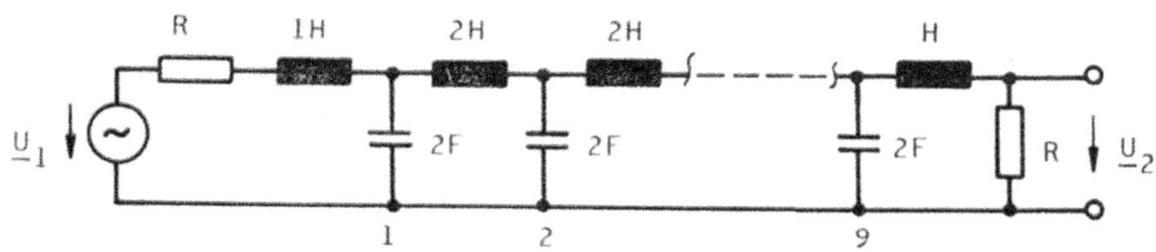

Der Kettenleiter (9 Glieder) hat eine Grenzfrequenz ω_o=1 1/s. Für die Frequenz ω=0.1 1/s, die also weit unterhalb der Grenzfrequenz liegt, sollen bestimmt werden: das Spannungsverhältnis $\underline{U}_2/\underline{U}_1$ sowie die Laufzeit

$$t_o = - \frac{\text{Phase}(\underline{U}_2/\underline{U}_1)}{\omega}$$

für verschiedene Werte des Anpassungswiderstandes R.

Wird $\underline{U}_1$=1V gesetzt, dann ist $\underline{U}_2/\underline{U}_1$ identisch mit der Leerlaufspannung $\underline{U}_o$ einer äquivalenten Ersatzquelle. Der Reduktions-Algorithmus für R=1Ω lautet:

```
US=1V       LS=2H       LS=2H
RS=1Ω       CP=2F       CP=2F
LS=1H       LS=2H       LS=2H
CP=2F       CP=2F       CP=2F
LS=2H       LS=2H       LS=1H
CP=2F       CP=2F       RP=1Ω
LS=2H       LS=2H       UØ
CP=2F       CP=2F       END
```

Für andere Werte von R kann das Makroprogramm leicht mit dem Review-Programm gändert werden. Die Ergebnisse sind:

R	$\lvert\underline{U}_2/\underline{U}_1\rvert$	Phase	Laufzeit t_o
0.2Ω	0.1977	-95.99^o	16.75 s
1Ω	0.5000	-103.3^o	18.03 s
5Ω	0.1959	-95.17^o	16.61 s
20Ω	0.05098	-91.34^o	15.94 s

Die größte Laufzeit ergibt sich also für die Anpassung mit dem Wellenwiderstand R=1Ω.

Programm: Reduktionsprogramm RED

Aufgabe: 5.8	Anwendung: Ringleitung

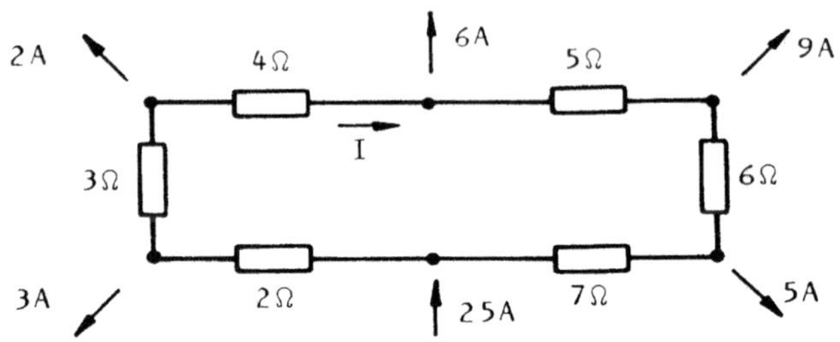

Gesucht ist der Strom I.

Alle abfließenden Sröme werden durch Stromquellen mit einem gemeinsamen Bezugspunkt (Erde) ersetzt, über den die Summe der Ströme, nämlich 25A zufließt:

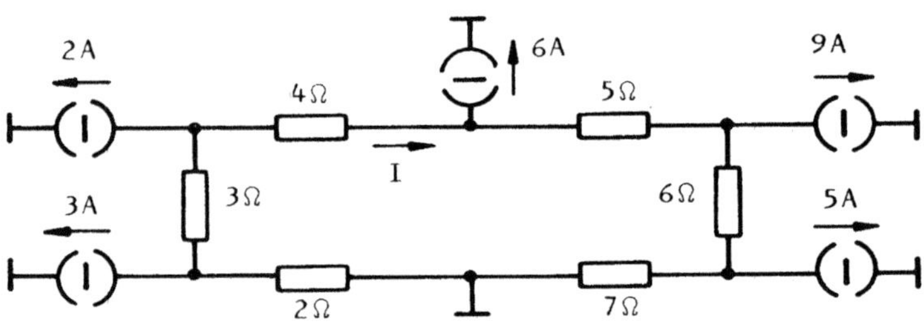

Rechter und linker Teil der Schaltung werden getrennt reduziert und dann in Serie geschaltet. Der Kurzschlußstrom dieser Serienschaltung ist identisch mit dem gesuchten Strom I. Das Makro-Programm lautet:

RP=7Ω	IP=6A	IP=-2A
IP=5A	NEW	RS=4Ω
RS=6Ω	RP=2Ω	SER
IP=9A	IP=-3A	IØ
RS=5Ω	RS=3Ω	END

Es liefert das Ergebnis:

I = 9.037 A

Programm: Reduktionsprogramm RED	
Aufgabe: 5.9	Anwendung: Netzwerk mit eingeprägten Strömen

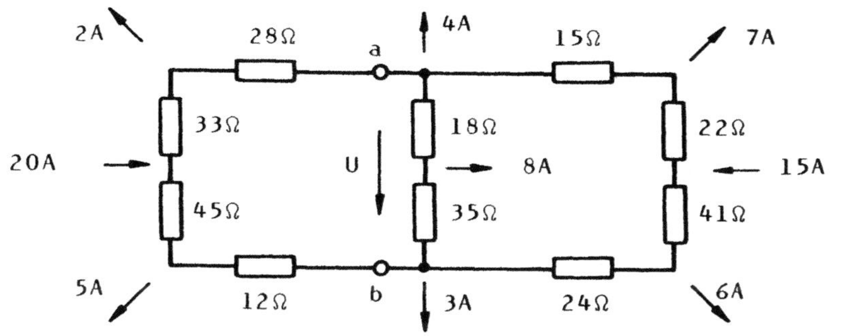

Gesucht ist die Spannung U.

Man wähle einen Bezugsknoten b und ersetze alle zu- und abfließenden Ströme durch Stromquellen bezüglich dieses Knotens:

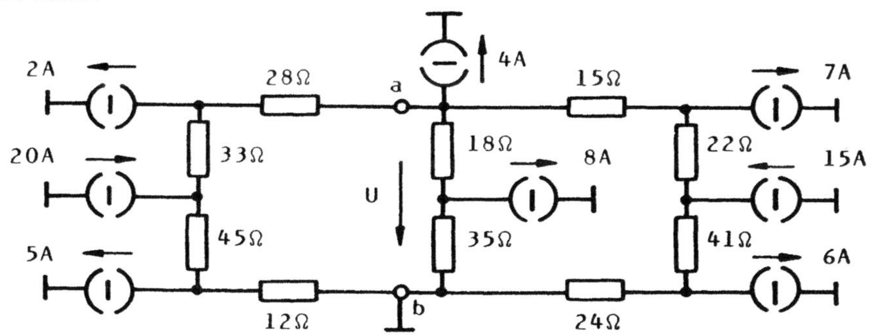

Bezüglich der Knoten a,b liegen rechter, mittlerer und linker Schaltungsteil parallel. Das Makro-Programm lautet:

RP=24Ω IP=-6A RS=41Ω IP=15A RS=22Ω IP=-7A RS=15Ω IP=-4A	NEW RP=35Ω IP=-8A RS=18Ω PAR NEW RP=12Ω IP=-5A	RS=45Ω IP=20A RS=33Ω IP=-2A RS=28Ω PAR UØ END

Es liefert die gesuchte Spannung:

U = 14.01 V

Programm: Reduktionsprogramm RED	
Aufgabe: 5.10	Anwendung: Verzweigtes Netzwerk

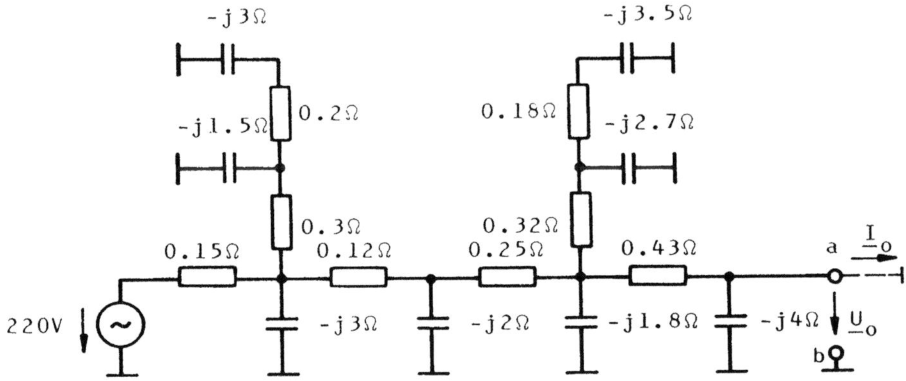

In dem Netzwerk ist die Spannung $\underline{U}_o$ und der Kurzschlußstrom $\underline{I}_o$ bezüglich der Klemmen a,b gesucht.

Das Netzwerk besteht aus Kettenleitern, die an den Verzweigungsstellen parallel geschaltet sind. Es kann daher dem Reduktions-Algorithmus bezüglich a,b unterworfen werden:

US=220V RS=0.15Ω NEW XS=-3Ω RS=0.2Ω XP=-1.5Ω RS=0.3Ω PAR	XP=-3Ω RS=0.12Ω XP=-2Ω RS=0.25Ω NEW XS=-3.5Ω RS=0.18Ω XP=-2.7Ω	RS=0.32Ω PAR XP=-1.8Ω RS=0.43Ω XP=-4Ω UØ IØ END

Das Makro-Programm liefert die gesuchten Größen:

$$\underline{U}_o = 148.6\text{V}\ e^{-j54.56^o}$$

$$\underline{I}_o = 201.9\text{A}\ e^{-j28.43^o}$$

Programm: Reduktionsprogramm RED	
Aufgabe: 5.11	Anwendung: Leistungsanpassung

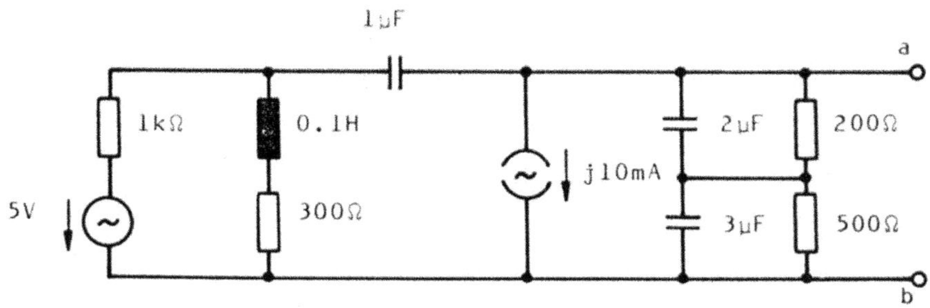

Mit welchem Widerstand $\underline{Z}_a$ muß die Schaltung an den Klemmen a, b belastet werden, damit sie maximale Leistung abgibt ? Wie groß ist diese maximale Leistung P_{max} ? Die Frequenz beträgt ω=2500 1/s.

Die Anpassungsbedingung lautet: $\underline{Z}_a = \underline{Z}_o^*$. Der Reduktions-Algorithmus liefert die erforderlichen Daten der Ersatzquelle bezüglich der Klemmen a,b:

US=5V RS=1kΩ NEW RS=300Ω LS=0.1H PAR CS=1μF	IP=-10mA PHASE=90 NEW RP=200Ω CP=2μF NEW RP=500Ω	CP=3μF SER PAR UØ ZØ END

Die Ergebnisse dieses Makro-Programms lauten:

$$\underline{U}_o = 0.9530\text{V}\, e^{-j132.9^o}$$

$$\underline{Z}_o = 153.3\Omega\, e^{-j53.31^o} = 91.59\Omega - j122.9\Omega$$

Daraus folgt der Belastungswiderstand für Anpassung:

$$\underline{Z}_a = 91.59\Omega + j122.9\Omega$$

und die maximale (verfügbare) Leistung:

$$P_{max} = \frac{|\underline{U}_o|^2}{4\text{Re}\,\underline{Z}_o} = 2.479\text{mW}$$

Programm: Reduktionsprogramm RED

Aufgabe: 5.12 | Anwendung: Parallele aktive Zweipole

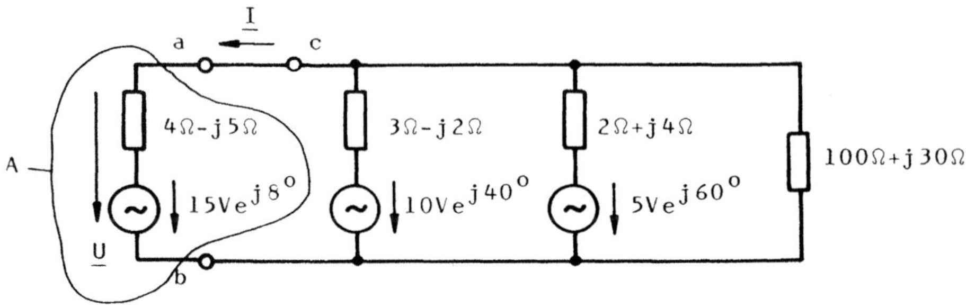

Gesucht ist die Leistung, die der Zweipol A in das Netzwerk liefert. Hierfür muß $\underline{U}$ und $\underline{I}$ bekannt sein. Dann ist die gesuchte Leistung:

$$P_A = |\underline{U}|\,|\underline{I}|\,\cos(\text{arc}\,\underline{U} - \text{arc}\,\underline{I})$$

Die Spannung $\underline{U}$ ist identisch mit der Leerlaufspannung $\underline{U}_o$ einer äquivalenten Ersatzquelle bezüglich der Klemmen a,b:

RS=100Ω XS=30Ω NEW RS=2 Ω XS=4Ω US=5V PH=60°	PAR NEW RS=3Ω XS=-2Ω US=10V PH=40° PAR	NEW RS=4Ω XS=-5Ω US=15V PH=8° PAR UØ	END

Die Reduktion liefert das Ergebnis:

$$\underline{U} = \underline{U}_o = 12.51\text{V}\, e^{j46.69^o}$$

Der Strom $\underline{I}$ ist identisch mit dem Kurzschlußstrom $\underline{I}_o$ einer äquivalenten Ersatzquelle bezüglich der Klemmen c,a:

RS=100Ω XS=30Ω NEW RS=2Ω XS=4Ω US=5V PH=60°	PAR NEW RS=3Ω XS=-2Ω US=10V PH=40° PAR	NEW RS=4Ω XS=-5Ω US=-15V PH=8° SER IØ	END

Dieses Makro-Programm kann im Rechner durch geringfügige Änderungen des ersteren gewonnen werden. Das Ergebnis ist:

$$\underline{I} = \underline{I}_o = 1.470\text{A}\, e^{-j176.9^o} \qquad P_A = -13.32\ \text{W}$$

Programm: Reduktionsprogramm RED	
Aufgabe: 5.13	Anwendung: Überlagerungssatz

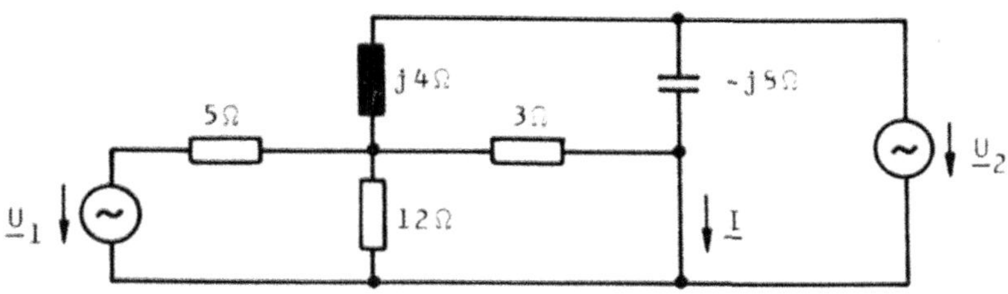

Wie groß muß das Spannungsverhältnis $\underline{U}_2/\underline{U}_1$ sein, damit der Strom $\underline{I}$ gleich Null wird ?

Mit dem Überlagerungssatz ist der Strom $\underline{I}$ gleich der Summe aus zwei Komponenten, deren eine nur von $\underline{U}_1$ und die andere nur von $\underline{U}_2$ abhängen:

$$\underline{I} = \underline{I}(\underline{U}_1) + \underline{I}(\underline{U}_2) = \frac{\underline{I}(\underline{U}_1)}{\underline{U}_1}\,\underline{U}_1 + \frac{\underline{I}(\underline{U}_2)}{\underline{U}_2}\,\underline{U}_2 = 0$$

Hieraus folgt:

$$\frac{\underline{U}_2}{\underline{U}_1} = -\frac{\underline{I}(\underline{U}_1)/\underline{U}_1}{\underline{I}(\underline{U}_2)/\underline{U}_2}$$

Das Übertragungsverhältnis $\underline{I}(\underline{U}_1)/\underline{U}_1$ gewinnt man, wenn man $\underline{U}_1$=1V und $\underline{U}_2$=0 setzt. Der Reduktions-Algorithmus hierfür lautet:

US=1V RS=5Ω RP=12Ω	XP=4Ω RS=3Ω IØ END	

Setzt man $\underline{U}_2$=1V und $\underline{U}_1$=0, so gewinnt man $\underline{I}(\underline{U}_2)/\underline{U}_2$:

US=1V XS=4Ω RP=5Ω RP=12Ω	RS=3Ω NEW US=1V XS=-8Ω	PAR IØ END

Das gesuchte Spannungsverhältnis ergibt sich zu

$$\underline{U}_2/\underline{U}_1 = -\,0.10019\ \mathrm{A/V}\ e^{j22.07^\circ}/0.04789\ \mathrm{A/V}\ e^{j10.76^\circ}$$

Programm: Reduktionsprogramm RED	
Aufgabe: 5.14	Anwendung: Überbrücktes T-Glied

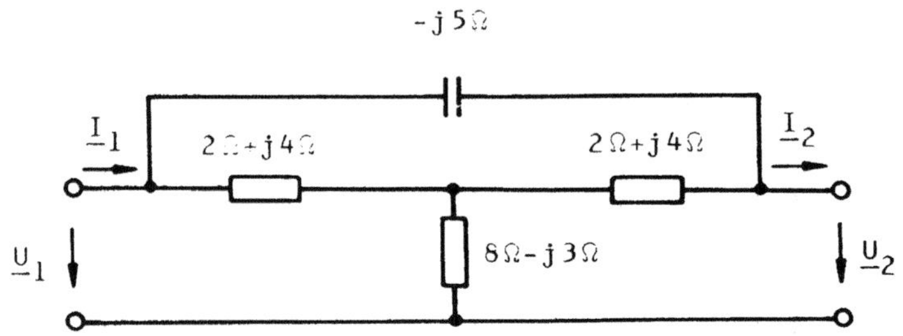

Für den Vierpol bestimme man:

a) das Spannungsübertragungsmaß für sekundären Leerlauf $\underline{U}_2/\underline{U}_1 |_{\underline{I}_2=0}$,

b) das Stromübertragungsmaß für sekundären Kurzschluß $\underline{I}_2/\underline{I}_1 |_{\underline{U}_2=0}$,

c) den Eingangswiderstand $\underline{Z}_{in}|_{\underline{I}_2=0}$ für sekundären Leerlauf,

d) den Eingangswiderstand $\underline{Z}_{in}|_{\underline{U}_2=0}$ für sek. Kurzschluß.

a) Speist man den Vierpol mit einer Spannungsquelle $\underline{U}_1$=1V, dann ist $\underline{U}_2/\underline{U}_1$ gleich der Leerlaufspannung $\underline{U}_o$ bezüglich der Ausgangsklemmen. Da die Spannungsquelle keinen Serienwiderstand hat, muß sie verlegt werden:

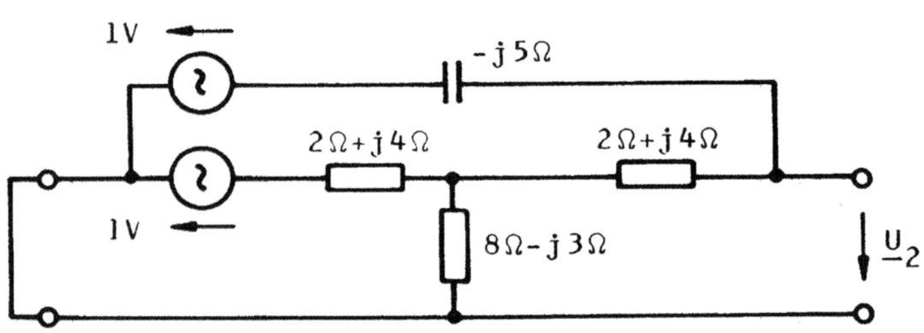

Der Reduktions-Algorithmus lautet:

US=1V RS=2Ω XS=4Ω NEW RS=8Ω	XS=-3Ω PAR RS=2Ω XS=4Ω NEW	US=1V XS=-5Ω PAR UØ END

Programm: Reduktionsprogramm RED	
Aufgabe: 5.14	Anwendung: Überbrücktes T-Glied

Die Reduktion liefert das Ergebnis:

$$\underline{U}_2/\underline{U}_1\big|_{\underline{I}_2=0} = 0.7722\, e^{j23.82^\circ}$$

b) Speist man den Vierpol mit einer Stromquelle von 1A, dann ist $\underline{I}_2/\underline{I}_1$ gleich dem Kurzschlußstrom $\underline{I}_o$ über die Ausgangsklemmen. Die Stromquelle 1A muß verlegt werden:

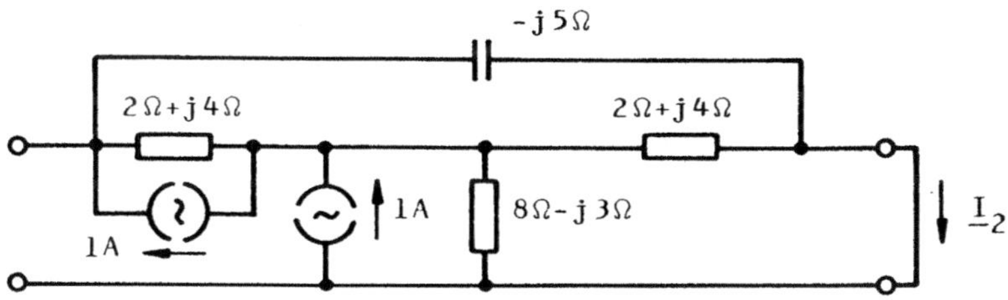

Der Reduktions-Algorithmus lautet:

RS=2Ω XS=4Ω IP=1A XS=-5Ω NEW	RS=2Ω XS=4Ω PAR NEW RS=8Ω	XS=-3Ω IP=1A SER IØ END

Das Ergebnis ist:

$$\underline{I}_2/\underline{I}_1\big|_{\underline{U}_2=0} = 0.7722\, e^{j23.82^\circ}$$

c) RS=2Ω XS=4Ω XS=-5Ω NEW	RS=2Ω XS=4Ω PAR RS=8Ω	XS=-3Ω ZØ END

Der Eingangswiderstand für sek. Leerlauf ist:

$$\underline{Z}_{in}\big|_{\underline{I}_2=0} = 10.44\Omega\, e^{-j16.70^\circ}$$

d) RS=2Ω XS=4Ω NEW RS=8Ω	XS=-3Ω PAR RS=2Ω XS=4Ω	XP=-5Ω ZØ END

Ergebnis: $\underline{Z}_{in}\big|_{\underline{U}_2=0} = 7.758\Omega\, e^{-j53.08^\circ}$

Programm: Reduktionsprogramm RED

Aufgabe: 5.15	Anwendung: Brückenschaltung

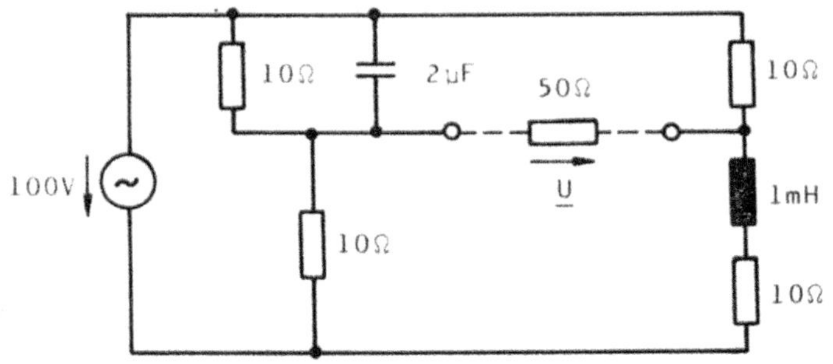

Gesucht ist die Spannung $\underline{U}$ der Brücke im Leerlauf und bei Belastung mit 50Ω für die Frequenz ω=10 000 1/s.

Da die Spannungsquelle keinen Serienwiderstand hat, muß sie zum Zwecke der Reduktion verlegt werden:

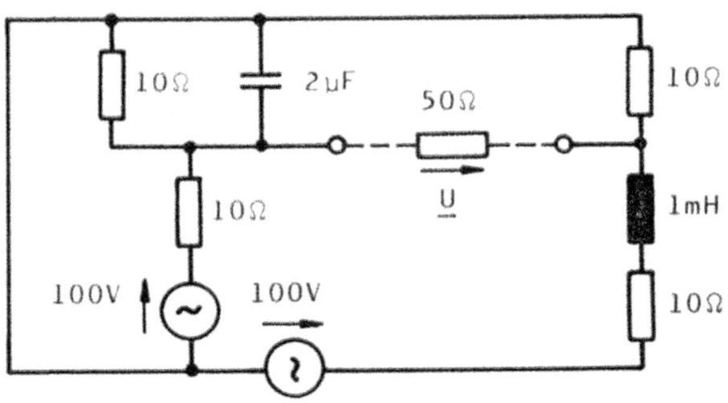

Die Ersatzschaltung kann nun dem Reduktions-Algorithmus unterworfen werden:

US=-100V RS=10Ω RP=10Ω CP=2μF NEW	US=100V RS=10Ω LS=1mH RP=10Ω SER	UØ RP=50Ω UØ END

Hier mußte die eine Spannungsquelle negativ genommen werden, da sie eine negative Komponente von $\underline{U}$ verursacht.

Im Leerlauf ist: $\underline{U} = 17.80\text{V}\, e^{-j122.3^\circ}$

Bei Belastung ist: $\underline{U} = 14.60\text{V}\, e^{-j123.7^\circ}$

Programm: Reduktionsprogramm RED	
Aufgabe: 5.16	Anwendung: Kurzgeschlossene Brücke

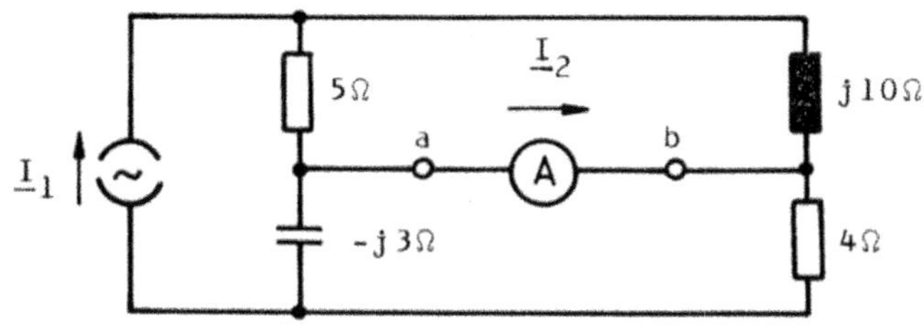

Ein Amperemeter mißt den Strom $|\underline{I}_2|$=3A. Welchen Strom $\underline{I}_1$ muß die Stromquelle liefern ?

Setzt man $\underline{I}_1$=1A, dann ist das Stromverhältnis $\underline{I}_2/\underline{I}_1$ gleich dem Kurzschlußstrom einer äquivalenten Ersatzquelle bezüglich der Klemmen a,b. Vor der Reduktion muß die Stromquelle verlegt werden, da sie keinen Parallelwiderstand hat:

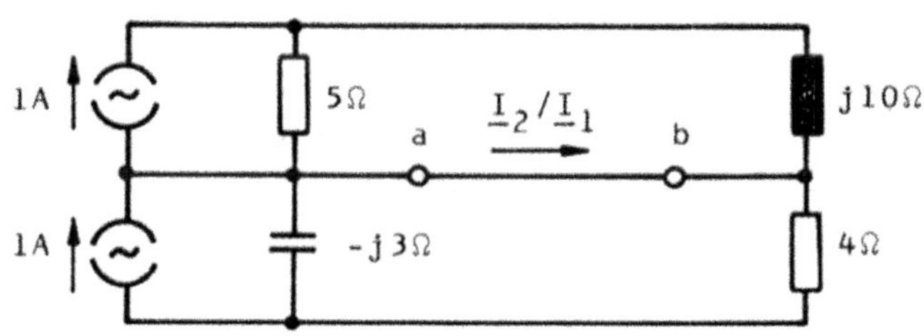

Die Ersatzschaltung wird jetzt bezüglich a,b reduziert:

IP=-1A RP=5Ω XS=10Ω NEW	IP=1A XP=-3Ω RS=4Ω PAR	IØ END

Das Makroprogramm liefert das Ergebnis:

$$\underline{I}_2/\underline{I}_1 = \underline{I}_o/A = 0.1789\,e^{-j26.57^o}$$

Hieraus folgt:

$$|\underline{I}_1| = 3A/0.1789 = 16.77A$$

Programm: Reduktionsprogramm RED	
Aufgabe: 5.17	Anwendung: Realer Übertrager

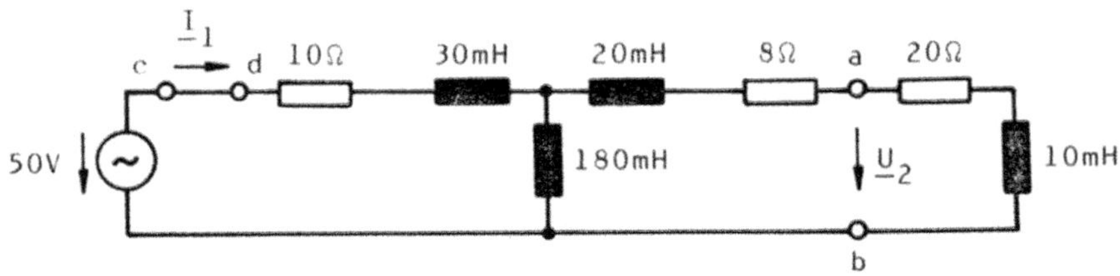

Gesucht sind die sekundäre Leerlaufspannung $\underline{U}_{2o}$, die sekundäre Lastspannung $\underline{U}_2$ sowie der Primärstrom $\underline{I}_1$ für die Frequenz ω=200 1/s.

Die Spannungen $\underline{U}_{2o}$ und $\underline{U}_2$ findet man durch Reduktion bezüglich der Klemmen a,b:

US=50V RS=10Ω LS=30mH LP=180mH LS=20mH	RS=8Ω UØ NEW RS=20Ω LS=10mH	PAR UØ END

Das Makro-Programm liefert die Ergebnisse:

$$\underline{U}_{2o} = 41.69\text{V}\, e^{j13.39^{\circ}}, \qquad \underline{U}_2 = 22.51\text{V}\, e^{-j1.008^{\circ}}$$

Zur Berechnung des Primärstromes muß die Schaltung bezüglich der Klemmen c,d reduziert werden. Der Kurzschlußstrom über diese Klemmen ist gleich dem gesuchten Strom $\underline{I}_1$.

LS=10mH RS=20Ω RS=8Ω	LS=20mH LP=180mH LS=30mH	RS=10Ω US=50V IØ END

Das Ergebnis lautet:

$$\underline{I}_1 = \underline{I}_o = 1.571\text{A}\, e^{-j40.41^{\circ}}$$

Programm: Reduktionsprogramm RED

Aufgabe: 5.18 | Anwendung: Idealer Übertrager

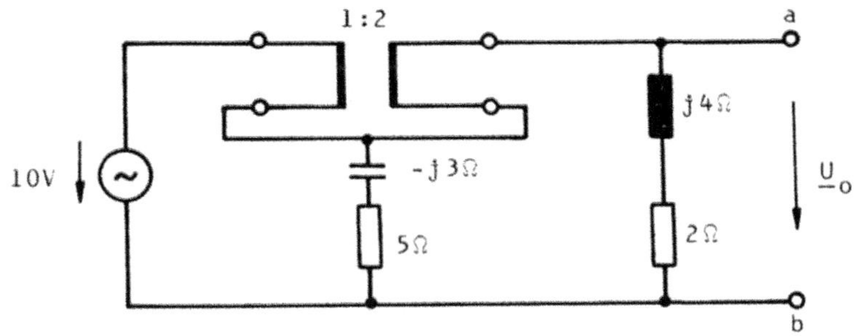

Man bestimme die Leerlaufspannung $\underline{U}_o$ und den Innenwiderstand $\underline{Z}_o$ der Schaltung.

Für den Übertrager ohne Verluste und Streuung gilt das Ersatzbild:

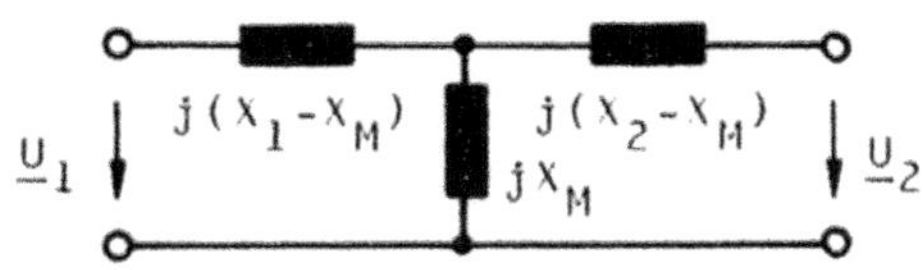

mit dem Übersetzungsverhältnis $\underline{U}_2/\underline{U}_1 = X_M/X_1 = X_2/X_M$. Wählt man die Reaktanzen entsprechend groß, so nähert sich das Ersatzbild dem idealen Übertrager. Wir wählen X_M=1kΩ. Hieraus folgt die Ersatzschaltung:

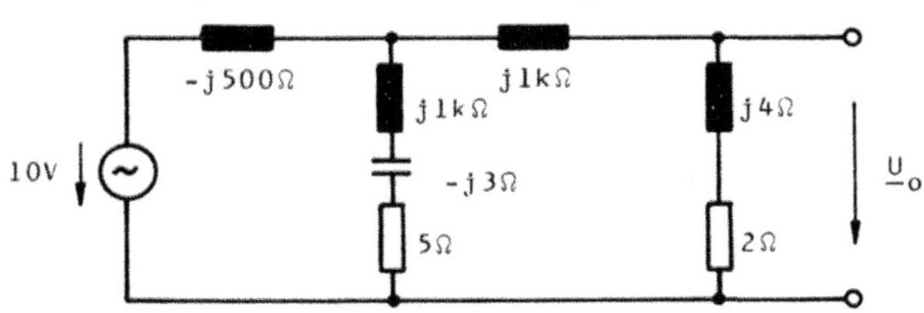

US=10V XS=-500Ω NEW XS=1kΩ XS=-3Ω	RS=5Ω PAR XS=1kΩ NEW XS=4Ω	RS=2Ω PAR UØ ZØ END

Der Reduktions-Algorithmus liefert dann die Ergebnisse:

$\underline{U}_o = 12.57\text{V}\, e^{j\,55.4^o}$ $\qquad$ $\underline{Z}_o = 3.677\Omega\, e^{j24.72^o}$

Programm: Reduktionsprogramm RED	
Aufgabe: 5.19	Anwendung: Vierpolparameter

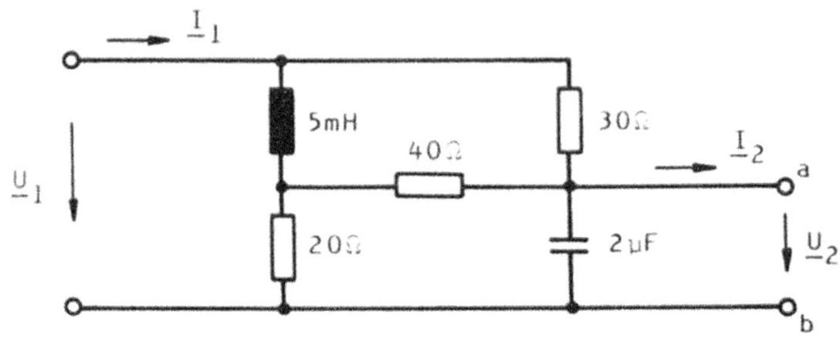

Für den Vierpol sollen alle Kettenparameter entsprechend den folgenden Vierpolgleichungen bei der Frequenz $\omega = 10000\ 1/s$ bestimmt werden:

$$\underline{U}_1 = A_{11}\underline{U}_2 + A_{12}\underline{I}_2$$

$$\underline{I}_1 = A_{21}\underline{U}_2 + A_{22}\underline{I}_2$$

A_{11} und A_{12} werden aus der ersten Gleichung bestimmt. Speist man die Schaltung mit einer Spannungsquelle $\underline{U}_1 = 1V$, dann ist für $\underline{I}_2 = 0$ der Ausdruck $\underline{U}_2/\underline{U}_1 = 1/A_{11}$ gleich der Leerlaufspannung $\underline{U}_o$ an den Klemmen a,b. Für $\underline{U}_2 = 0$ ist der Ausdruck $\underline{I}_2/\underline{U}_1 = 1/A_{12}$ gleich dem Kurzschlußstrom $\underline{I}_o$ über a,b. Für die Reduktion muß die Spannungsquelle 1V verlegt werden, da sie keinen Serienwiderstand hat:

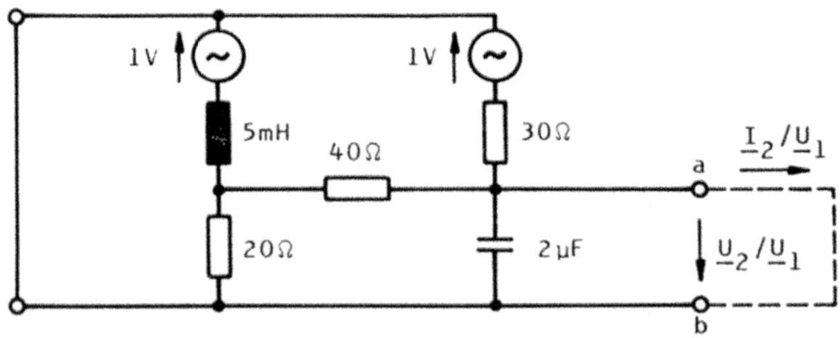

Die Reduktion erfolgt bezüglich a,b:

US=1V LS=5mH RP=20Ω RS=40Ω	NEW US=1V RS=30Ω CP=2µF	PAR UØ IØ END

Programm: Reduktionsprogramm RED	
Aufgabe: 5.19	Anwendung: Vierpolparameter

Das Makroprogramm liefert die Ergebnisse:

$$\underline{U}_2/\underline{U}_1 = 1/A_{11} = 0.6626\, e^{-j29.61^o}$$

$$\underline{I}_2/\underline{U}_1 = 1/A_{12} = 0.03554\ 1/\Omega\ e^{-j10.09^o}$$

Hieraus folgen die Vierpolparameter:

$$A_{11} = 1.509\, e^{j29.61^o}, \quad A_{12} = 28.14\,\Omega\, e^{j10.09^o}$$

Die Vierpolparameter A_{21} und A_{22} werden aus der zweiten Gleichung bestimmt. Speist man die Schaltung mit einer Stromquelle $\underline{I}_1$= 1A, dann ist für $\underline{I}_2$=0 der Ausdruck $\underline{U}_2/\underline{I}_1 = 1/A_{21}$ gleich der Leerlaufspannung $\underline{U}_o$ an den Klemmen a,b. Für $\underline{U}_2$=0 ist der Ausdruck $\underline{I}_2/\underline{I}_1 = 1/A_{22}$ gleich dem Kurzschlußstrom $\underline{I}_o$ über a,b. Die Stromquelle 1A muß verlegt werden, da sie keinen Parallelwiderstand hat:

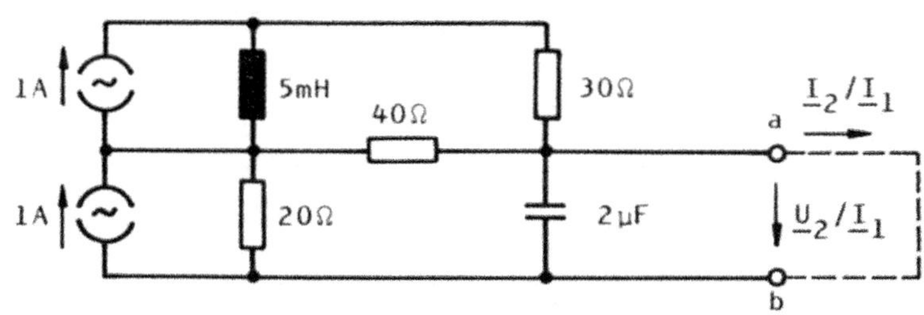

Für diese Ersatzschaltung lautet der Reduktions-Algorithmus:

IP=1A LP=5mH RS=30Ω RP=40Ω	NEW IP=1A RP=20Ω SER	CP=2µF UØ IØ END

mit den Ergebnissen:

$$\underline{U}_2/\underline{I}_1 = 1/A_{21} = 32.30\,\Omega\, e^{-j19.42^o}$$

$$\underline{I}_2/\underline{I}_1 = 1/A_{22} = 0.8339\, e^{j15.90^o}$$

$$A_{21} = 0.03096\ 1/\Omega\ e^{j19.42^o}, \quad A_{22} = 1.199\, e^{-j15.90^o}$$

Programm: Reduktionsprogramm RED

Aufgabe: 5.20	Anwendung: Unsymmetrisches Drehstromsystem

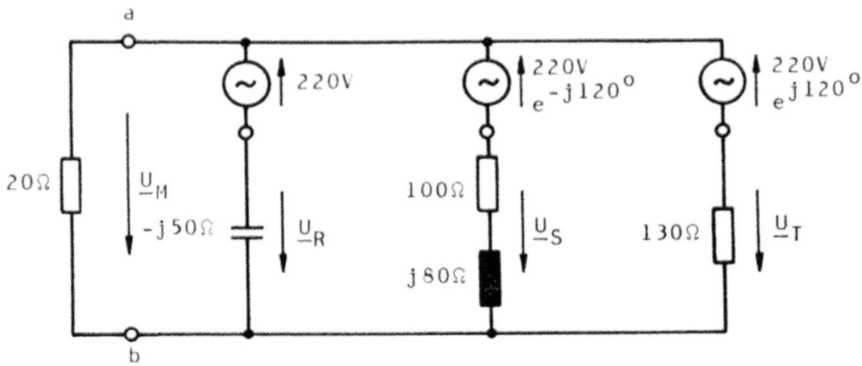

In dem Drehstromsystem mit unsymmetrischer Belastung soll die Spannung $\underline{U}_M$ bestimmt werden, mit deren Kenntnis das Zeigerdiagramm gezeichnet werden kann.

Die Spannung $\underline{U}_M$ ist gleich der Leerlaufspannung $\underline{U}_o$ einer äquivalenten Ersatzquelle. Die Reduktion erfolgt also bezüglich der Klemmen a,b:

US=-220V XS=-50 NEW US=-220V PH=-120°	RS=100 XS=80 PAR NEW US=-220V	PH=120° RS=120 PAR RP=20 UØ END

Die Reduktion liefert das Ergebnis:

$$\underline{U}_M = 88.22V\, e^{-j78.31^o}$$

Hieraus folgt das Spannungszeigerdiagramm:

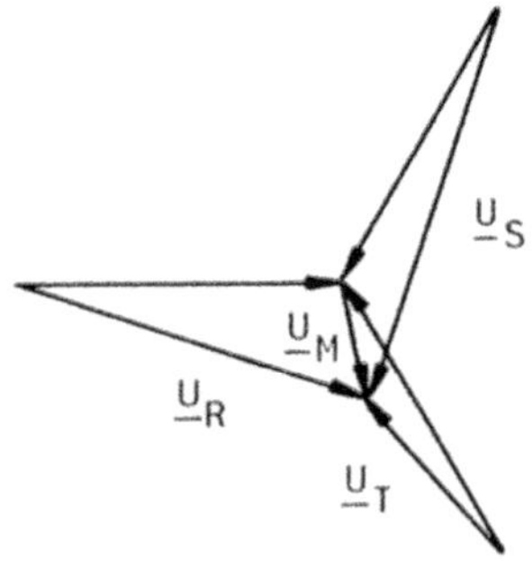

Programm: Reduktionsprogramm RED

Aufgabe: 5.21	Anwendung: Ortskurve

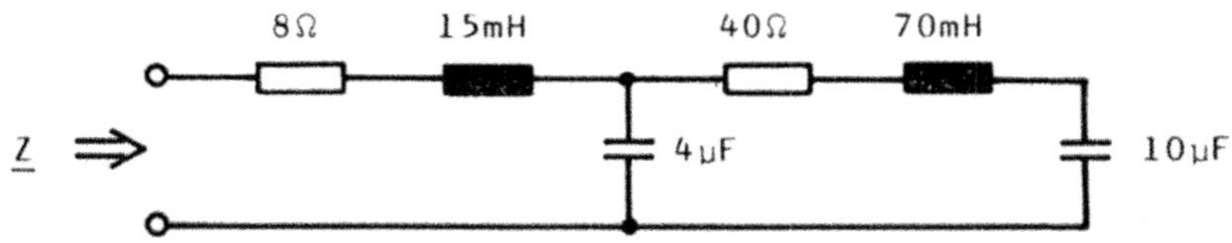

Die Ortskurve des Eingangswiderstandes Z ist für den Frequenzbereich ω=300 1/s bis ω=10000 1/s zu bestimmen.

Die Ortskurve wird durch punktweise Berechnung von Z gewonnen. Nach der einmaligen Eingabe des Reduktions-Algorithmus kann Z für beliebige Frequenzen wiederholt berechnet werden:

CS=10μF LS=70mH RS=40Ω	CP=4μF LS=15mH RS=8Ω	ZØ END

Das Programm liefert die folgenden Ergebnisse:

ω=300 1/s	Z=29.14Ω-j223.4Ω
ω=1000 1/s	Z=39.25Ω-j16.25Ω
ω=2000 1/s	Z=229.2Ω+j98.58Ω
ω=2200 1/s	Z=325.7Ω-j40.20Ω
ω=2500 1/s	Z=149.6Ω-j186.4Ω
ω=3000 1/s	Z=34.94Ω-j101.2Ω
ω=10000 1/s	Z=8.056Ω+j124.1Ω

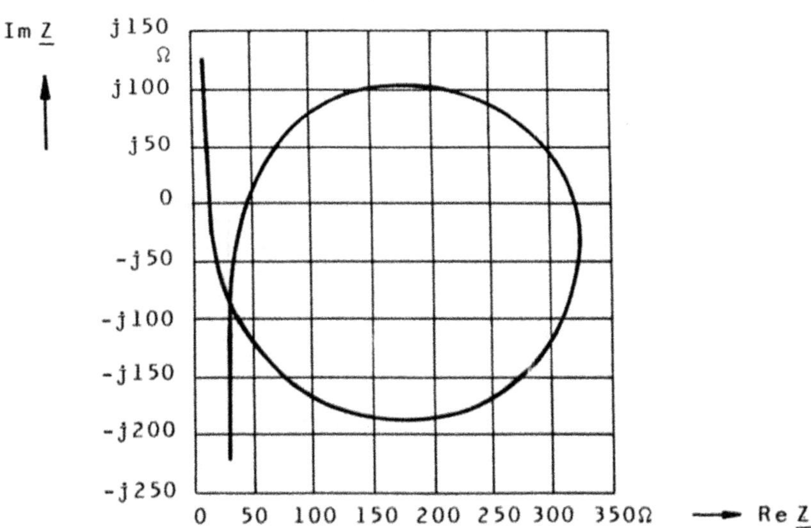

Programm: Reduktionsprogramm RED	
Aufgabe: 5.22	Anwendung: Schwingkreis geringer Güte

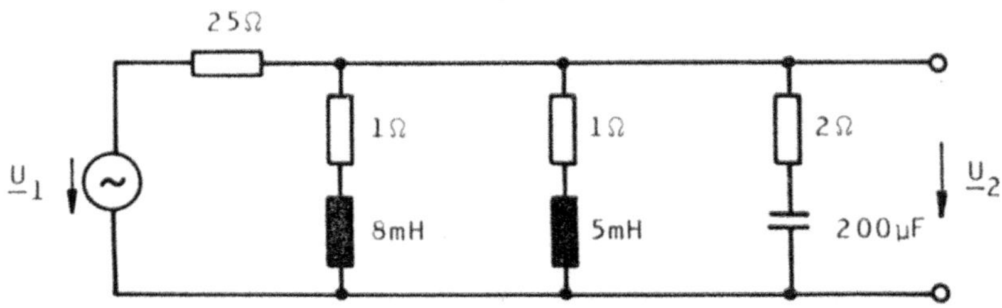

Der Amplitudengang und der Phasengang von $\underline{U}_2/\underline{U}_1$ sind zu plotten. Bei welcher Frequenz ω_o tritt Phasenresonanz auf ?

Setzt man $\underline{U}_1$=1V, dann ist das Spannungsverhältnis $\underline{U}_2/\underline{U}_1$ identisch mit der Leerlaufspannung $\underline{U}_o$ einer äquivalenten Ersatzquelle. Das Makroprogramm lautet:

US=1V RS=25Ω NEW RS=1Ω LS=8mH	PAR NEW RS=1Ω LS=5mH PAR	NEW RS=2Ω CS=200μF PAR UØ END

Der Schwingkreis hat eine geringe Güte. Daher ist die exakte Berechnung der Resonanzfrequenz ω_o umständlich. Sie läßt sich mit dem Reduktionsverfahren relativ einfach bestimmen. Die Phase hat im Plot des Phasenganges einen Nulldurchgang etwa zwischen ω=1300 1/s und ω=1600 1/s. Eine Iteration, z.B. nach der Methode der Intervallhalbierung, führt zu den folgenden Werten:

ω in 1/s	Phase in Grad
1300	+12.89
1600	-7.246
1450=(1300+1600)/2	+1.172
1525=(1450+1600)/2	-3.429
1487≈(1450+1525)/2	-1.201
1468≈(1450+1487)/2	-0.0082

Die Resonanzfrequenz beträgt also:

$$\omega_o = 1468\ 1/s$$

Programm: Reduktionsprogramm RED	
Aufgabe:5.22	Anwendung: Schwingkreis geringer Güte

RED wird von dem Programm PLOT als Unterprogramm benutzt.
Die Einzelheiten entnehme man Abschnitt 7.

1. Bode-Plot des Amplitudenganges:

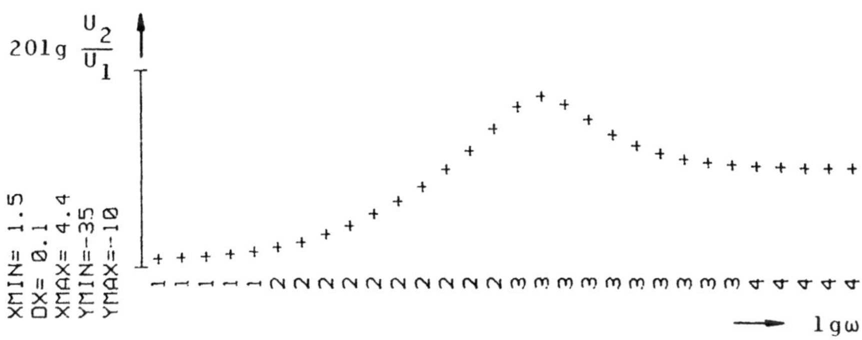

2. Bode-Plot des Phasenganges:

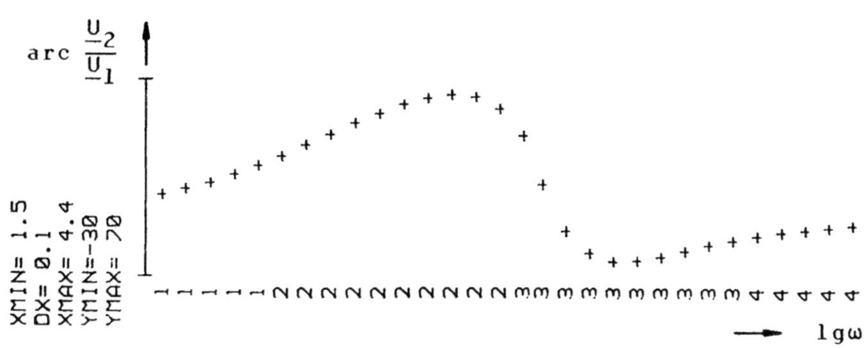

Programm: Reduktionsprogramm RED	
Aufgabe: 5.23	Anwendung: Bandfilter

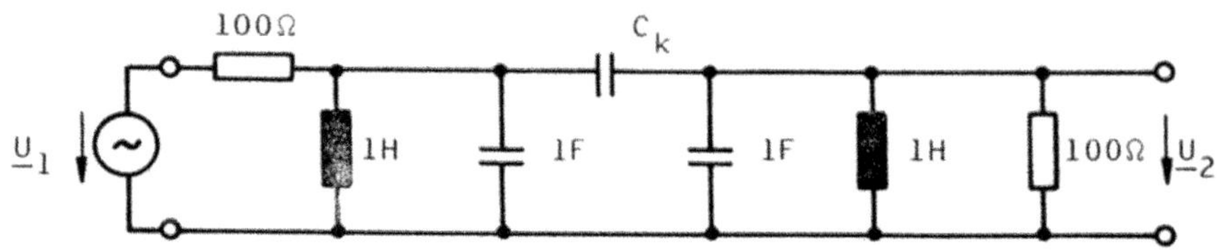

Der Amplitudengang des Bandfilters ist für drei Fälle zu plotten:

1. C_k=0.01F (Kritische Kopplung $K=\sqrt{R_1R_2}/X_k=1$)
2. C_k=0.02F (Überkritische Kopplung K=2)
3. C_k=0.03F (Überkritische Kopplung K=3)

Wie groß ist der Eingangswiderstand $\underline{Z}_{in}$ bei der Mittenfrequenz $\omega_m=1/\sqrt{1H\cdot1.01F}=0.995$ 1/s für den Fall 1. ?

Setzt man $\underline{U}_1$=1V, dann ist das Spannungsverhältnis $\underline{U}_2/\underline{U}_1$ identisch mit der Leerlaufspannung $\underline{U}_o$ einer äquivalenten Ersatzquelle bezüglich der Ausgangsklemmen. Der Reduktions-Algorithmus für den Amplitudengang lautet also:

US=1V RS=100Ω LP=1H CP=1F CS=0.01F	CP=1F LP=1H RP=100Ω UØ END	**Makroprogramm für $\underline{U}_2/\underline{U}_1$**

Der Eingangswiderstand $\underline{Z}_{in}$ ist identisch mit dem Innenwiderstand $\underline{Z}_o$ einer äquivalenten Ersatzquelle bezüglich der Eingangsklemmen. Der entsprechende Reduktions-Algorithmus lautet:

RP=100Ω LP=1H CP=1F CS=0.01F	CP=1F LP=1H RS=100Ω ZØ END	**Makroprogramm für $\underline{Z}_{in}$**

Er liefert für die Mittenfrequenz das Ergebnis:

$$\underline{Z}_{in} = \underline{Z}_o = 201\Omega\, e^{j0^o}$$

Programm: Reduktionsprogramm RED

Aufgabe: 5.23 | Anwendung: Bandfilter

Fall 1: Bode-Plot für kritische Kopplung K=1

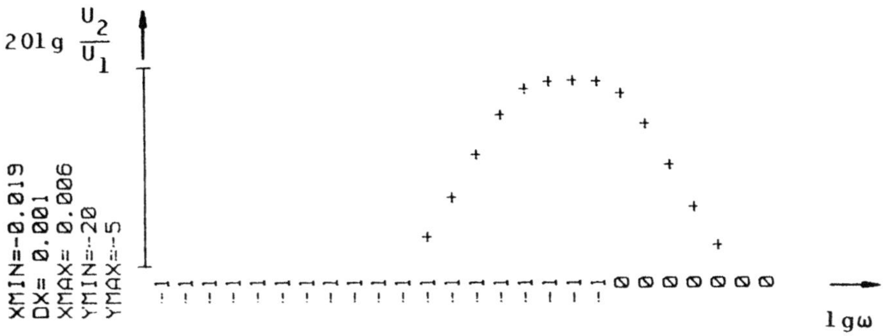

Fall 2: Bode-Plot für überkritische Kopplung K=2

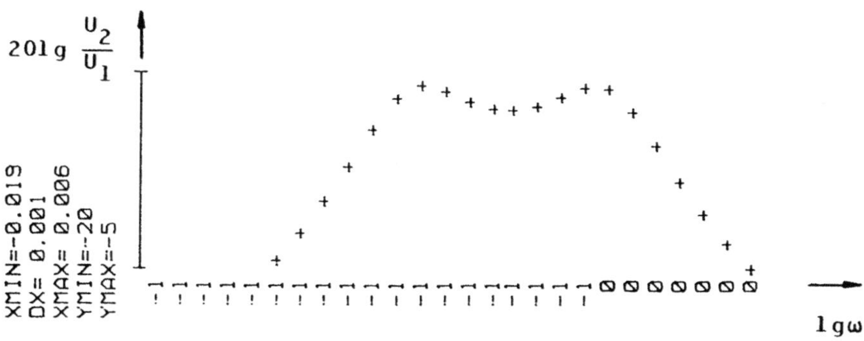

Fall 3: Bode-Plot für überkritische Kopplung K=3

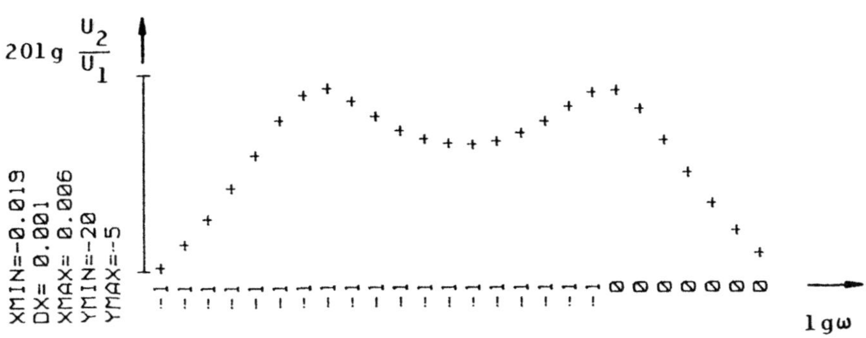

Programm: Reduktionsprogramm RED	
Aufgabe: 5.24	Anwendung: Doppel-T-Glied

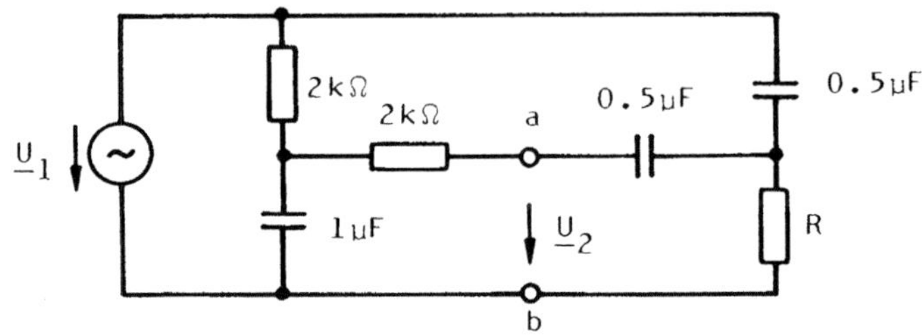

Gegeben ist ein Doppel-T-Glied mit der Sperrfrequenz ω= 1000 1/s. Mit dem Reduktionsprogramm läßt sich in einfacher Weise der Einfluß von Toleranzen der Bauelemente bestimmen. Gesucht ist der Amplitudengang $\underline{U}_2/\underline{U}_1$. Dieser ist als Bode-Plot für **zwei** Fälle darzustellen:

1. R = 1000Ω (ideale Bemessung)
2. R = 1100Ω (10% Toleranz)

Das Spannungsverhältnis $\underline{U}_2/\underline{U}_1$ ist gleich der Leerlaufspannung $\underline{U}_o$ einer äquivalenten Ersatzquelle an den Klemmen a,b, wenn $\underline{U}_1$=1V gesetzt wird. Für die Reduktion muß die Spannungsquelle 1V verlegt werden, da sie keinen Serienwiderstand hat:

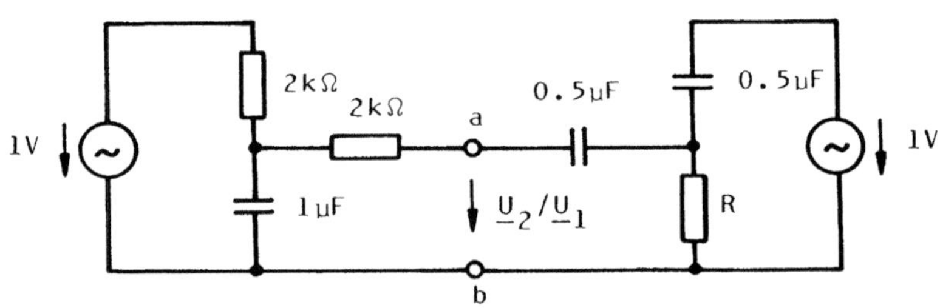

Für den Fall 1. lautet der Reduktions-Algorithmus:

```
US=1V        NEW          CS=0.5µF
RS=2kΩ       US=1V        PAR
CP=1µF       CS=0.5µF     UØ
RS=2kΩ       RP=1kΩ       END
```

Programm: Reduktionsprogramm RED	
Aufgabe: 5.24	Anwendung: Doppel-T-Glied

Fall 1: Bode-Plot für ideale Bemessung

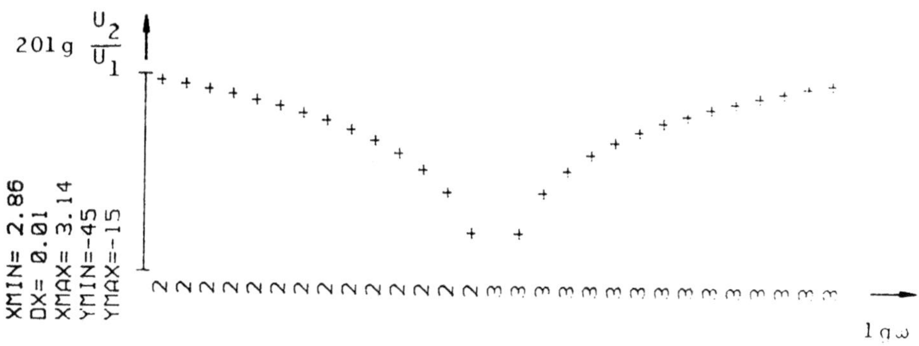

Fall 2: Bode-Plot für 10% Toleranz des Widerstandes R

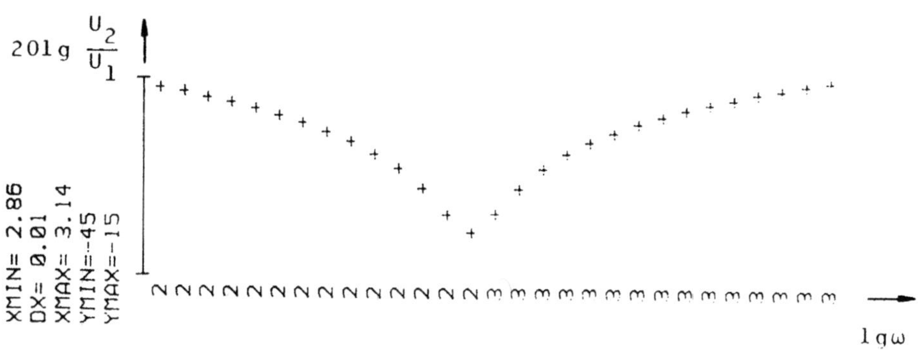

Programm: Reduktionsprogramm RED	
Aufgabe: 5.25	Anwendung: Klangregelnetzwerk

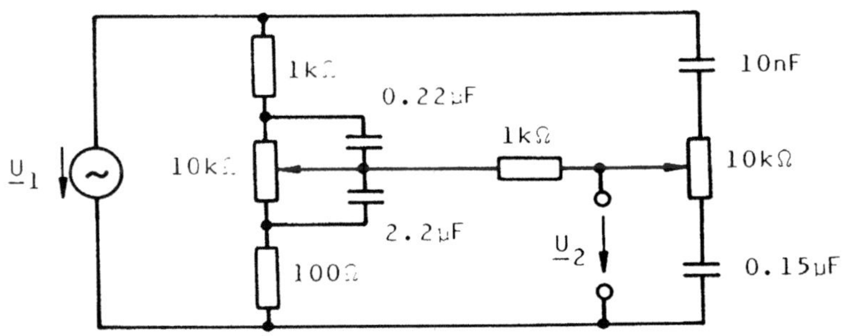

Gegeben ist ein Klangregelnetzwerk mit Tiefenregler (links) und Höhenregler (rechts). Gesucht sind der Amplitudengang und der Phasengang von $\underline{U}_2/\underline{U}_1$, wenn beide Regler am unteren Anschlag stehen (also Höhen und Tiefen maximal abgesenkt).

Wird $\underline{U}_1$=1V gesetzt, dann ist $\underline{U}_2/\underline{U}_1$ gleich der Leerlaufspannung an den Ausgangsklemmen. Für die Reduktion muß die Spannungsquelle verlegt werden, da sie keinen Serienwiderstand hat:

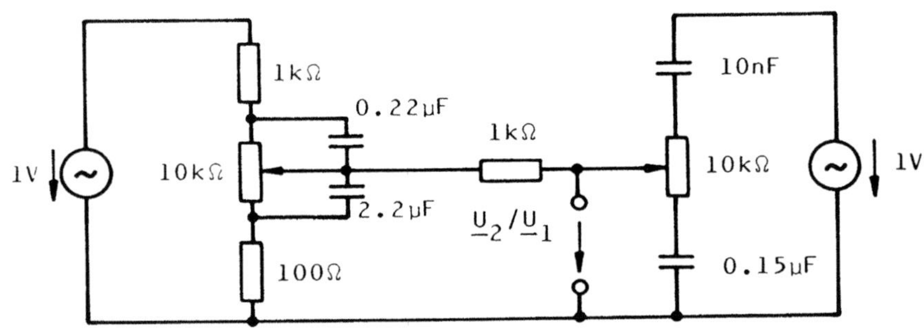

Sind beide Regler am unteren Anschlag, lautet der Reduktions-Algorithmus:

RP=10kΩ CP=0.22μF RS=1kΩ US=1V RP=100Ω	RS=1kΩ NEW US=1V CS=10nF RS=10kΩ	CP=0.15μF PAR UØ END

Programm: Reduktionsprogramm RED	
Aufgabe: 5.25	Anwendung: Klangregelnetzwerk

1. Bode-Plot des Amplitudenganges, wenn Höhen und Tiefen maximal abgesenkt sind

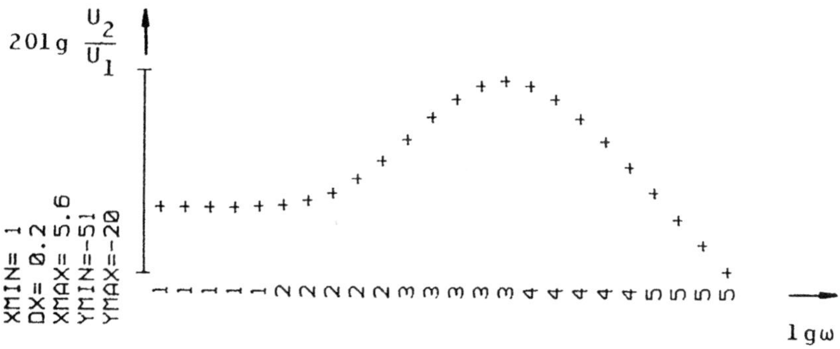

2. Phasengang zum Amplitudengang (Bild oben)

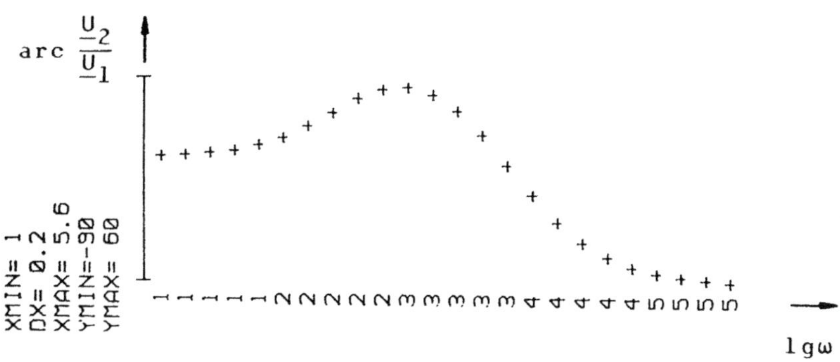

Programm: Reduktionsprogramm RED	
Aufgabe: 5.26	Anwendung: Bandsperre

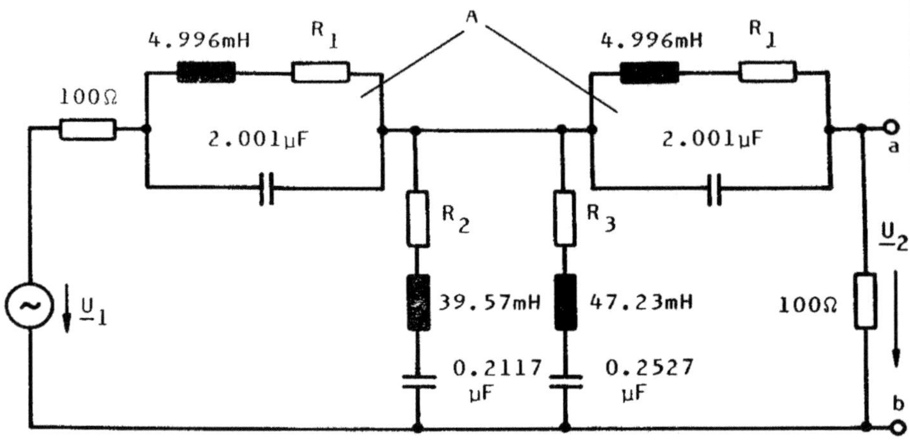

Das Filter hat eine Sperrfrequenz von ω=10000 1/s. Der Amplitudengang ist für zwei Fälle zu plotten:

1. in der idealen Bemessung mit allen Spulenwiderständen $R_1 = R_2 = R_3 = 0$,
2. für eine Spulengüte von ca. 20 mit $R_1 = 2.5\Omega$, $R_2 = 20\Omega$ und $R_3 = 23\Omega$.

Nimmt man eine Spannungsquelle von $\underline{U}_1$=1V an, dann ist das Spannungsverhältnis $\underline{U}_2/\underline{U}_1$ identisch mit der Leerlaufspannung $\underline{U}_o$ bezüglich der Klemmen a,b. Das Makroprogramm für den Fall 2. lautet:

LS=4.996mH RS=2.5Ω CP=2.001μF NEW NEW RS=100Ω US=1V	SER NEW LS=39.57mH CS=0.2117μF RS=20Ω PAR NEW	LS=47.23mH CS=0.2527μF RS=23Ω PAR SER RP=100Ω UØ END

Hier ist die Teilschaltung A, die zweimal vorkommt, mit NEW, NEW zwischengespeichert worden.

Programm: Reduktionsprogramm RED

Aufgabe: 5.26 | Anwendung: Bandsperre

Fall 1. Bode-Plot für ideale Bemessung

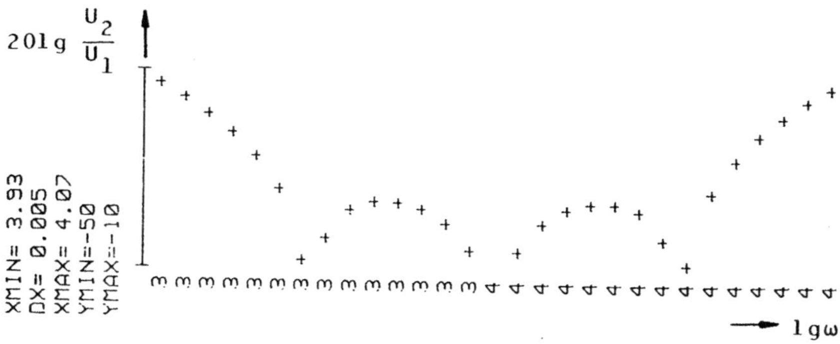

Fall 2. Bode-Plot für Spulengüte von ca. 20

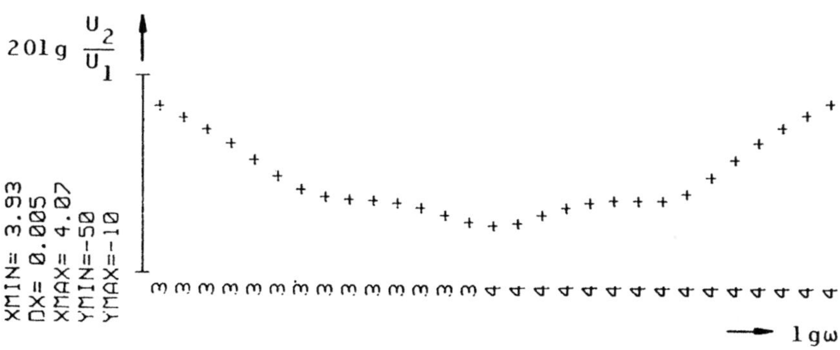

Programm: Reduktionsprogramm RED	
Aufgabe: 5.27	Anwendung: Aktiver Hochpaß

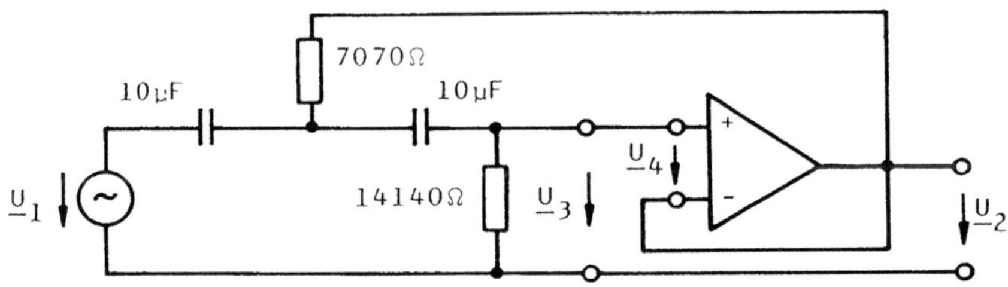

Gegeben ist ein aktiver Butterworth-Hochpaß mit Einfachmitkopplung. Seine Grenzfrequenz ist $\omega_g = 10\ 1/s$.

Gesucht sind der Amplitudengang und Phasengang von $\underline{U}_2/\underline{U}_1$.

Der Operationsverstärker habe eine unendliche Verstärkung $v = \underline{U}_2/\underline{U}_4$. Dann ist $\underline{U}_3 = \underline{U}_2$. Hieraus folgt die Ersatzschaltung

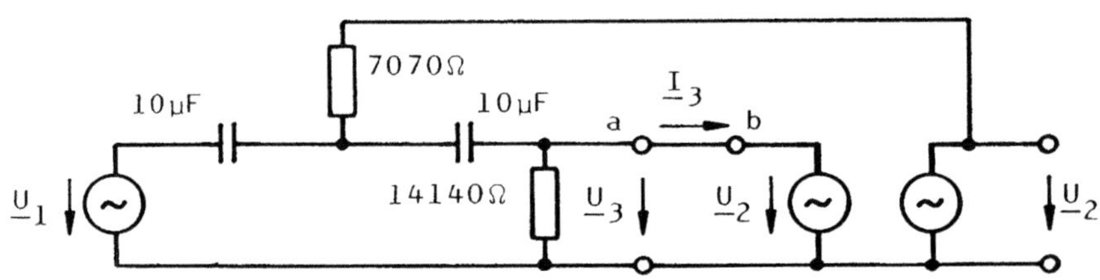

Die Kompensationsquelle $\underline{U}_2 = \underline{U}_3$ bewirkt, daß der Strom $\underline{I}_3 = 0$ ist. Die Reduktion wird also bezüglich der Klemmen a,b in zwei Schritten durchgeführt (siehe Bedienungsanleitung). Es werden nacheinander mit dem Überlagerungssatz die Ausdrücke $\underline{I}_3(\underline{U}_2)/\underline{U}_2$ und $\underline{I}_3(\underline{U}_1)/\underline{U}_1$ gebildet. Sie werden in den Zweipolspeichern B und A gespeichert. Mit der Anweisung FB wird daraus $\underline{U}_2/\underline{U}_1$ berechnet. Das entsprechende Makroprogramm lautet:

US=1V RS=7070Ω CP=10µF CS=10µF RP=14140Ω	US=-1V NEW US=1V CS=10µF RP=7070Ω	CS=10µF RP=14140Ω FB UØ END

Programm: Reduktionsprogramm RED	
Aufgabe: 5.27	Anwendung: Aktiver Hochpaß

1. Bode-Plot des Amplitudenganges

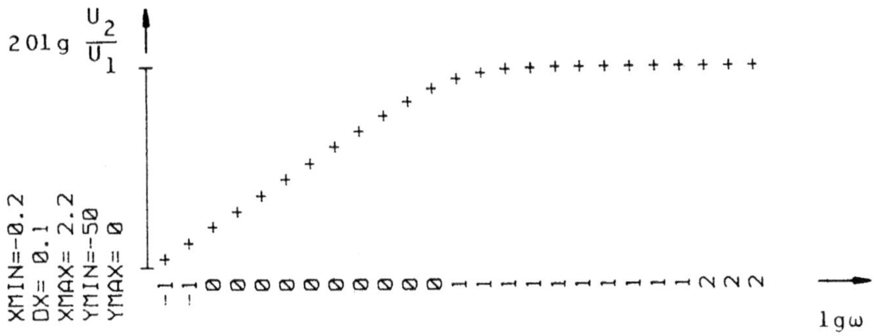

2. Phasengang

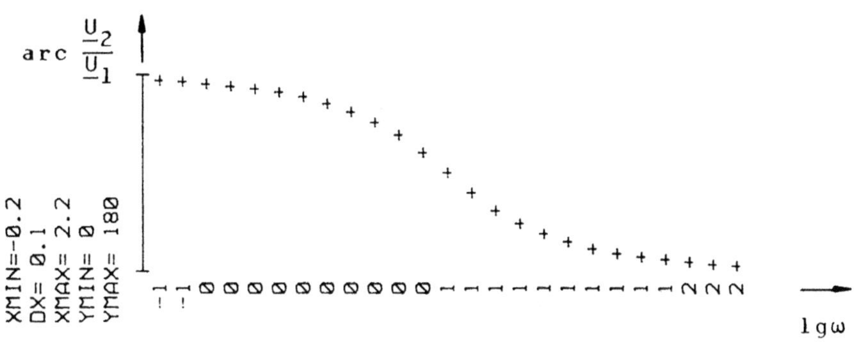

Programm: Reduktionsprogramm RED

Aufgabe: 5.28	Anwendung: Aktiver Bandpaß

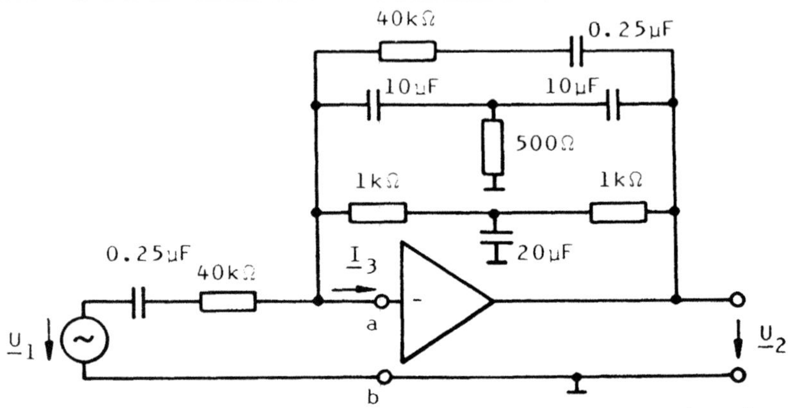

Gegeben ist ein aktiver Bandpaß mit Einfachgegenkopplung. Seine Resonanzfrequenz ist ω_o= 100 1/s, seine Güte Q=20. Gesucht sind der Amplitudengang und der Phasengang von $\underline{U}_2/\underline{U}_1$.

Wird die Verstärkung des Operationsverstärkers als Unendlich angenommen, dann ist sein Eingangsstrom $\underline{I}_3=0$ identisch mit dem Kurzschlußstrom über die Klemmen a,b. Die Reduktion erfolgt in zwei Schritten (siehe Bedienungsanleitung). Setzt man $\underline{U}_1=0$ und $\underline{U}_2=1V$, dann erhält man zunächst die Übertragungsfunktion $\underline{I}_3(\underline{U}_2)/\underline{U}_2$, die im Zweipolspeicher B gespeichert wird. Setzt man dann $\underline{U}_1=1V$ und $\underline{U}_2=0$, so erhält man $\underline{I}_3(\underline{U}_1)/\underline{U}_1$ im Zweipolspeicher A. Mit der Anweisung FB wird daraus $\underline{U}_2/\underline{U}_1$ berechnet. Das entsprechende Makroprogramm lautet:

US=1V RS=1kΩ CP=20µF RS=1kΩ NEW US=1V CS=10µF RP=500Ω	CS=10µF PAR NEW US=1V CS=0.25µF RS=40kΩ PAR NEW	US=1V CS=0.25µF RS=40kΩ FB UØ END

Die Spannungsquelle $\underline{U}_2$=1V mußte zum Zwecke der Reduktion in die drei benachbarten Zweige verlegt werden, da sie keinen Serienwiderstand hatte.

Programm: Reduktionsprogramm RED	
Aufgabe: 5.28	Anwendung: Aktiver Bandpaß

1. Bode-Plot des Amplitudenganges

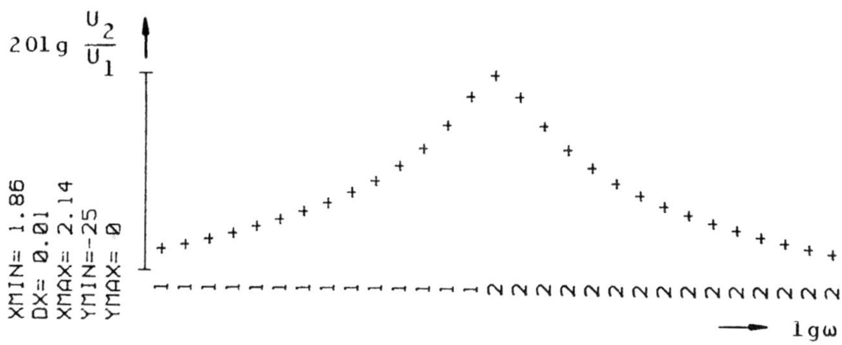

2. Phasengang

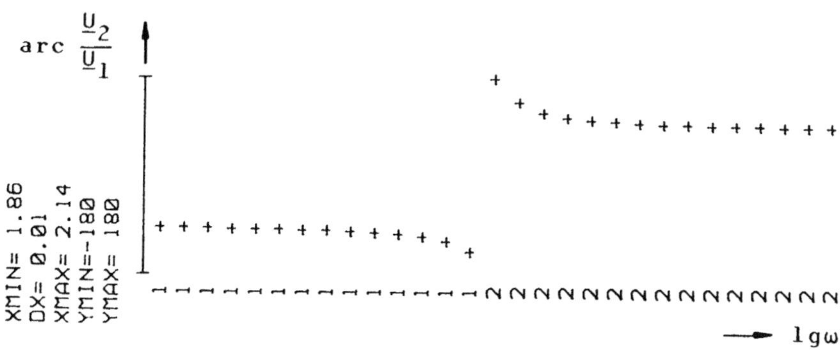

Programm: Reduktionsprogramm RED	
Aufgabe: 5.29	Anwendung: Aktives Tiefpaßfilter

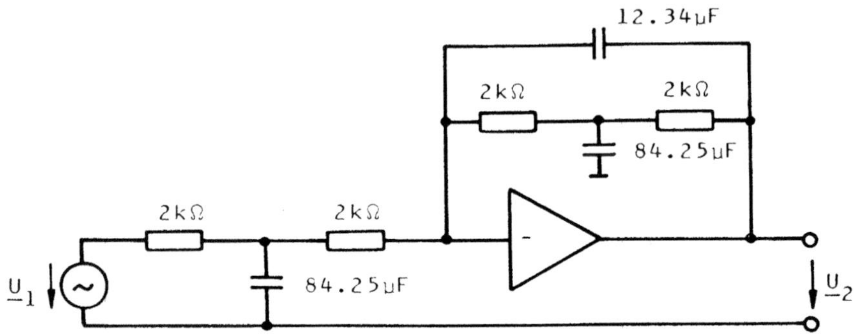

Das aktive Tschebyscheff-Tiefpaßfilter 2. Ordnung mit Einfachgegenkopplung hat eine Welligkeit von ±1.5dB und eine Grenzfrequenz $\omega_g = 20$ 1/s. Gesucht ist der Amplitudengang $\underline{U}_2/\underline{U}_1$ für eine unendliche Verstärkung des Operationsverstärkers. Welchen Einfluß hat eine endliche Verstärkung $v = -20$ auf den Amplitudengang?

In der Ersatzschaltung wird die Kompensationsquelle $\underline{U}_2/v$ eingeführt:

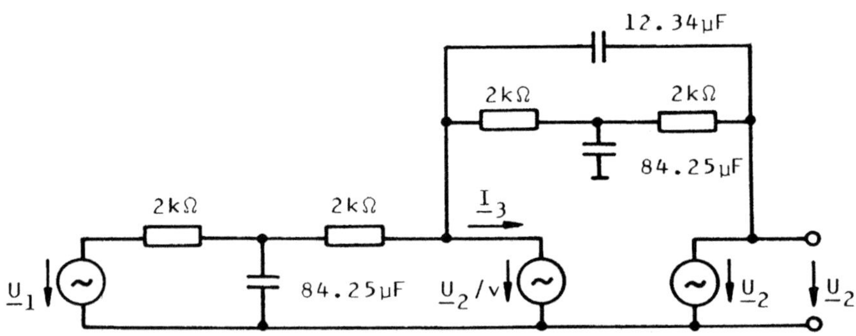

Die Spannung $\underline{U}_2$ stellt sich so ein, daß der Eingangsstrom $\underline{I}_3$ des Operationsverstärkers gleich Null wird. Es gilt dann die Beziehung

$$\frac{\underline{U}_2}{\underline{U}_1} = - \frac{\underline{I}_3(\underline{U}_1)/\underline{U}_1}{\underline{I}_3(\underline{U}_2)/\underline{U}_2}$$

Programm: Reduktionsprogramm RED	
Aufgabe: 5.29	Anwendung: Aktives Tiefpaßfilter

Für die Übertragungsfunktion $\underline{I}_3(\underline{U}_2)/\underline{U}_2$ gilt mit dem Überlagerungssatz die folgende Ersatzschaltung:

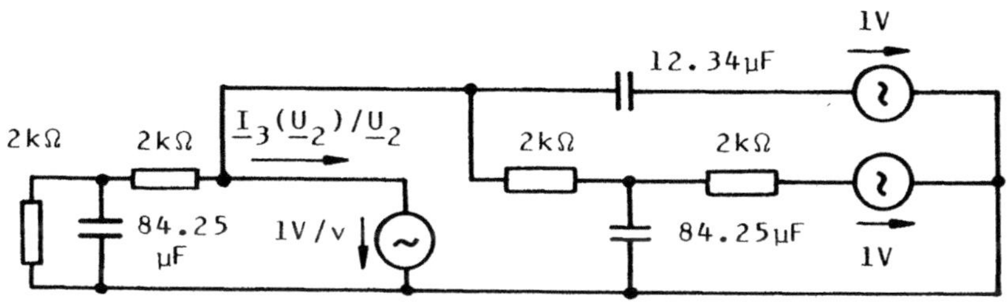

Die Spannungsquelle 1V mußte verlegt werden, da sie keinen Serienwiderstand hatte. Für die Übertragungsfunktion $\underline{I}_3(\underline{U}_1)/\underline{U}_1$ gilt entsprechend die Ersatzschaltung:

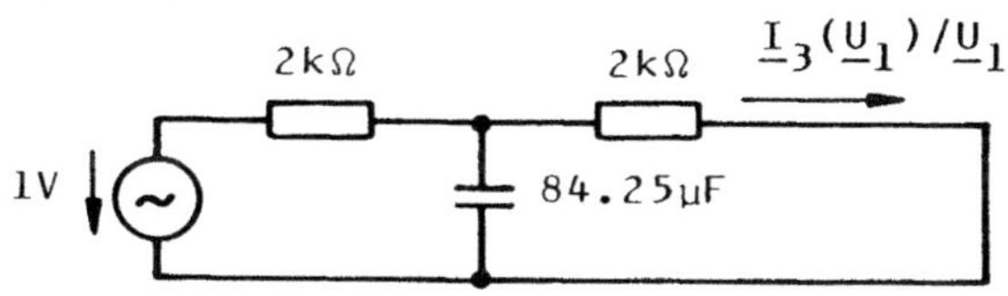

Die beiden Übertragungsfunktionen werden nacheinander gebildet und in den Zweipolspeichern A und B gespeichert. Mit der Anweisung FB wird daraus $\underline{U}_2/\underline{U}_1$ berechnet.

Fall 1. Verstärkung v=∞

US=1V CS=12.34µF NEW US=1V RS=2kΩ CP=84.25µF	RS=2kΩ PAR NEW US=1V RS=2kΩ CP=84.25µF	RS=2kΩ FB UØ END

Fall 2. Verstärkung v= -20

US=1V CS=12.34µF NEW US=1V RS=2kΩ CP=84.25µF RS=2kΩ	PAR NEW RP=2kΩ CP=84.25µF RS=2kΩ PAR US=0.05V	NEW US=1V RS=2kΩ CP=84.25µF RS=2kΩ FB UØ END

Programm: Reduktionsprogramm RED	
Aufgabe: 5.29	Anwendung: Aktives Tiefpaßfilter

Fall 1. Bode-Plot des Amplitudenganges

v = ∞

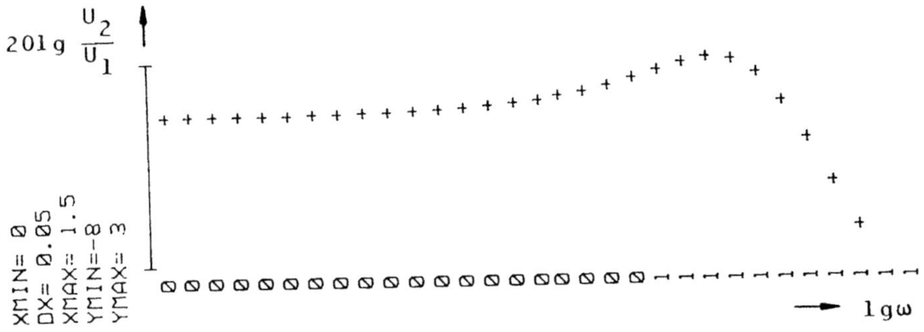

Fall 2. Bode-Plot des Amplitudenganges

v = -20

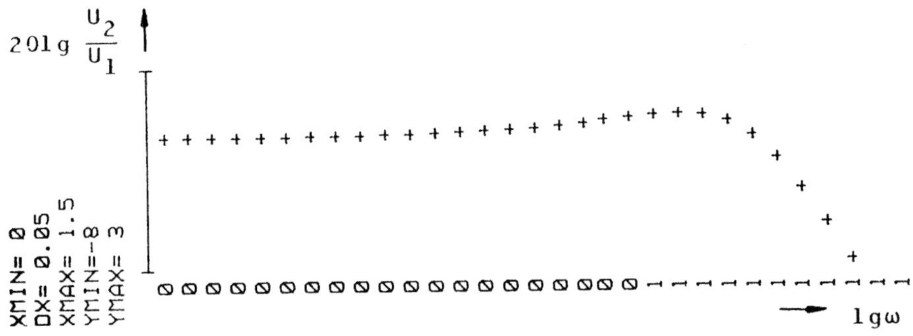

6 Programm Knotenpunktpotentialverfahren NV

Das Programm ist anwendbar auf beliebig vermaschte Netzwerke mit Widerständen, Kapazitäten, Induktivitäten, Blindwiderständen sowie starren und spannungsgesteuerten Stromquellen. Sind auch Spannungsquellen im Netzwerk vorhanden, so können diese immer in äquivalente Stromquellen umgewandelt werden. Das Programm errechnet die gesamte Spannungsverteilung des Netzwerkes.

Ausgangspunkt der Rechnung ist direkt die Schaltung. Das Aufstellen von Netzwerkgleichungen durch den Benutzer ist nicht erforderlich. Die Schaltung wird zunächst in den Rechner eingegeben und als Makroprogramm gespeichert. Dann wird nach Wahl einer Frequenz die Rechnung gestartet. Die Schaltung kann somit für verschiedene Frequenzen wiederholt durchgerechnet werden.

Die Rechnung in jedem Durchlauf beginnt mit dem Aufbau der komplexen Leitwertmatrix aus den gespeicherten Daten der Schaltung. Die Auflösung der Matrix erfolgt anschließend mit dem komplexen Gauß-Algorithmus.

Das Programm ist auf Gleichstrom-, Wechselstrom- und elektronische Schaltungen anwendbar. Frequenzgänge können geplottet werden.

6.1 Theoretische Grundlagen

In dem Programm NV (Node Voltage) werden die Zweige mit einem Doppelindex I.J adressiert. Dieser sagt aus, daß sich der Zweig zwischen den Knoten I und J befindet. Die allgemeine Struktur eines Zweiges geht aus Bild 6.1 hervor. Von den dort eingezeichneten Elementen dürfen natürlich beliebige fehlen.

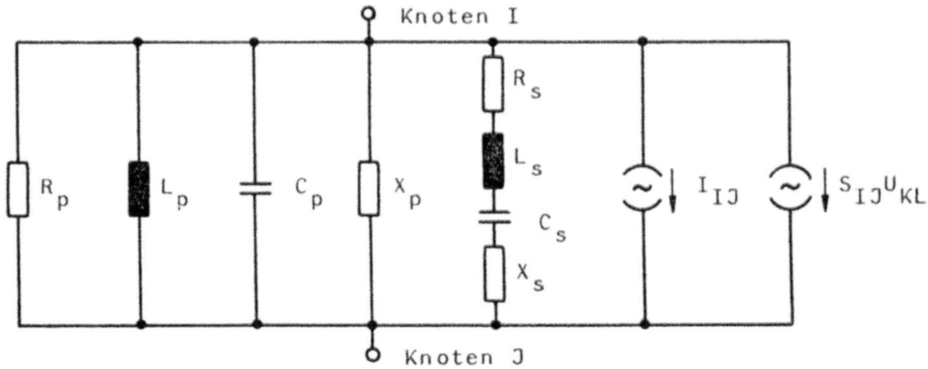

Bild 6.1: Allgemeiner Zweig

Der allgemeine Zweig darf aus einer Parallelschaltung und/oder Reihenschaltung der Elemente R,L,C,X und/oder einer starren Stromquelle I_{IJ} und/oder einer spannungsgesteuerten Stromquelle $S_{IJ}U_{KL} = S_{IJ}(U_K - U_L)$ mit der Steilheit S_{IJ} bestehen. Man beachte die Zählpfeile der Quellen ! Sie sind vom Knoten I zum Knoten J gerichtet.

Sind alle Elemente vorhanden, so wird der allgemeine Zweig (Bild 6.1) durch folgende Makroanweisungen beschrieben.

Makroanweisungen		Erläuterungen
I.J	R=(R_p)	Parallelschaltung
I.J	L=(L_p)	"
I.J	C=(C_p)	"
I.J	X=(X_p)	"
I.J	R=(R_s)	Serienschaltung
	L=(L_s)	"
	C=(C_s)	"
	X=(X_s)	"
I.J	I=(I)	Starre Stromquelle
	P=(ϕ)	Phasenwinkel der Quelle
I.J	S=(S)	Steilheit der gesteuerten Stromquelle
	P=(ϕ)	Phasenwinkel der gesteuerten Stromquelle
	N=K.L	Indizes der Steuerspannung der gesteuerten Stromquelle

Bild 6.2: Syntax für Makroanweisungen

Werden alle Zweige eines Netzwerkes in dieser Weise beschrieben, dann entsteht ein vollständiges Makroprogramm. In dem Beispiel des Bildes 6.3 sollen die Spannungen (Knotenpunktpotentiale) $\underline{U}_1$ und $\underline{U}_2$ berechnet werden.

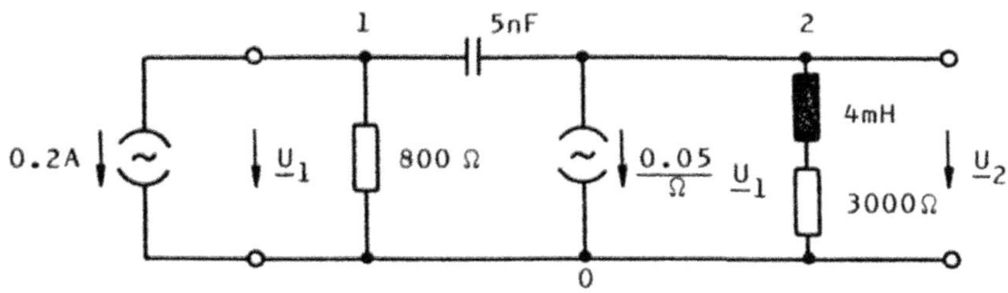

Bild 6.3: Schaltungsbeispiel für ein Makroprogramm

Das entsprechende Makroprogramm, das mit END abgeschlossen wird, lautet:

```
1.0    I=0.2A
1.0    R=800Ω
1.2    C=5nF
2.0    S=0.05/Ω
       N=1.0
2.0    L=4mH
       R=3000Ω
END
```

Bild 6.4: Makroprogramm für Schaltung Bild 6.3

Man beachte: Wenn ein Element keine Adresse I.J hat, dann wird es als Serienelement interpretiert. Die fehlende Adresse wird im Programm durch den Speicherinhalt "SPACE" realisiert.

Nach der Speicherung des Makroprogramms muß der Rechner in jedem Rechendurchlauf für eine gewählte Frequenz die komplexe Leitwertmatrix aufbauen. Hierfür muß der Rechner zunächst die Serienschaltungen in äquivalente Leitwerte umrechnen. Dies geschieht mit der Formel:

$$\underline{Y}_{IJ} = \frac{1}{R_s + j(\omega L_s - \frac{1}{\omega C_s} + X_s)} \quad (6.1)$$

Für die weitere Rechnung kann dann angenommen werden, daß die Zweige nur noch aus Leitwerten sowie starren und spannungsgesteuerten Stromquellen bestehen.

Der Aufbau der komplexen Leitwertmatrix wird jetzt an einem Netzwerk mit drei Knotenspannungen erläutert.

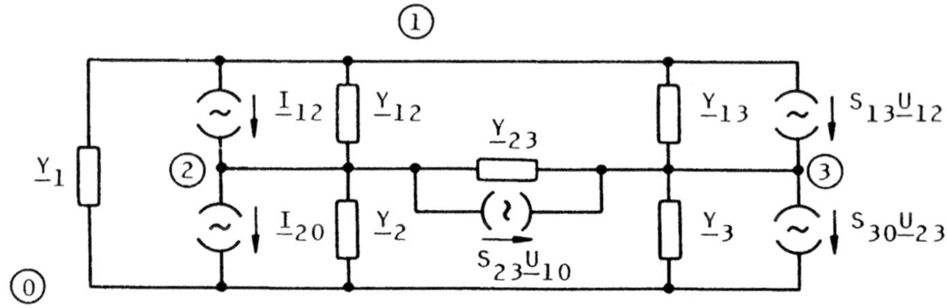

Bild 6.5: Zum Aufbau der komplexen Leitwertmatrix

Wird für jeden Knoten (mit Ausnahme des Bezugsknotens 0) die Kirchhoffsche Knotengleichung angeschrieben, so ergibt sich das folgende Gleichungssystem in schematischer Schreibweise.

$\underline{U}_1$	$\underline{U}_2$	$\underline{U}_3$	$\Sigma\underline{I}$
$\underline{Y}_1+\underline{Y}_{12}+\underline{Y}_{13}+S_{13}$	$-\underline{Y}_{12}-S_{13}$	$-\underline{Y}_{13}$	$-\underline{I}_{12}$
$-\underline{Y}_{12}+S_{23}$	$\underline{Y}_2+\underline{Y}_{12}+\underline{Y}_{13}$	$-\underline{Y}_{23}$	$\underline{I}_{12}-\underline{I}_{20}$
$-\underline{Y}_{13}-S_{13}-S_{23}$	$-\underline{Y}_{23}+S_{13}+S_{30}$	$\underline{Y}_3+\underline{Y}_{13}+\underline{Y}_{23}-S_{30}$	0

Bild 6.6: Erweiterte Leitwertmatrix zur Schaltung Bild 6.5

Man erkennt, daß die $\underline{Y}$-Elemente in Bild 6.6 eine symmetrische und die S-Elemente eine unsymmetrische Matrix bilden. In der Darstellung mit den allgemeinen Elementen A_{IJ} lautet die erweiterte Matrix:

$\underline{U}_1$	$\underline{U}_2$	$\underline{U}_3$	$\Sigma\underline{I}$
A_{11}	A_{12}	A_{13}	A_{14}
A_{21}	A_{22}	A_{23}	A_{24}
A_{31}	A_{32}	A_{33}	A_{34}

Bild 6.7: Allgemeine erweiterte Matrix

Durch Vergleich der entsprechenden Elemente der Matrizen in Bild 6.6 und 6.7 kann leicht ein Algorithmus zum Aufbau des allgemeinen Elementes A_{IJ} hergeleitet werden. Zunächst denke man sich alle Elemente der Matrix {A} von der Ordnung N gelöscht. Ein Zweig mit den Größen $\underline{Y}_{IJ}$, $\underline{I}_{IJ}$ und $S_{IJ}\underline{U}_{KL}$ trägt dann zum Aufbau der Matrix {A} in folgender Weise bei:

$\underline{Y}_{IJ}$	wird zu A_{II} und A_{JJ} addiert und von A_{IJ} und A_{JI} subtrahiert
$\underline{Y}_{I\emptyset}$	wird zu A_{II} addiert
$\underline{I}_{IJ}$	wird von $A_{I,N+1}$ subtrahiert und zu $A_{J,N+1}$ addiert
$I_{I\emptyset}$	wird von $A_{I,N+1}$ subtrahiert
S_{IJ} in $S_{IJ}U_{KL}$	wird von A_{JK} und A_{IL} subtrahiert und zu A_{IK} und A_{JL} addiert
$S_{I\emptyset}$ in $S_{I\emptyset}\underline{U}_{KL}$	wird von A_{IL} subtrahiert und zu A_{IK} addiert
S_{IJ} in $S_{IJ}\underline{U}_{K\emptyset}$	wird von A_{JK} subtrahiert und zu A_{IK} addiert

Bild 6.8: Regeln zum Aufbau der erweiterten Leitwertmatrix

Nach dem Aufbau der Matrix wird sie mit dem komplexen Gauß-Algorithmus aufgelöst. Dieser ist im Abschnitt 4 beschrieben worden. Es ergibt sich der folgende Programmablauf:

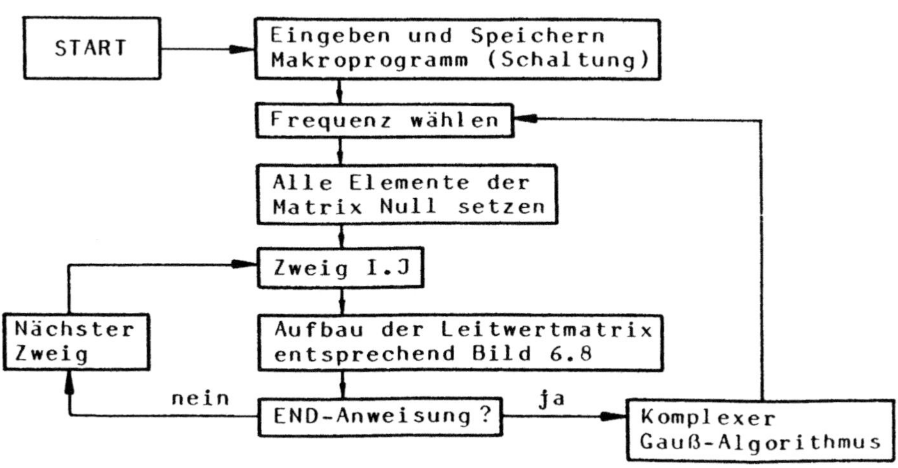

Bild 6.9: Fluß-Diagramm des Programms NV

6.2 Bedienungsanleitung

Nr.	Tasten	Anzeige	Bemerkung	Blatt 1 von 2
1	RUN 300 (N) {ENT} (M) {ENT}	N? M=(M_{verf}) M? NV	Programmstart, Anzahl Knoten? Dem Benutzer wird die verfügbare Anzahl der Makroanweisungen angezeigt Anzahl der Makroanweisungen, die der Benutzer dimensionieren möchte. M darf größer sein als die Anzahl der wirklich verwendeten Makroanweisungen Programmierte Tastenfunktionen sind jetzt wirksam	
2	 R (R) {ENT} (I.J) {ENT} C (C) {ENT} (I.J) {ENT} L (L) {ENT} (I.J) {ENT} X (X) {ENT} (I.J) {ENT}	 WERT? I.J? I.J R=(R) WERT? I.J? I.J C=(C) WERT? I.J? I.J L=(L) WERT? I.J? I.J X=(X)	Eingabe der Makroanweisungen: Zwischen welchen Knoten? Widerstand Kapazität Induktivität Blindwiderstand	
	R (R) {ENT} {ENT}	WERT? I.J? R=(R)	Anmerkung: Ist das Element ein Serienelement, dann wird die Eingabe von I.J unterdrückt, indem <u>nur</u> die Taste {ENT} gedrückt wird, z.B.: Serienwiderstand	
	I (I) {ENT} (I.J) {ENT} P (ϕ) {ENT} {ENT} S (S) {ENT} (I.J) {ENT}	WERT? I.J? I.J I=(I) WERT? I.J? P=(ϕ) WERT? I.J? I.J S=(S)	 starre Stromquelle mit Zählpfeil von I nach J und (wenn ϕ nicht Null): Phasenwinkel der Stromquelle Steilheit S einer spannungsgesteuerten Stromquelle mit Zählpfeil von I nach J	

Nr.	Tasten	Anzeige	Bemerkung Blatt 2 von 2
	P (ϕ) {ENT} {ENT} N (K.L) {ENT} {ENT} M	WERT? I.J? P=(ϕ) WERT? I.J? N=(K.L) END	und (wenn ϕ nicht Null): Phasenwinkel der spannungsgesteuerten Stromquelle Die Steuerspannung der spannungsgesteuerten Stromquelle hat einen Zählpfeil vom Knoten K zum Knoten L Ende des Makroprogramms
3	2 (ω) ENT {ENT} ¦ {ENT} {ENT}	W=? UN=R(Re Im) UN=P(|UN| ϕ) ¦ U1=R(Re Im) U1=P(|U1| ϕ)	Start der Rechnung, Kreisfrequenz ω eingeben! Das Makroprogramm wird durchgerechnet mit den Ergebnissen Spannung U_N in R-Form Spannung U_N in P-Form Spannung U_1 in R-Form Spannung U_1 in P-Form
4	GOTO 302	NV	Start des Review-Programms.
5	Ø	wie im Schritt 2	Einzelschritt vorwärts: Vorwärtslauf des Review-Programms um eine Makroanweisung und Anzeige derselben
6	1	wie im Schritt 2	Einzelschritt rückwärts: Rückwärtslauf des Review-Programms um eine Makroanweisung und Anzeige derselben

Anmerkungen:
Die Schritte 2, 3, 5 und 6 können in gemischter Reihenfolge ausgeführt werden. Durch kombinierte Ausführung der Schritte 5 und 6 kann das Review-Programm genau auf die Makroanweisung positioniert werden, die vor einer zu ändernden Makroanweisung steht. Dann kann entsprechend Schritt 2 die geänderte Makroanweisung eingegeben werden.

Eine Frequenz braucht nur eingegeben zu werden bei Schaltungen mit L und C. Ansonsten drücke man einfach die Taste {ENT}.

Liegt ein Zweig zwischen dem Knoten I und dem Bezugsknoten, dann <u>müssen</u> die Indizes in der Reihenfolge I.Ø (nicht Ø.I) eingegeben werden.

Als Beispiel für die Bedienungsanleitung wird die Schaltung Bild 6.3 sowie das zugehörige Makroprogramm Bild 6.4 auf der Seite 183 genommen. Es soll für $\omega = 10^5/s$ durchgerechnet werden. Anschließend soll für eine geänderte Steilheit $S=0.1/\Omega$ eine erneute Rechnung durchgeführt werden.

Tasten	Anzeige	Bemerkung
RUN 300	N?	Anzahl Knotenspannungen?
2 {ENT}	M=(---)	
	M?	M=20 ist größer als die
20 {ENT}	NV	Anzahl der Makroanweisungen
I	WERT?	
0.2 {ENT}	I.J?	
1.0 {ENT}	1.0 I= 0.2	Stromquelle
R	WERT?	
800 {ENT}	I.J?	
1.0 {ENT}	1.0 R=800	Widerstand
C	WERT?	
5E-9 {ENT}	I.J?	
1.2 {ENT}	1.2 C= 0.000000005	Kapazität
S	WERT?	
0.05 {ENT}	I.J?	
2.0 {ENT}	2.0 S= 0.05	Steilheit
N	WERT?	
1.0 {ENT}	I.J?	
{ENT}	N= 1	Steuerspannung
L	WERT?	
0.004 {ENT}	I.J?	
2.0 {ENT}	2.0 L= 0.004	Induktivität
R	WERT?	
3000 {ENT}	I.J?	
{ENT}	R= 3000	Serienwiderstand
M	END	Ende des Makroprogramms
2	W=?	Kreisfrequenz ω ?
100000{ENT}		Start Rechnung
	U2=R 2.6248E 00-3.8854E 02	$\underline{U}_2$ in R-Form
{ENT}	U2=P 3.8855E 02-8.9612E 01	$\underline{U}_2$ in P-Form
{ENT}	U1=R-3.5881E 00 2.4852E 00	$\underline{U}_1$ in R-Form
{ENT}	U1=P 4.3647E 00 1.4529E 02	$\underline{U}_1$ in P-Form
GOTO 302	NV	Start Review-Programm
Ø	1.0 I= 0.2	Vorwärts
Ø	1.0 R= 800	"
Ø	1.2 C= 0.000000005	"
S	WERT?	
0.1 {ENT}	I.J?	
2.0 {ENT}	2.0 S= 0.1	Neuer Wert
2	W=?	Die Frequenz wird nicht
{ENT}		geändert, Neue Rechnung
	U2=R 1.3795E 00-3.9419E 02	$\underline{U}_2$ in R-Form
{ENT}	U2=P 3.9420E 02-8.9799E 01	$\underline{U}_2$ in P-Form
{ENT}	U1=R-1.8097E 00 1.2757E 00	$\underline{U}_1$ in R-Form
{ENT}	U1=P 2.2141E 00 1.4481E 02	$\underline{U}_1$ in P-Form

Die Makroanweisungen werden über die Tastatur durch Drücken einer Taste eingegeben. Hierfür ist jeder Makroanweisung eine bestimmte Taste zugeordnet. Der Rechner ist in der Lage, die Bedeutung einer gedrückten Taste mit der INKEY$-Anweisung zu erkennen. Der Zeichencode der Taste wird im Makroprogramm abgespeichert. Erst in der Ausführungsphase (Rechenphase) wird das Zeichen in den ASCII-Code umgeschlüsselt. Aus diesem wird dann die numerische Sprungadresse für das Unterprogramm der betreffenden Makroanweisung errechnet. Wird also eine ungültige Makroanweisung eingegeben, dann wird diese zwar gespeichert, führt aber in der Ausführungsphase zu einer ERROR-Meldung, da der Rechner keine zugehörige Sprungadresse findet.
Zur Erleichterung der Eingabe kann man die folgende Schablone verwenden.

			R				I		Phase		
Q	W	E	R	T	Y	U	I	O	P		
	Steilheit							L		Rück	Start
A	S	D	F	G	H	J	K	L		1	2
	X	C			K.L	END				Vor	
Z	X	C	V	B	N	M				Ø	

Bild 6.10: Schablone mit Makroanweisungen und Steuerbefehlen für Programm NV

Das Programm NV kann als Unterprogramm verwendet werden. Nach Eingabe der Makroanweisungen kann seine Rechenphase mit GOSUB 341 aufgerufen werden. Vorher muß der Speicher $0 \neq \emptyset$ gesetzt werden, damit die Anzeige der Ergebnisse unterdrückt wird. Das aufrufende Programm stellt im Speicher W die Kreisfrequenz ω zur Verfügung. Als Ergebnisse kann das aufrufende Programm von den Speichern X und Y den Real- und Imaginärteil der Knotenspannung mit dem höchsten Index, also $\underline{U}_N$ abrufen. Als Beispiel wird im Abschnitt 7 ein Plot-Programm angegeben, das zum Plotten von Frequenzgängen NV als Unterprogramm benutzen kann.

6.3 Programmauflistung

Basic-Programm PC-1500	Erläuterungen	Blatt 1 von 3
250:WAIT :IF N<2 THEN 258	Gauß-Vorwärts-Algorithmus	
251:FOR K=0TO N-2: FOR I=K+1TO N-1:A=R(K,K):B=I(K,K):C=R(I,K):D=I(I,K): GOSUB 280		
255:FOR J=K+1TO N: E=R(K,J):F=I(K,J):R(I,J)=R(I,J)-E*X+F*Y:I(I,J)=I(I,J)-F*X-E*Y		
256:NEXT J:NEXT I: NEXT K		
258:I=N-1	Gauß-Rückwärts-Algorithmus	
260:C=R(I,N):D=I(I,N):J=I		
265:J=J+1:IF J<N LET C=C-R(I,J):D=D-I(I,J): GOTO 265		
270:A=R(I,I):B=I(I,I):GOSUB 280: IF O<>0RETURN	Unterprogramm-Ausgang Rechenphase NV	
271:FOR L=0TO I-1: E=R(L,I):F=I(L,I):R(L,I)=E*X-F*Y		
275:I(L,I)=E*Y+F*X:NEXT L:P$="U"+STR$ (I+1): GOSUB 490:I=I-1:IF I>=0THEN 260		
276:END	Programmende NV	
280:Z=A*A+B*B:X=(A*C+B*D)/Z:Y=(A*D-B*C)/Z: RETURN	UP: Komplexe Division	
290:INPUT "N?",N: DIM R(N-1,N),I(N-1,N):RETURN	UP: Eingabe Knotenzahl N	

Basic-Programm PC-15000	Erläuterungen	Blatt 2 von 3
300:GOSUB 290:G=INT ((MEM -18)/12)-1:PAUSE "M=";G:INPUT "M?",G	Programmstart NV Maximale Anzahl Makroanweisungen	
301:DIM C$(G)*1,I$(G)*3,W(G)		
302:"N"WAIT 0:Z=-1:USING :PRINT "NU"	Start Review-Routine	
303:GOSUB 420:Z=Z+1:A=ASC M$:ON A-47GOTO 312,318,340	Sprung zur Warteschleife für nächste Operation Verzweigung für Steuerbefehle	
307:C$(Z)=M$:IF A=77LET I$(Z)="1":GOTO 312		
308:INPUT "WERT?",W(Z)	Eingabe und Speichern Makroanweisung	
309:I$(Z)=" ":INPUT "I.J?",I$(Z)		
311:IF Z<0THEN 302		
312:IF C$(Z)="M"PRINT "END":GOTO 303		
316:PRINT I$(Z);" ";C$(Z);"=";W(Z):GOTO 303	Anzeige einer Makroanweisung	
318:Z=Z-2:GOTO 311	Einzelschritt rückwärts	
340:O=0:DEGREE :INPUT "W=?",W	Start Rechenphase Eingabe der Frequenz	
341:CLS :FOR I=0TO N-1:FOR J=0TO N:R(I,J)=1E-30:I(I,J)=0:NEXT J:NEXT I:Z=0:D=VAL I$(0):C=ASC C$(0)	Unterprogramm-Eingang Rechenphase Initialisierung	
342:H=W(Z):IF D<>0 LET A=1E-30:B=0:I=INT D-1:J=(D-I)*10-11	Steuerschleife: Holen nächste Makroanweisung und Sprung in das zugehörige UP	
344:IF C=77THEN 250		
345:X=I:Z=Z+1:D=VAL I$(Z):E=ASC C$(Z):GOSUB (C+280):C=E:GOTO 342		
347:B=B-1/H/W:GOTO 369	Ausführen C	

Basic-Programm PC-1500	Erläuterungen	Blatt 3 von 3
353:GOSUB 375:Y=N: GOSUB 390:IF J >=0LET X=J: GOSUB 390	Ausführen I	
354:RETURN		
356:B=B+H*W:GOTO 3 69	Ausführen L	
358:K=INT H-1:L=10 *(H-K)-11:GOTO 380	Ausführen N (Indizes der Steuerspannung)	
360:RETURN	Ausführen P	
362:A=A+H:GOTO 369	Ausführen R	
363:GOSUB 375: RETURN	Ausführen S	
368:B=B+H	Ausführen X	
369:IF D=0RETURN	Inversion und Speichern Y	
370:C=A*A+B*B:A=A/ C:B=-B/C:Y=I: GOSUB 391:IF J <0RETURN		
371:X=J:GOSUB 390: Y=J:GOSUB 390: X=I:GOSUB 390: RETURN		
375:IF E<>80LET A= H:RETURN	UP: Phase für I und S	
376:A=H*COS W(Z):B =H*SIN W(Z): RETURN		
380:Y=K:GOSUB 391: IF J<0THEN 383	Speichern gesteuerte Quelle	
381:X=J:GOSUB 390: IF L<0RETURN		
382:Y=L:GOSUB 390		
383:IF L<0RETURN		
384:X=I:Y=L:GOSUB 390:RETURN		
390:A=-A:B=-B	UP: Speichern in Matrix	
391:R(X,Y)=R(X,Y)+ A:I(X,Y)=I(X,Y)+B:RETURN		
420:M$=INKEY$:IF M$THEN 424	UP: Warteschleife für nächste Operation	
422:GOTO 420		
424:A$=INKEY$:IF A$THEN 424	Blockade gegen doppelte Ausführung	
426:RETURN		
480:M=√(X*X+Y*Y): IF MLET Y=((Y= 0)+SGN Y)*ACS (X/M):X=M	UP: Umwandlung R-Form in P-Form	
481:RETURN		
490:USING "##.#### ^":PRINT P$;"= R";X;Y:GOSUB 4 80:PRINT P$;"= P";X;Y:RETURN	UP: Ausgabeformatierung	

6.4 Speicherbelegung

Register	Inhalt
A	Re } I oder S oder Y oder Divisor
B	Im }
C	Re } Dividend oder Zwischenspeicher
D	Im }
E	Zwischenspeicher
F	"
G	"
H	"
I	Zeilenindex
J	Spaltenindex
K	Index Pivotzeile oder } Indizes der Steuerspannung
L	Index Rückwärts-Alg.
M	Zwischenspeicher
N	Ordnung der Matrix
O	=Ø normal; =Ø, wenn NV als UP benutzt wird
P	Zwischenspeicher
Q	nicht benutzt
R	} Für PLOT reserviert
S	
T	
U	
V	
W	Kreisfrequenz ω
X	Re } Ergebnis
Y	Im }
Z	Index Makroanweisung oder Zwischenspeicher
C$(Z)	Code } der Makroanweisungen
I$(Z)	I.J
W(Z)	Wert
R(I,J)	Realteile } der komplexen Matrix
I(I,J)	Imaginärteile
	Anmerkung: Jede Makroanweisung beansprucht 1+3+8=12 Bytes Der Speicherbedarf für die Matrix beträgt 2N(N+1) Register.

6.5 Übungsaufgaben

Das Programm NV ist ein sehr universelles Programm. Seine Handhabung ist unproblematisch und seine Anwendungsmöglichkeiten unbegrenzt. Trotzdem wird man es nicht immer anwenden. Vergleicht man es mit dem Reduktionsprogramm RED, so werden folgende Nachteile deutlich:

1. Es ist erheblich langsamer.
2. Es benötigt zusätzliche Speicher für die Leitwertmatrix.
3. Die Eingabe ist aufwendiger, da die Zweige numeriert werden.

Diese Punkte sind umso gravierender, je mehr sich die Schaltung einer Kettenleiterstruktur nähert. Hier ist das Reduktionsverfahren vorzuziehen. Das Programm NV muß jedoch angewandt werden, wenn eine Reduktion mit RED nicht mehr möglich ist. Die Übungsaufgaben zeigen überwiegend Schaltungen, bei denen dies der Fall ist.

Das Programm NV berechnet prinzipiell Spannungen. Aus den Übungsaufgaben wird jedoch ersichtlich, daß die Berechnung von Strömen und Widerständen eines Netzwerkes auf die Berechnung von Spannungen zurückgeführt werden kann.

Weiterhin arbeitet das Programm nur mit starren und spannungsgesteuerten Stromquellen. Die Übungsaufgaben lassen jedoch erkennen, daß dies keine Beschränkung für den universellen Einsatz des Programms darstellt. Denn es wird gezeigt, wie starre und gesteuerte Spannungsquellen auf entsprechende Stromquellen zurückgeführt werden.

Alle Übungsaufgaben behandeln bewußt einfache Schaltungen mit wenig Bauelementen, da der Blick für das Wesentliche nicht verstellt werden soll. Natürlich können mit dem Programm mühelos erheblich kompliziertere Schaltungen berechnet werden. Dies gilt insbesondere für elektronische Schaltungen, bei deren Durchrechnung in der Praxis häufig mehrere Parameter vernachlässigt werden. Die so gemachten Näherungen können mit dem Programm exakt überprüft werden.

Programm: Knotenpunktpotentialverfahren NV	
Aufgabe: 6.1	Anwendung: Gleichstromnetzwerk

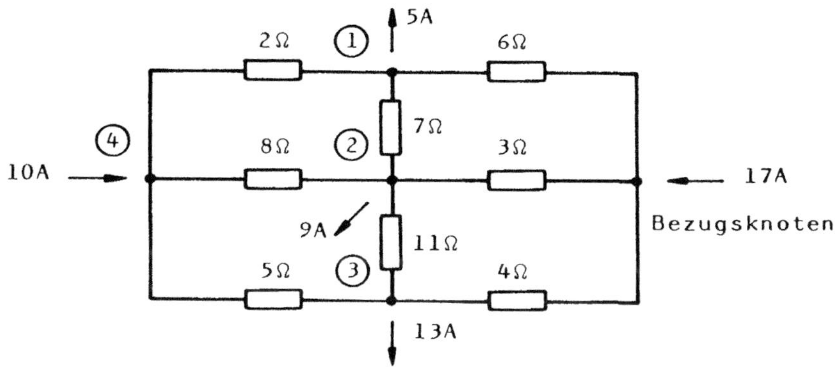

Ein Gleichstromnetzwerk wird mit vorgegebenen Strömen an zwei Knoten eingespeist und an drei Knoten belastet. Wie groß muß die Differenzspannung der Einspeisepunkte sein, damit sich die vorgegebene Stromverteilung einstellt ?

Die Ströme werden durch Stromquellen bezüglich des Bezugsknotens ersetzt. Das Netzwerk hat den Graphen:

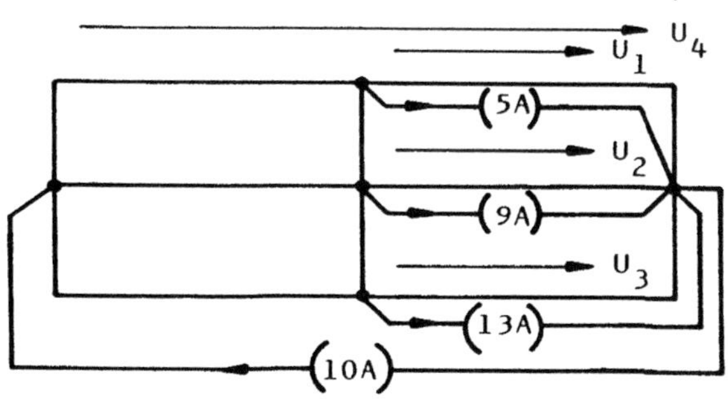

Das Makroprogramm lautet:

1.0	R=6Ω	4.0	I=-10A
1.0	I=5A	1.2	R=7Ω
2.0	R=3Ω	1.4	R=2Ω
2.0	I=9A	2.3	R=11Ω
3.0	R=4Ω	2.4	R=8Ω
3.0	I=13A	3.4	R=5Ω
		END	

Das Ergebnis ist $\Delta U = U_4 = -7.073$ V.

Programm: Knotenpunktpotentialverfahren NV

Aufgabe: 6.2 | Anwendung: Spannungsberechnung, Drehstrom

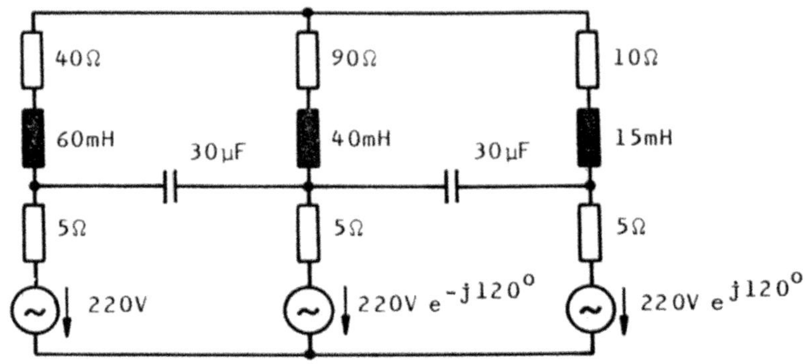

In dem unsymmetrischen Drehstromsystem ist die Spannungsverteilung für die Frequenz f = 50 Hz gesucht. Die Spannungsquellen müssen in äquivalente Stromquellen umgewandelt werden. Es sind vier Knotenpunktpotentiale erforderlich:

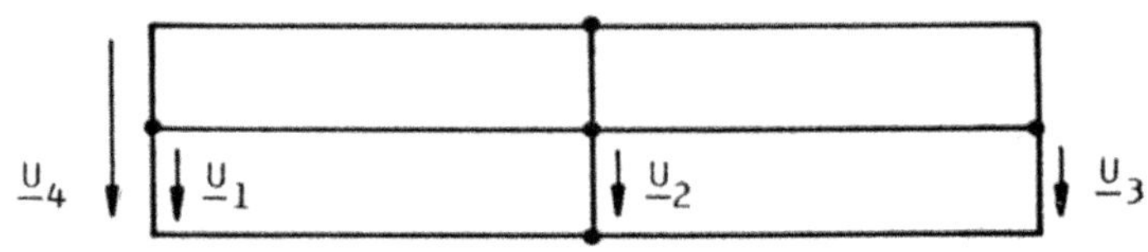

Das entsprechende Makroprogramm lautet:

```
1.0   I=-220V/5Ω
1.0   R=5
2.0   I=-220V/5Ω
      P=-120
2.0   R=5
3.0   I=-220V/5Ω
      P=120
3.0   R=5
1.2   C=30 F
```

```
1.4   R=40
      L=60mH
2.3   C=30 F
2.4   R=90
      L=40mH
3.4   R=10
      L=15mH
END
```

Hieraus folgt mit NV die gesuchte Spannungsverteilung:

$\underline{U}_1 = 208.3\text{V}\ e^{j1.4^\circ}$ $\quad$ $\underline{U}_2 = 202.8\text{V}\ e^{-j128.1^\circ}$

$\underline{U}_3 = 175.4\text{V}\ e^{j118.3^\circ}$ $\quad$ $\underline{U}_4 = 101.3\text{V}\ e^{j105.2^\circ}$

Programm: Knotenpunktpotentialverfahren NV	
Aufgabe: 6.3	Anwendung: Stromberechnung

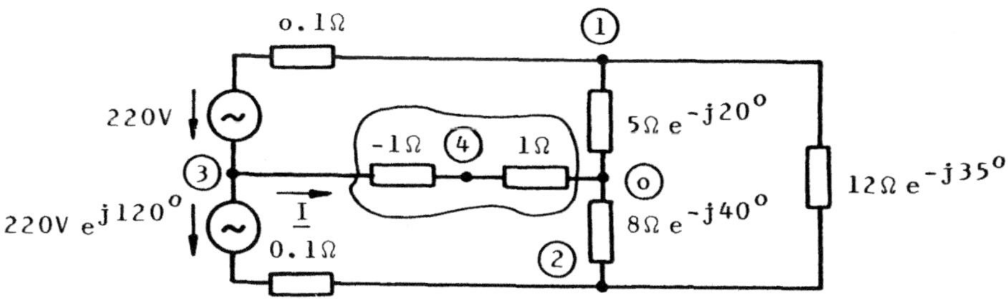

Zwischen den Knoten 3 und 0 liegt ein widerstandsloser Zweig. Gesucht ist der Strom $\underline{I}$ in diesem Zweig.

Obwohl das Knotenpunktpotentialverfahren unmittelbar nur Spannungen berechnet, kann mit einem Trick die Stromberechnung mittelbar auf die Spannungsberechnung zurückgeführt werden. Es wird ein Widerstand von 1Ω in den Zweig eingeführt, dessen Strom bestimmt werden soll. Dann ist der Spannungsabfall an diesem Widerstand $\Delta\underline{U}=\underline{I}\cdot 1\Omega$ gleich dem gesuchten Strom. Zur Kompensation wird zu dem Widerstand von 1Ω ein Widerstand von -1Ω in Serie geschaltet, so daß sich an dem Gesamtwiderstand des Zweiges nichts geändert hat. Man erkennt, daß diese Methode mit einem zusätzlichen Knoten erkauft werden muß.

Nach Umwandlung der Spannungsquellen in äquivalente Stromquellen folgt das Makroprogramm:

1.0	R=5Ω*COS 20	3.1	I=220V/0.1Ω
	X=-5Ω*SIN 20	3.1	R=0.1Ω
2.0	R=8Ω*COS 40	2.3	I=220V/0.1Ω
	X=-8Ω*SIN 40		P=120
4.0	R=1Ω	2.3	R=0.1Ω
1.2	R=12Ω*COS 35	3.4	R=-1Ω
	X=-12Ω*SIN 35	END	

Das Makroprogramm liefert das gesuchte Ergebnis:

$$\underline{I}/A = \underline{U}_4/V = 66.37\, e^{-j175.8^\circ}$$

Programm: Knotenpunktpotentialverfahren NV	
Aufgabe: 6.4	Anwendung: Widerstandsberechnung

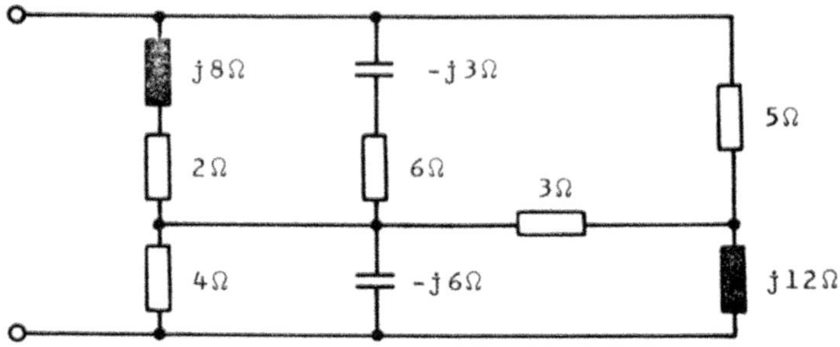

Gesucht ist der Eingangswiderstand der Schaltung. Dieser ist gleich dem Spannungs-Strom-Verhältnis am Eingang und kann bestimmt werden durch Speisung der Schaltung mit einer Stromquelle. Das Netzwerk mit den drei Knotenspannungen $\underline{U}_1$, $\underline{U}_2$ und $\underline{U}_3$ läßt sich durch den folgenden Graphen darstellen:

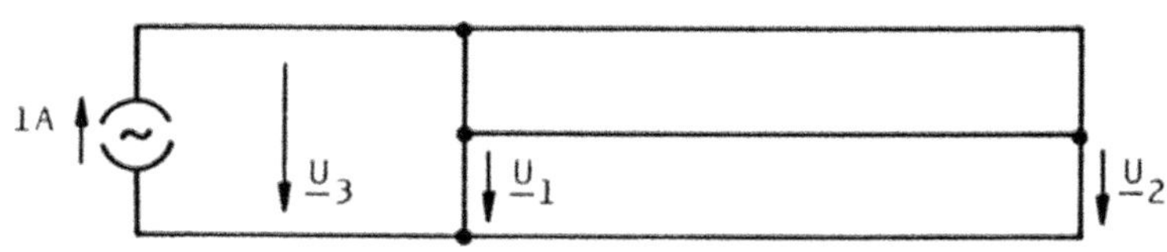

Das entsprechende Makroprogramm lautet:

1.0	R=4Ω	1.3	R=2Ω
1.0	X=-6Ω		X=8Ω
2.0	X=12Ω	1.3	R=6Ω
3.0	I=-1A		X=-3Ω
1.2	R=3Ω	2.3	R=5Ω
		END	

Es liefert das Ergebnis:

$$\underline{Z}_{in} = \underline{U}_3/1A = 6.637\Omega\, e^{j2.827^o}$$

Programm: Knotenpunktpotentialverfahren NV	
Aufgabe: 6.5	Anwendung: Brückenschaltung

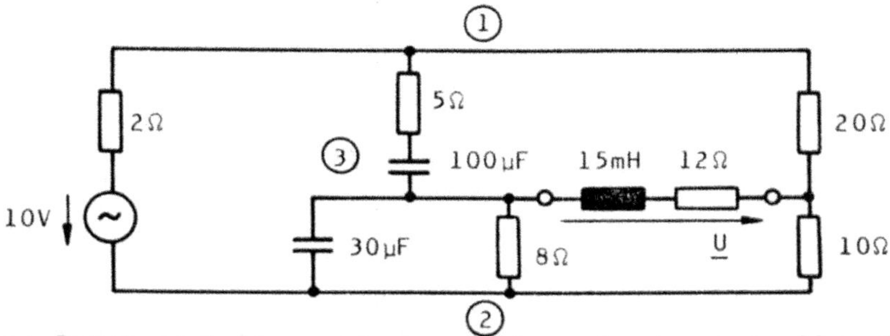

Eine Brückenschaltung wird von einer Spannungsquelle mit Vorwiderstand gespeist. Gesucht ist die Spannung $\underline{U}$ im Brückenzweig ohne Last und mit Last bei der Frequenz ω=1000 1/s.

Das Netzwerk mit den drei Knotenpunktpotentialen $\underline{U}_1$, $\underline{U}_2$ und $\underline{U}_3$ läßt sich durch den folgenden Graphen darstellen:

Für die Berechnung der Leerlaufspannung gilt das folgende Makroprogramm:

1.0	R=20Ω	1.3	R=5Ω
2.0	R=10Ω		C=100µF
2.1	I=10V/2Ω	2.3	R=8Ω
2.1	R=2Ω	2.3	C=30µF
		END	

Es liefert die Leerlaufspannung:

$$\underline{U}_o = \underline{U}_3 = 2.004\text{V}\ e^{j71.46^o}$$

Für die Berechnung der Lastspannung wird das Makroprogramm mit dem Review-Programm durch einen weiteren Zweig ergänzt:

1.0	R=20Ω		C=100µF
2.0	R=10Ω	2.3	R=8Ω
2.1	I=10V/2Ω	2.3	C=30µF
2.1	R=2Ω	3.0	R=12Ω
1.3	R=5Ω		L=15mH
		END	

mit dem Ergebnis: $\underline{U} = \underline{U}_3 = 1.488\text{V}\ e^{j94.52^o}$

Programm: Knotenpunktpotentialverfahren NV	
Aufgabe: 6.6	Anwendung: Ersatzspannungsquelle

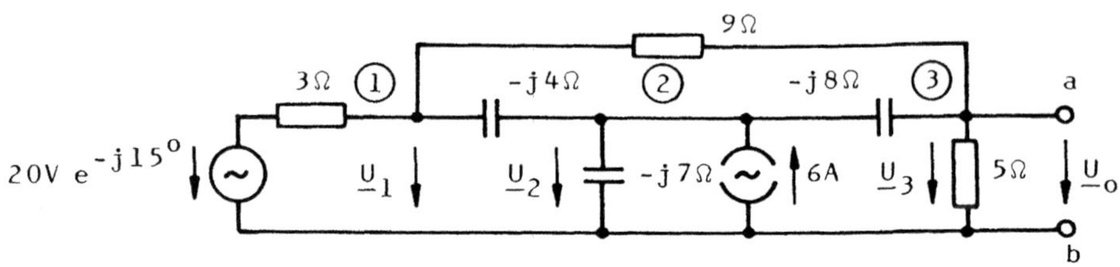

Die Schaltung ist bezüglich der Klemmen a,b in eine Ersatzspannungsquelle umzuwandeln mit ihren Daten: Leerlaufspannung $\underline{U}_o$ und Innenwiderstand $\underline{Z}_o$.

Für die Berechnung von $\underline{U}_o$ gilt das folgende Makroprogramm mit den Knotenpunktpotentialen $\underline{U}_1$, $\underline{U}_2$ und $\underline{U}_3$:

1.0	I=-20V/3Ω	3.0	R=5Ω
	P=-15	1.2	X=-4Ω
1.0	R=3Ω	1.3	R=9Ω
2.0	I=-6A	2.3	X=-8Ω
2.0	X=-7Ω	END	

Es liefert die Leerlaufspannung:

$$\underline{U}_o = \underline{U}_3 = 13.75\,V\,e^{-j13.07^o}$$

Für die Berechnung des Innenwiderstandes $\underline{Z}_o$ werden die beiden Quellen zu Null gesetzt. Wird nun eine Stromquelle von 1A an den Ausgangsklemmen a,b angeschlossen, dann ist der Innenwiderstand $\underline{Z}_o = \underline{U}_3/1A$ gleich der Ausgangsspannung $\underline{U}_3$. Die entsprechenden Änderungen des Makroprogramms können leicht mit dem Review-Programm durchgeführt werden:

1.0	I=0	3.0	R=5Ω
	P=-15	1.2	X=-4Ω
1.0	R=3Ω	1.3	R=9Ω
2.0	I=0	2.3	X=-8Ω
2.0	X=-7Ω	3.0	I=-1A
		END	

Hieraus folgt das Ergebnis:

$$\underline{Z}_o = \underline{U}_3/1A = 3.402\,\Omega\,e^{-j14.23^o}$$

Programm: Knotenpunktpotentialverfahren NV

Aufgabe: 6.7	Anwendung: Doppel-T-Glied, Frequenzgang

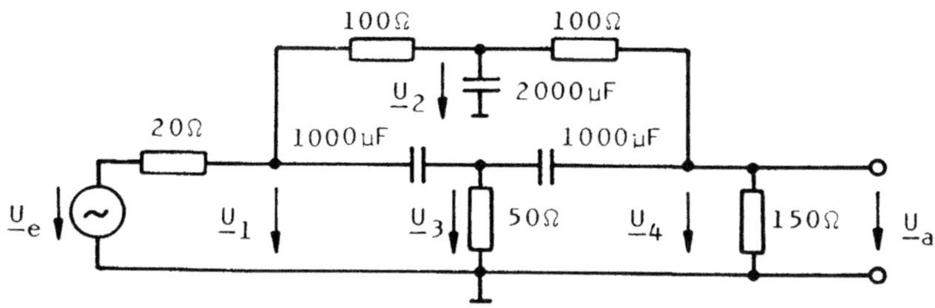

Ein Doppel-T-Glied wird von einer Spannungsquelle mit Innenwiderstand gespeist und mit einem Widerstand belastet. Gesucht ist der Frequenzgang $|\underline{U}_a/\underline{U}_e|$, der in Zusammenarbeit der Programme PLOT (s. Abschnitt 7) und NV zu plotten ist.

Wird $\underline{U}_e$=1V gesetzt, dann ist $\underline{U}_a/\underline{U}_e=\underline{U}_a$/1V, d.h. der Frequenzgang ist gleich dem Zahlenwert der Ausgangsspannung $\underline{U}_a$.

Mit den vier Knotenpunktpotentialen $\underline{U}_1$, $\underline{U}_2$, $\underline{U}_3$ und $\underline{U}_4=\underline{U}_a$ ergibt sich das folgende Makroprogramm:

1.0	I=-1V/20Ω	Makroprogramm für Plotten von $\underline{U}_4$
1.0	R=20Ω	
2.0	C=2000µF	
3.0	R=50Ω	
4.0	R=150Ω	
1.2	R=100Ω	
1.3	C=1000µF	
2.4	R=100Ω	
3.4	C=1000µF	
END		

Bode-Plot des Amplitudenganges

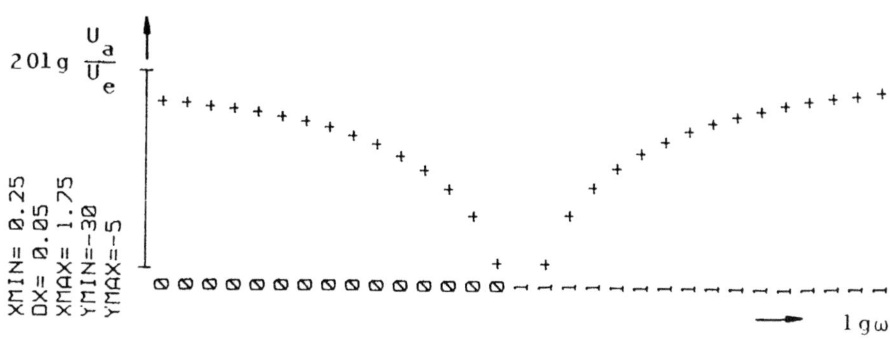

Programm: Knotenpunktpotentialverfahren NV	
Aufgabe: 6.8	Anwendung: Betriebsgrößen, Transistorvierpol

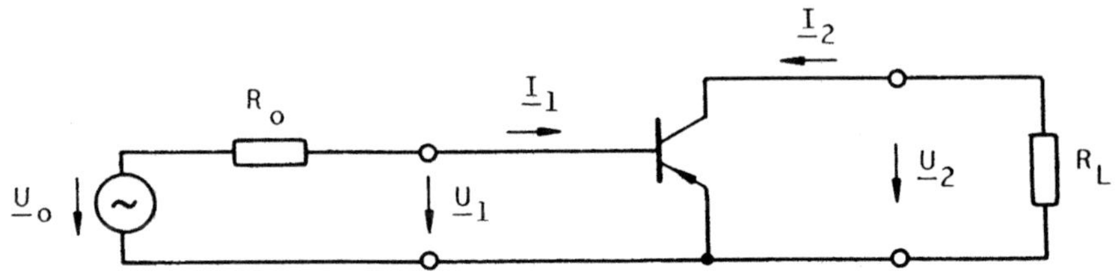

Gegeben ist die Wechselstromschaltung eines Transistors in Emitterschaltung. Der Transistor sei durch sein vereinfachtes "physikalisches" Ersatzbild gegeben. Mit diesem ergibt sich die folgende Schaltung:

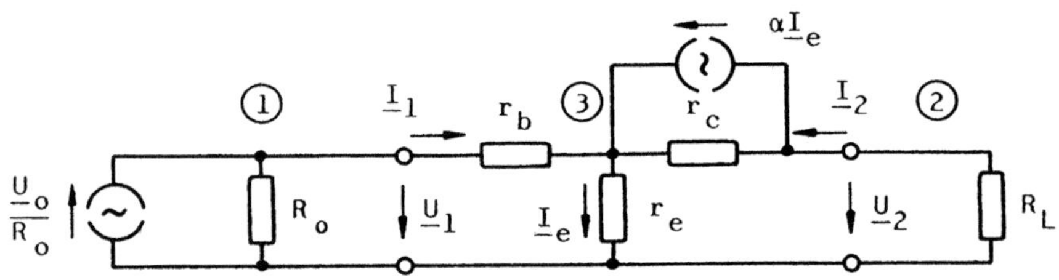

Die gegebenen Daten der Schaltung sind:

$r_e = 15\Omega$	$r_b = 800\Omega$	$r_c = 2 \cdot 10^6\Omega$
$\alpha = 0.98$	$R_o = 1000\Omega$	$R_L = 1200\Omega$

Gesucht sind die folgenden Betriebsgrößen:

a) Spannungsverstärkung $\underline{U}_2/\underline{U}_o$

b) Stromverstärkung $\underline{I}_2/\underline{I}_1$

c) Eingangswiderstand $\underline{U}_1/\underline{I}_1$

d) Ausgangswiderstand $\underline{U}_2/\underline{I}_2$

Zunächst wird die Quellenspannung $\underline{U}_o = 1V$ gesetzt. Die stromgesteuerte Stromquelle $\alpha\underline{I}_e$ kann auf eine spannungsgesteuerte Stromquelle zurückgeführt werden durch die Beziehung:

$$\alpha\underline{I}_e = \frac{\alpha}{r_e}\,\underline{U}_3$$

Sie hat die Steilheit $S = \frac{\alpha}{r_e}$

Programm: Knotenpunktpotentialverfahren NV	
Aufgabe: 6.8	Anwendung: Betriebsgrößen, Transistorvierpol

Hiermit folgt das Makroprogramm mit der Spannungsverteilung:

1.0 I=-1V/1000Ω 1.0 R=1000Ω 1.3 R=800Ω 3.0 R=15Ω 2.3 R=2·10^6 Ω 2.3 S=0.98/15Ω N=3.0 2.0 R=1200Ω END	Ergebnisse: $\underline{U}_1 = 0.604$ V $\underline{U}_2 = -22.6$ V $\underline{U}_3 = 0.288$ V

Aus der errechneten Spannungsverteilung ergeben sich:

a) Spannungsverstärkung $\underline{U}_2/\underline{U}_o = \underline{U}_2/1V = -22.6$

b) Stromverstärkung $\underline{I}_2/\underline{I}_1 = \dfrac{-\underline{U}_2/R_L}{(\underline{U}_1-\underline{U}_3)/r_b} = -47.6$

c) Eingangswiderstand $\underline{U}_1/\underline{I}_1 = \dfrac{\underline{U}_1}{(\underline{U}_1-\underline{U}_3)/r_b} = 1.53k\Omega$

Für die Berechnung des Ausgangswiderstandes wird die Quelle $\underline{U}_o = \emptyset$ gesetzt und an den Auskangsklemmen eine Stromquelle von 1A angeschlossen.

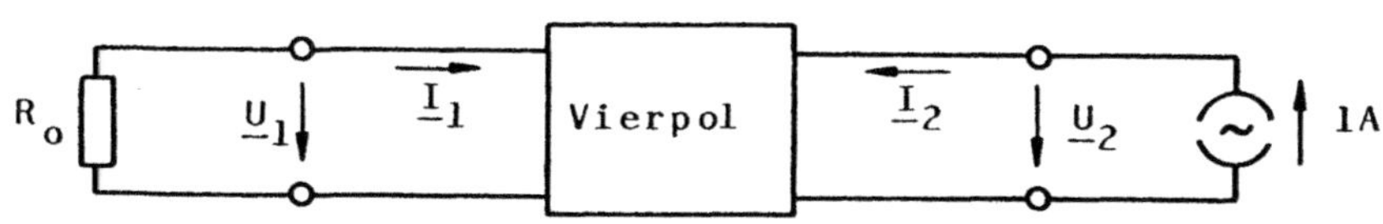

2.0 I=-1A 1.0 R=1000Ω 1.3 R=800Ω 3.0 R=15Ω 2.3 R=2 10^6 Ω 2.3 S=0.98/15Ω N=3.0 END	Ergebnisse: $\underline{U}_1 = 8.26$ V $\underline{U}_2 = 5.62 \cdot 10^4$ V $\underline{U}_3 = 14.9$ V

Aus diesem Rechenlauf folgt:

d) Ausgangswiderstand $\underline{U}_2/\underline{I}_2 = \underline{U}_2/1A = 56.2k\Omega$

Programm: Knotenpunktpotentialverfahren NV	
Aufgabe: 6.9	Anwendung: Bestimmung der h-Parameter

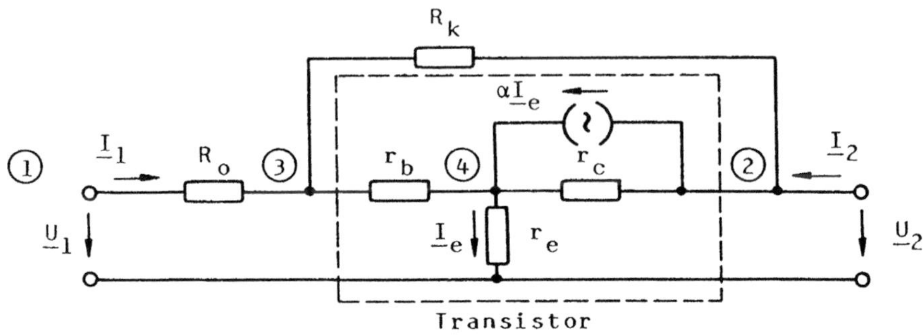

Gegeben ist die Ersatzschaltung eines rückgekoppelten Transistors. Die Daten des Verstärkervierpols sind:

$r_e = 15\Omega$ $\qquad r_b = 800\Omega$ $\qquad r_c = 2\cdot 10^6\Omega$

$\alpha = 0.98$ $\qquad R_k = 2000\Omega$ $\qquad R_o = 1000\Omega$

Der Vierpol ist durch seine h-Parameter darzustellen. Diesen entspricht das Ersatzbild (s. Abschnitt 2.22):

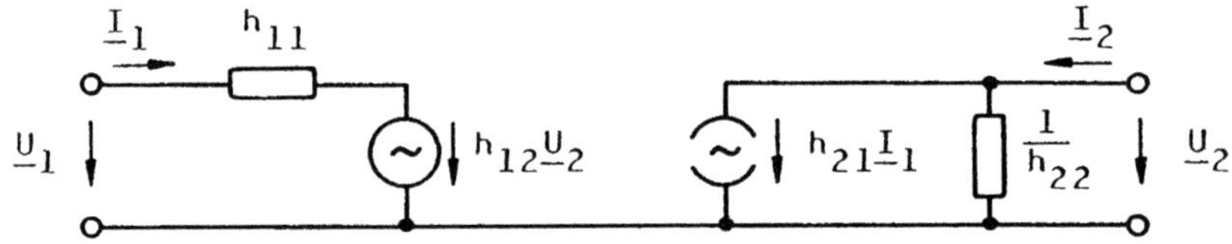

Zunächst wird der Verstärkervierpol durch eine Stromquelle von 1A gespeist. Der Ausgang wird kurzgeschlossen. Damit entfallen die Parameter h_{12} und h_{22} im Ersatzbild ($\underline{U}_2=0$).

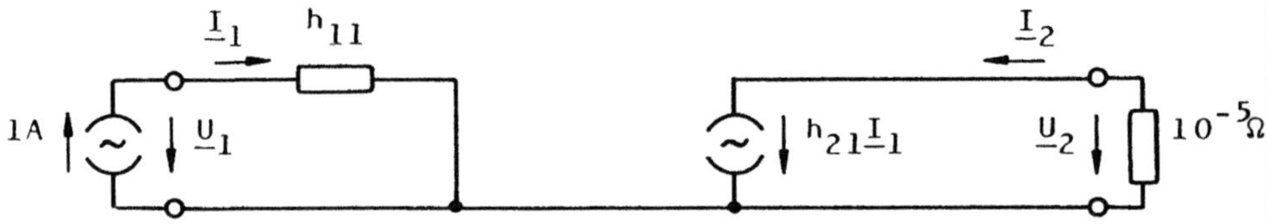

Der sehr kleine Widerstand $10^{-5}\Omega$ ist de facto ein Kurzschluß und dient nur dazu, den Strom $\underline{I}_2$ als Spannungsabfall $\underline{U}_2$ zu berechnen. Die stromgesteuerte Stromquelle kann leicht in eine spannungsgesteuerte Stromquelle mit der Steilheit $S = \alpha/r_e$ umgewandelt werden.

Programm: Knotenpunktpotentialverfahren NV	
Aufgabe: 6.9	Anwendung: Bestimmung der h-Parameter

Das entsprechende Makroprogramm mit der daraus berechneten Spannungsverteilung lautet dann:

1.0 I=-1A 1.3 R=1000Ω 3.4 R=800Ω 4.0 R=15Ω 4.2 R=2•10⁶Ω 2.4 S=0.98/15Ω N=4.0 2.3 R=2000Ω 2.0 R=0.00001Ω END	Ergebnisse: $\underline{U}_1$ = 1.87kV $\underline{U}_2$ = -0.272mV $\underline{U}_3$ = 873V $\underline{U}_4$ = 422V

Mit diesen Ergebnissen lassen sich die zwei h-Parameter der obigen Ersatzschaltung berechnen:

$$h_{11} = \underline{U}_1/\underline{I}_1 = \underline{U}_1/1\text{A} = 1.87\text{k}\Omega$$

$$h_{21}\underline{I}_1 = -\underline{U}_2/10^{-5}\Omega \quad \rightarrow \quad h_{21} = \frac{-\underline{U}_2}{1\text{A}\cdot 10^{-5}\Omega} = 27.2$$

Für die Berechnung der anderen h-Parameter wird an den Ausgang des Vierpols eine Stromquelle von 1A gelegt. Für primären Leerlauf ($\underline{I}_1$=0) gilt dann das folgende Ersatzbild, in dem die Parameter h_{21} und h_{11} fehlen:

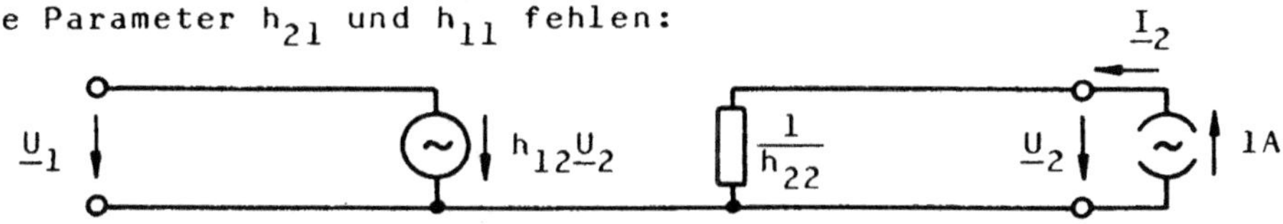

2.0 I=-1A 1.3 R=1000Ω 3.4 R=800Ω 4.0 R=15Ω 4.2 R=2•10⁶Ω 2.4 S=0.98/15Ω N=4.0 2.3 R=2000Ω	Ergebnisse: $\underline{U}_1$ = 31.0V $\underline{U}_2$ = 70.9V $\underline{U}_3$ = 31.0V $\underline{U}_4$ = 15.0V

$$h_{12} = \underline{U}_1/\underline{U}_2 = 0.0437$$

$$h_{22} = \underline{I}_2/\underline{U}_2 = 1\text{A}/\underline{U}_2 = 14.1\text{mS}$$

Programm: Knotenpunktpotentialverfahren NV	
Aufgabe: 6.10	Anwendung: Signalflußplan, Gegenkopplung

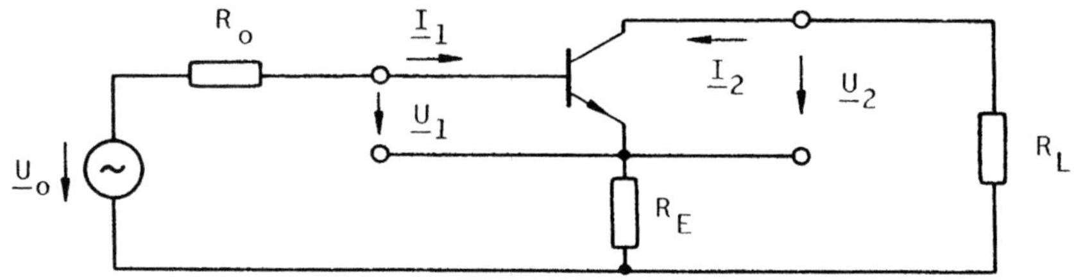

Gegeben ist eine gegengekoppelte Transistorschaltung. Mit den y-Parametern des Transistors läßt sich die folgende Ersatzschaltung angeben:

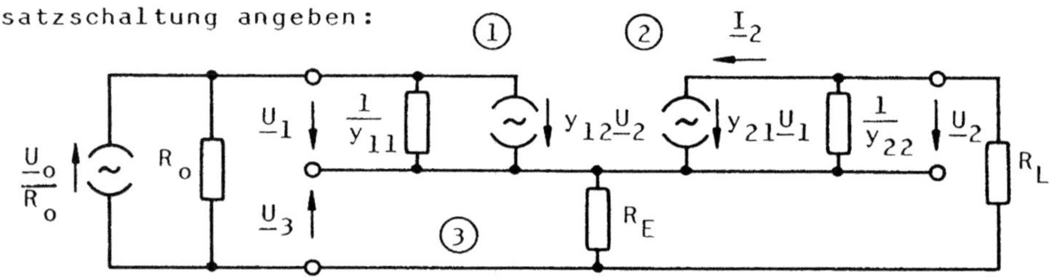

Hier ist bereits die Spannungsquelle U_o durch eine äquivalente Stromquelle ersetzt worden. Gegeben sind die Daten der Schaltung:

$y_{11} = 0.8mS$	$y_{12} = -0.3\mu S$	$R_o = 600\Omega$	$R_L = 1500\Omega$
$y_{21} = 50mS$	$y_{22} = 0.02mS$	$R_E = 200\Omega$	

Gesucht sind die Daten des folgenden Signalflußplanes:

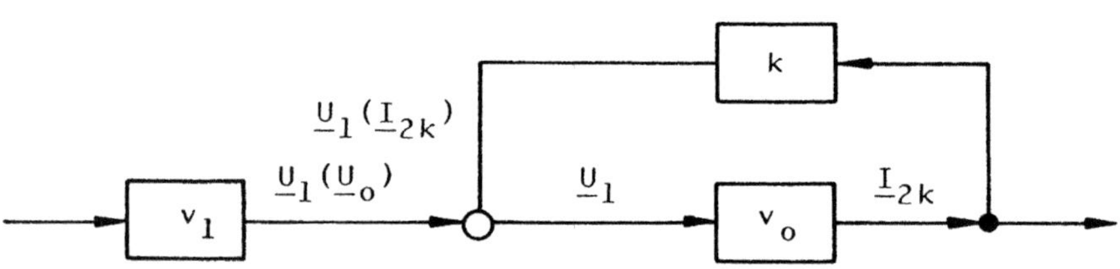

Zunächst wird der Block $k = U_1(I_{2k})/I_{2k}$ berechnet. Hierzu wird nach den Vorschriften des Überlagerungssatzes die Quelle $U_o=0$ gesetzt. Die gesteuerte Quelle $y_{21}U_1$ wird durch eine starre Stromquelle $I_{2k} = 1A$ ersetzt.

Programm: Knotenpunktpotentialverfahren NV	
Aufgabe: 6.10	Anwendung: Signalflußplan, Gegenkopplung

Mit diesen Modifikationen ergibt sich aus der Ersatzschaltung das folgende Makroprogramm:

3.1 R=600Ω 1.0 R=1/0.8mS 1.0 S=-0.3µS N=2.0 3.0 R=200Ω 2.0 R=1/0.02mS 2.3 R=1500Ω 2.0 I=1A END	Ergebnis: $\underline{U}_1 = -118V$

Hieraus folgt unmittelbar:

$k = \underline{U}_1/1A = -118\ V/A$

Die Schleifenverstärkung wird damit $kv_o = -118\Omega \cdot 0.05/\Omega = -5.91$

sowie der Gegenkopplungsfaktor $1-kv_o = 6.91$

Jetzt wird der Block $v_1 = \underline{U}_1(\underline{U}_o)/\underline{U}_o$ bestimmt. Hierzu wird nach den Vorschriften des Überlagerungssatzes die gesteuerte Quelle

$y_{21}\underline{U}_1 = \underline{I}_{2k} = 0$ sowie $\underline{U}_o = 1V$

gesetzt. Das entsprechende Makroprogramm lautet:

3.1 R=600Ω 1.0 R=1/0.8mS 1.0 S=-0.3µS N=2.0 3.0 R=200Ω 2.0 R=1/0.o2mS 2.3 R=1500Ω 3.1 I=1V/600Ω END	Ergebnis: $\underline{U}_1 = 0.61V$

Hieraus folgt:

$v_1 = \underline{U}_1/1V = 0.61$

Mit den gefundenen Übertragungsfunktionen der einzelnen Blöcke läßt sich auch die Gesamtverstärkung bestimmen:

$v' = \underline{I}_2/\underline{U}_o = v_1 v_o/(1-kv_o) = 4.4 \cdot 10^{-3}\ A/V$

Programm: Knotenpunktpotentialverfahren NV

Aufgabe: 6.11	Anwendung: Bestimmung der y-Parameter

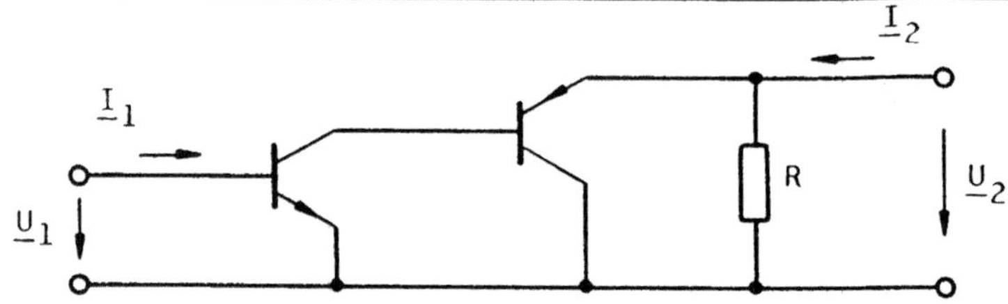

Gegeben ist die Wechselstromschaltung eines Transistorverstärker-Vierpols. Von den Transistoren sind ihre y-Parameter bekannt. Somit läßt die folgende Ersatzschaltung angeben:

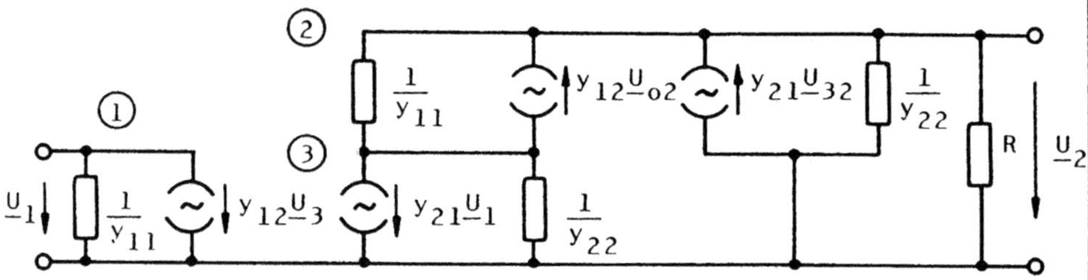

Die Daten der Schaltung sind:

$1/y_{11} = 800\Omega$	$y_{12} = 10^{-6}$ S	$R = 25\Omega$
$y_{21} = 0.06$ S	$1/y_{22} = 30\text{k}\Omega$	

Gesucht sind die $\overline{y}$-Parameter der Gesamtschaltung.

Zunächst wird an den Eingang eine Stromquelle von 1A gelegt. Der Ausgang wird kurzgeschlossen, so daß die Parameter $\overline{y}_{12}$ und $\overline{y}_{22}$ entfallen.

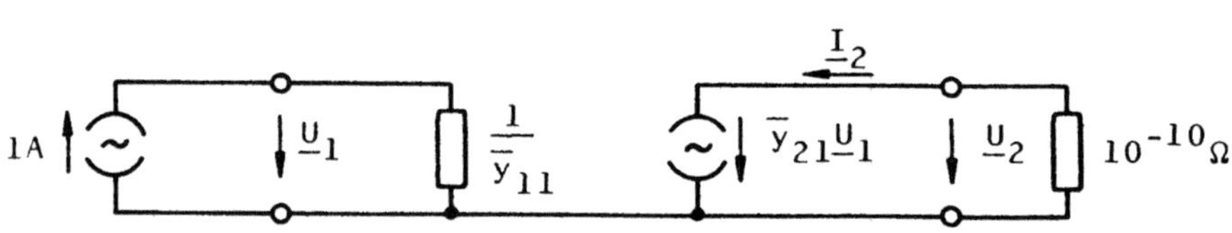

Der sehr kleine Widerstand $10^{-10}\Omega$ dient nur dazu, den Kurzschlußstrom $\underline{I}_{2k}$ aus der Spannung $\underline{U}_2$ zu berechnen.

Programm: Knotenpunktpotentialverfahren

Aufgabe: 6.11 | Anwendung: Bestimmung der y-Parameter

Hieraus folgt das Makroprogramm:

```
1.0   R=800Ω
2.3   R=800Ω
3.0   R=30kΩ
2.0   R=30kΩ
2.0   R=25Ω
1.0   S=-10^-6 S
      N=3.0
3.0   S=0.06S
      N=1.0
3.2   S= 10^-6 S
      N=2.0
2.0   S=-0.06S
      N=3.2
1.0   I=-1A
2.0   R=10^-10 Ω
END
```

Ergebnisse:

$\underline{U}_1 = 771.2\ \mathrm{V}$

$\underline{U}_2 = -2.208\ 10^{-7}\ \mathrm{V}$

Aus der Spannungsverteilung ergeben sich die $\overline{y}$-Parameter:

$$\frac{1}{\overline{y}_{11}} = \underline{U}_1/\underline{I}_1 = \underline{U}_1/1\mathrm{A} = 771.2\,\Omega$$

$$\overline{y}_{21} = \underline{I}_2/\underline{U}_1 = -\underline{U}_2/10^{-10}\Omega/\underline{U}_1 = 2.863\,\mathrm{S}$$

Zur Bestimmung der anderen $\overline{y}$-Parameter wird in analoger Weise eine Stromquelle von 1A an den Ausgang gelegt. Die Eingangsklemmen werden über $10^{-10}\Omega$ kurzgeschlossen.

```
1.0   R=800Ω
2.3   R=800Ω
3.0   R=30kΩ
2.0   R=30kΩ
2.0   R=25Ω
1.0   S=-10^-6 S
      N=3.0
3.0   S=0.06S
      N=1.0
3.2   S= 10^-6 S
      N=2.0
2.0   S=-0.06S
      N=3.2
2.0   I=-1A
1.0   R=10^-10 Ω
END
```

Ergebnisse:

$\underline{U}_1 = 2.336\cdot 10^{-15}\ \mathrm{V}$

$\underline{U}_2 = 24.00\ \mathrm{V}$

$$1/\overline{y}_{22} = \underline{U}_2/\underline{I}_2 = 24.00\,\Omega\ ; \quad \overline{y}_{12} = \underline{I}_1/\underline{U}_2 = -\underline{U}_1/10^{-10}\Omega/\underline{U}_2 = 9.733\cdot 10^{-7}\ \mathrm{S}$$

Programm: Knotenpunktpotentialverfahren NV	
Aufgabe: 6.12	Anwendung: Betriebsgrößen, Fehlerrechnung

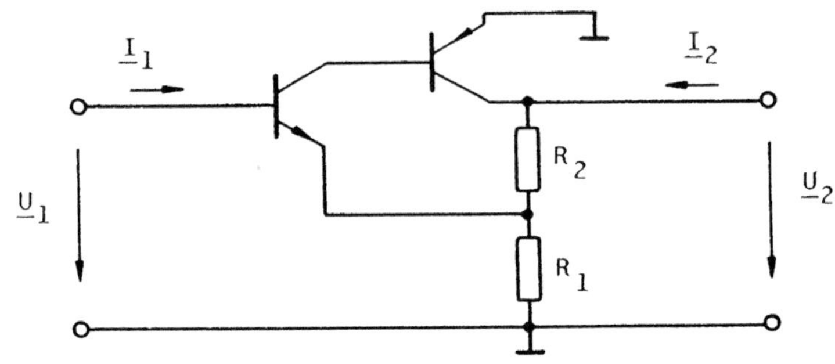

Gegeben ist die Wechselstromschaltung eines gegengekoppelten Niederfrequenzverstärkers. Beide Transistoren seien durch ihre y-Parameter gegeben, mit denen sich die folgende Ersatzschaltung ergibt:

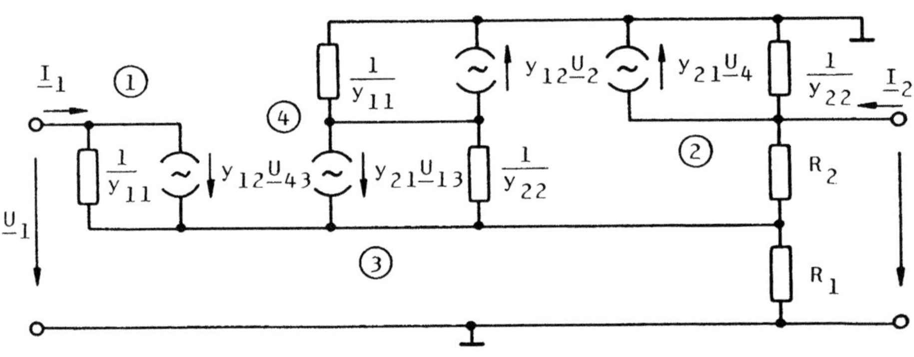

Die Daten der Schaltung sind:

$y_{11} = 2\text{mS}$	$y_{12} = -0.8\mu\text{S}$	$R_1 = 100\Omega$
$y_{21} = 70\text{mS}$	$y_{22} = 25\mu\text{S}$	$R_2 = 900\Omega$

Gesucht sind:

a) die Leerlaufspannungsverstärkung $\underline{U}_2/\underline{U}_1$

b) der Eingangswiderstand $\underline{U}_1/\underline{I}_1$ bei Leerlauf

Wie groß wird der Fehler bei den Ergebnissen, wenn der y_{12}-Parameter vernachlässigt wird, was in der Praxis häufig getan wird?

Programm: Knotenpunktpotentialverfahren NV	
Aufgabe: 6.12	Anwendung: Betriebsgrößen, Fehlerrechnung

Für die Berechnung wird an den Eingang eine Stromquelle von 1A gelegt. Mit Berücksichtigung von y_{12} ergibt sich dann das folgende Makroprogramm:

1.3	R=1/2mS	Ergebnisse:
4.0	R=1/2mS	
3.4	R=1/25µS	$\underline{U}_1 = 9.979 \cdot 10^4$ V
2.0	R=1/25µS	
2.3	R=900Ω	$\underline{U}_2 = 9.663 \cdot 10^5$ V
3.0	R=100Ω	
4.3	S=0.07	
	N=1.3	
2.0	S=0.07	
	N=4.0	
1.0	I=-1A	
1.3	S=-0.8µS	
	N=4.3	
4.0	S=-0.8µS	
	N=2.0	
END		

Hieraus folgen die gesuchten Größen:

a) Spannungsverstärkung $\underline{U}_2/\underline{U}_1 = 9.683$

b) Eingangswiderstand $\underline{U}_1/\underline{I}_1 = \underline{U}_1/1A = 99.79k\Omega$

Wird y_{12} vernachlässigt, dann ergibt sich das folgende Makroprogramm:

1.3	R=1/2mS	Ergebnisse:
4.0	R=1/2mS	
3.4	R=1/25µS	$\underline{U}_1 = 1.124 \cdot 10^5$
2.0	R=1/25µS	
2.3	R=900Ω	$\underline{U}_2 = 1.089 \cdot 10^6$
3.0	R=100Ω	
4.3	S=0.07S	
	N=1.3	
2.0	S=0.07S	
	N=4.0	
1.0	I=-1A	
END		

Hieraus folgen die angenäherten Größen:

a) Spannungsverstärkung $\underline{U}_2/\underline{U}_1 = 9.689$ (kein Fehler)

b) Eingangswiderstand $\underline{U}_1/\underline{I}_1 = \underline{U}_1/1A = 112.4k\Omega$
mit dem Fehler = 12.6%

Programm: Knotenpunktpotentialverfahren NV	
Aufgabe: 6.13	Anwendung: Verstärker als Ersatzquelle

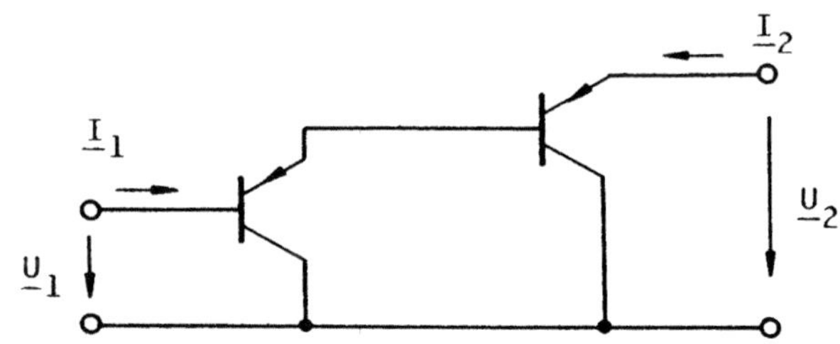

Gegeben ist die Wechselstromschaltung eines Darlington-Transistors. Sind die einzelnen Transistoren durch ihr physikalisches Ersatzbild gegeben, dann läßt sich die folgende Ersatzschaltung für den gesamten Vierpol angeben:

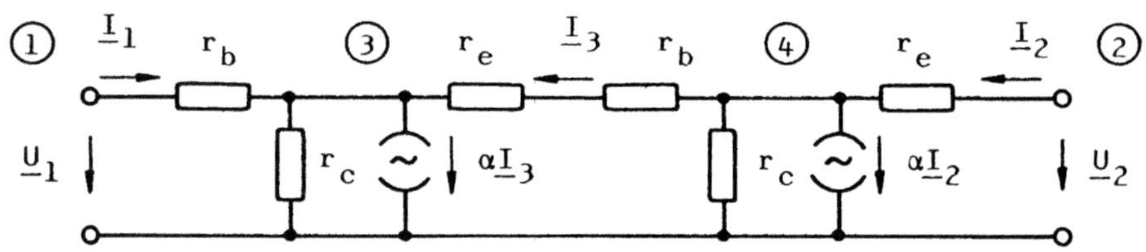

Die Daten der Schaltung sind:

$r_e = 30\Omega$ $r_b = 900\Omega$ $r_c = 1.1 \cdot 10^6\Omega$ $\alpha = 0.98$

Der Verstärkervierpol ist als Ersatzzweipolquelle darzustellen
a) bei Spannungssteuerung, b) bei Stromsteuerung

Zunächst werden die Verstärkungen ermittelt. Dies geschieht am einfachsten, indem an den Eingang eine Stromquelle von 1A gelegt wird:

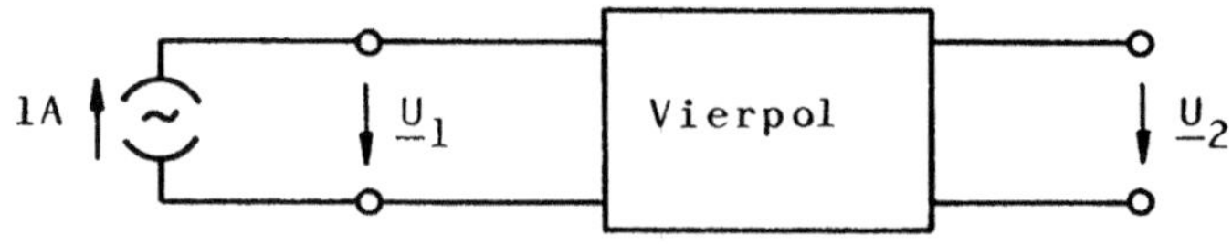

Die stromgesteuerten Stromquellen können leicht in spannungsgesteuerte Stromquellen umgewandelt werden:

$$\alpha\underline{I}_3 = \frac{\alpha}{r_e + r_b}\,\underline{U}_{43} \qquad \alpha\underline{I}_2 = \frac{\alpha}{r_e}\,\underline{U}_{24}$$

Programm: Knotenpunktpotentialverfahren NV	
Aufgabe: 6.13	Anwendung: Verstärker als Ersatzquelle

Damit ergibt sich das folgende Makroprogramm:

Makroprogramm	Ergebnisse
1.3 R=900 3.0 R=1.1·10^6 3.0 S=0.98/930 N=4.3 3.4 R=930 4.0 R=1.1·10^6 4.0 S=0.98/30 N=2.4 2.4 R=30 1.0 I=-1A END	Ergebnisse: $\underline{U}_1 = 1.0793 \cdot 10^6 V$ $\underline{U}_2 = 1.0775 \cdot 10^6 V$

Aus der errechneten Spannungsverteilung entnimmt man die Verstärkungen:

$$\frac{\underline{U}_2}{\underline{U}_1} = 0.9983 \qquad \text{für Spannungssteuerung}$$

$$\frac{\underline{U}_2}{\underline{I}_1} = \frac{\underline{U}_2}{1A} = 1.0775 \cdot 10^6 \ V/A \qquad \text{für Stromsteuerung}$$

Der Ausgangswiderstand wird durch Berechnung von $\underline{U}_2/\underline{I}_2$ bestimmt. Hierzu wird an den Ausgang eine Stromquelle von 1A gelegt. Bei Spannungssteuerung muß die Spannungsquelle am Eingang zu Null gemacht werden, d.h. die Eingangsklemmen werden kurzgeschlossen:

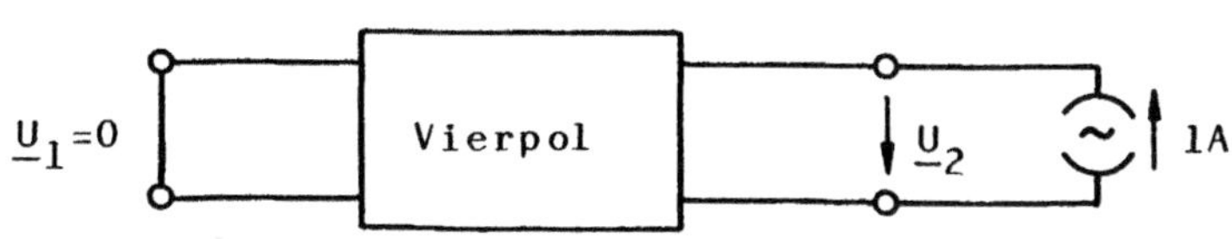

3.0 R=900Ω 3.0 R=1.1·10^6Ω 3.0 S=0.98/930Ω N=4.3 3.4 R=930Ω 4.0 R=1.1·10^6Ω 4.0 S=0.98/30Ω N=2.4 2.4 R=30Ω 2.0 I=-1A END	Ergebnis: $\underline{U}_2 = 48.94 V$

Programm: Knotenpunktpotentialverfahren NV	
Aufgabe: 6.13	Anwendung: Verstärker als Ersatzquelle

Es ergibt sich der Ausgangswiderstand:

$$R_{out} = \underline{U}_2/\underline{I}_2 = \underline{U}_2/1A = 48.94\ \Omega \quad \text{für Spannungssteuerung}$$

Damit läßt sich die folgende Ersatzspannungsquelle angeben:

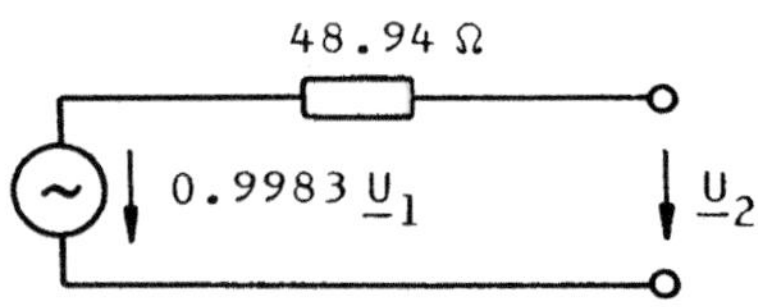

Spannungssteuerung

Für die Berechnung des Ausgangswiderstandes bei Stromsteuerung muß die Stromquelle am Eingang zu Null gemacht werden, d.h. die Eingangsklemmen werden geöffnet:

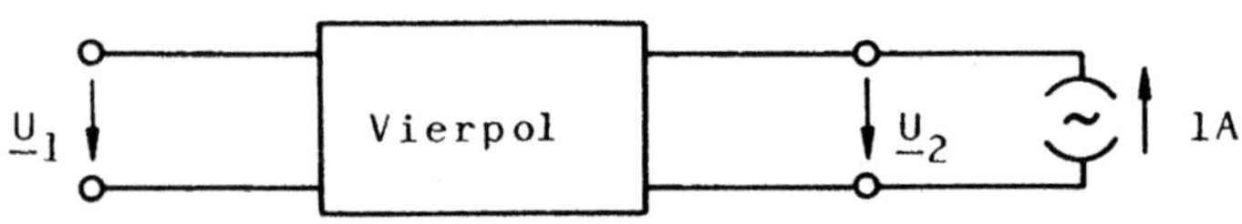

3.1 R=900Ω 3.0 R=1.1·10⁶Ω 3.0 S=0.98/930Ω N=4.3 3.4 R=930Ω 4.0 R=1.1·10⁶Ω 4.0 S=0.98/30Ω N=2.4 2.4 R=30Ω 2.0 I=-1A END	Ergebnis: $\underline{U}_2 = 479.2$ V

Es folgt der Ausgangswiderstand:

$$R_{out} = \underline{U}_2/\underline{I}_2 = \underline{U}_2/1A = 479.2\ \Omega$$

Damit läßt sich die folgende Ersatzspannungsquelle angeben:

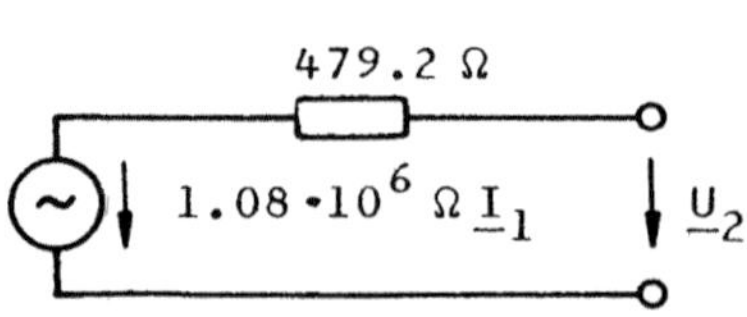

Stromsteuerung

Programm: Knotenpunktpotentialverfahren NV	
Aufgabe: 6.14	Anwendung: Stabilität, Frequenzgang

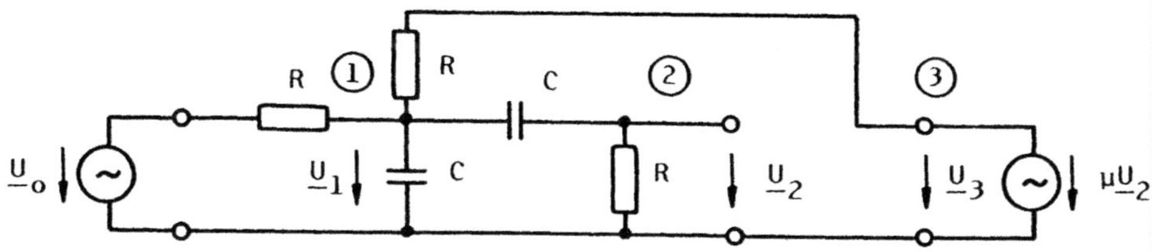

Gegeben ist die Ersatzschaltung eines Verstärkers (spannungsgesteuerte Spannungsquelle) mit einem Mitkopplungsnetzwerk. Die Daten der Schaltung sind:

R = 500 Ω   C = 20nF

Gesucht sind:

a) Stabilitätsuntersuchung nach Nyquist für verschiedene Werte der Spannungsverstärkung μ ,

b) Frequenzgang $|\underline{U}_3/\underline{U}_o|$ für $\mu = 3.8$

a) Für die Stabilitätsuntersuchung wird die Phase des Rückkopplungsfaktors $1-kv_o$ geplottet. Hierzu wird die Schleife aufgetrennt und mit einer starren Spannungsquelle von 1V ausgesteuert. Dabei muß die Quelle $\underline{U}_o = 0$ gesetzt werden.

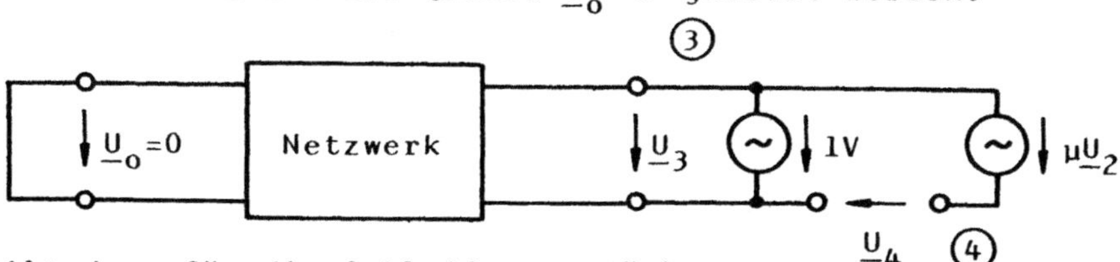

Es gilt dann für die Schleifenverstärkung:

$$kv_o = \mu\underline{U}_2/1V$$

und für den Rückkopplungsfaktor:

$$1-kv_o = 1 - \mu\underline{U}_2/1V = (1V - \mu\underline{U}_2)/1V = \underline{U}_4/1V$$

Dieser kann also direkt als Differenzspannung $\underline{U}_4$ berechnet und geplottet werden. Da das Programm nur mit Stromquellen arbeitet, werden die Spannungsquellen in äquivalente Stromquellen umgewandelt unter Hinzufügung von Widerständen, welche das Rechenergebnis kaum beeinflussen.

Programm: Knotenpunktpotentialverfahren NV	
Aufgabe: 6.14	Anwendung: Stabilität, Frequenzgang

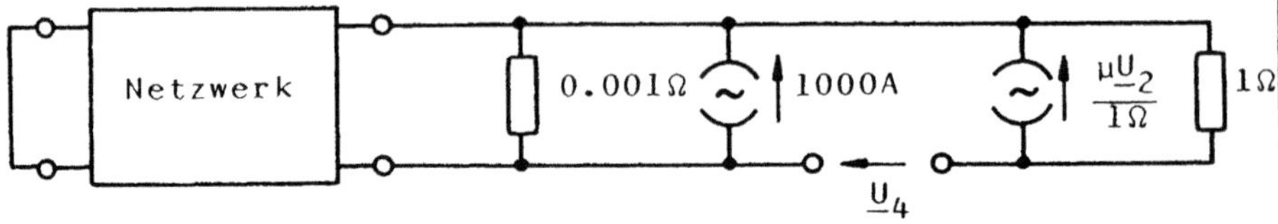

Die Steilheit der gesteuerten Stromquelle wird μ/1V.

Das folgende Makroprogramm berechnet $1\text{-}kv_o = \underline{U}_4/1V$ für μ=20:

```
1.0   R=500Ω
1.0   C=20nF
1.3   R=500Ω
1.2   C=20nF
2.0   R=500Ω
3.0   R=0.001Ω
3.0   I=-1000A
3.4   R=1Ω
4.3   S=20
      N=2.0
END
```

Der Phasengang wird mit dem im Abschnitt 7 beschriebenen PLOT-Programm aufgezeichnet. Für μ = 20 ist die Schaltung instabil, da der Phasengang bei fallendem Verlauf den Wert 180° durchläuft.

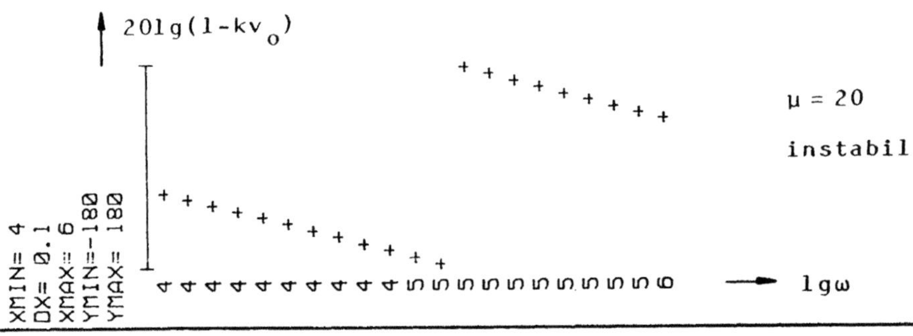

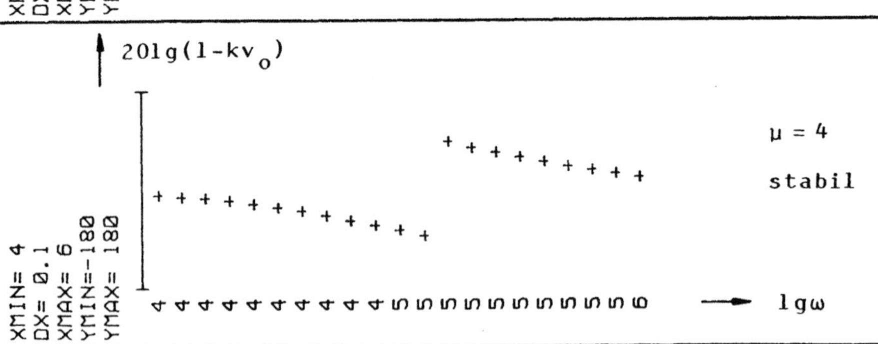

Programm: Knotenpunktpotentialverfahren NV	
Aufgabe: 6.14	Anwendung: Stabilität, Frequenzgang

b) Bei $\mu = 3.8$ arbeitet die Schaltung im stabilen Bereich. Sie hat Bandpaßcharakteristik. Für das Plotten des Frequenzganges müssen die Spannungsquellen in äquivalente Stromquellen umgewandelt werden. Es wird mit der folgenden Ersatzschaltung gerechnet:

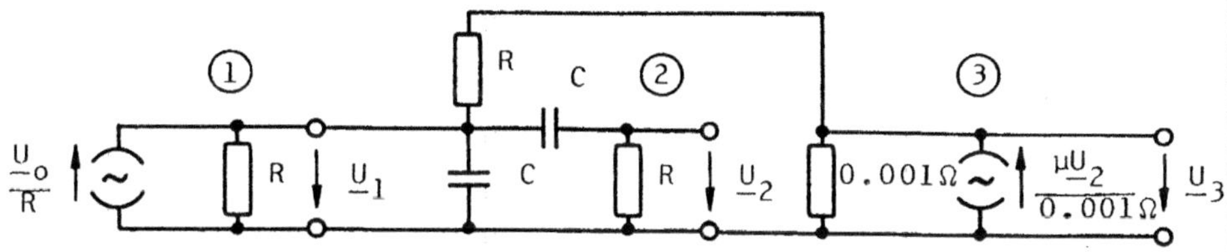

Wird $\underline{U}_o$=1V gesetzt, dann gilt für den Frequenzgang:

$\underline{U}_3/\underline{U}_o = \underline{U}_3/1V$

```
1.0    R=500Ω
1.0    C=20nF
1.3    R=500Ω
1.2    C=20nF
2.0    R=500Ω
3.0    R=0.001Ω
3.0    S=-3.8/0.001Ω
       N=2.0
1.0    I=-1V/500Ω
END
```

Makroprogramm zum Plotten von

$\frac{\underline{U}_3}{\underline{U}_o}$

Amplitudengang für $\mu = 3.8$:

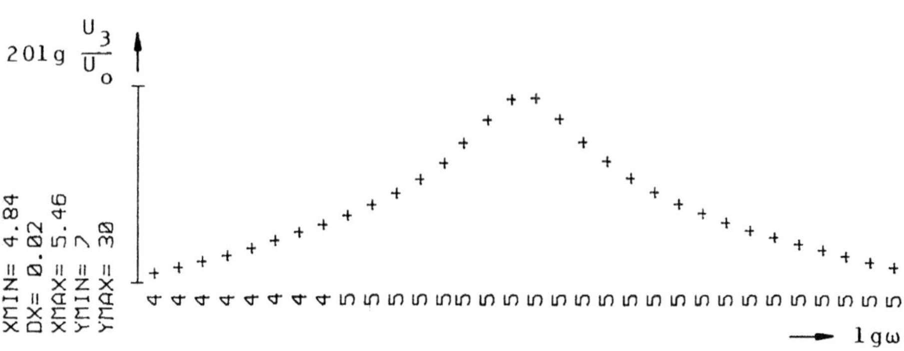

Programm: Knotenpunktpotentialverfahren NV	
Aufgabe: 6.15	Anwendung: Frequenzgang, Kaskode-Schaltung

Das Frequenzverhalten der folgenden Schaltung soll untersucht werden.

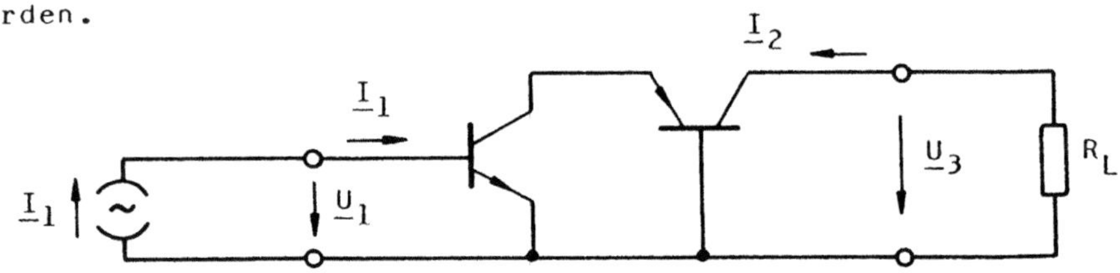

Für beide Transistoren seien die Daten ihres Giacoletto - Ersatzbildes gegeben. Dann gilt für den Verstärker-Vierpol die folgende Ersatzschaltung mit spannungsgesteuerten Stromquellen:

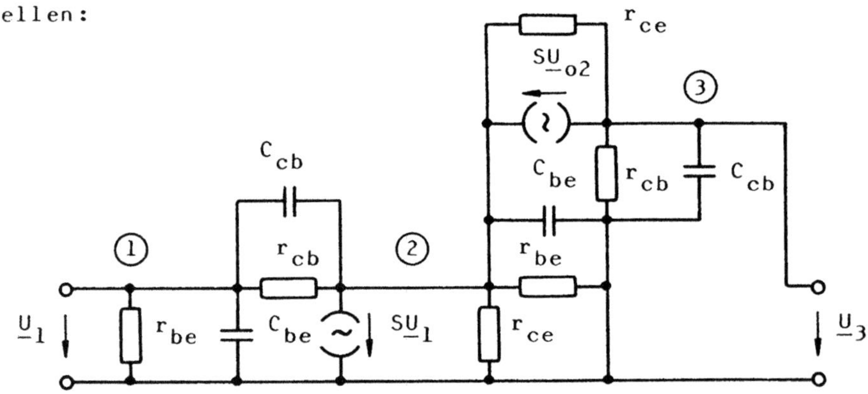

Die Daten der Schaltung sind:

$r_{be} = 1000\Omega$ $r_{cb} = 4M\Omega$ $r_{ce} = 60k\Omega$ $R_L = 1000\Omega$

$C_{be} = 200pF$ $C_{cb} = 12pF$ $S = 0.05\ S$

Gesucht sind:

a) Bode-Plot des Amplitudenganges $\underline{I}_2/\underline{I}_1$ (Stromsteuerung)

b) Bode-Plot des Amplitudenganges $\underline{U}_3/\underline{U}_1$ (Spannungssteuerung)

Die Ausgangsspannung hat hier den Index 3, da die zu plottende Spannung den höchsten Index haben muß.

Programm: Knotenpunktpotentialverfahren NV

Aufgabe: 6.15	Anwendung: Frequenzgang, Kaskode-Schaltung

a) Für die Berechnung des Frequenzganges $\underline{I}_2/\underline{I}_1$ gilt die folgende Schaltung:

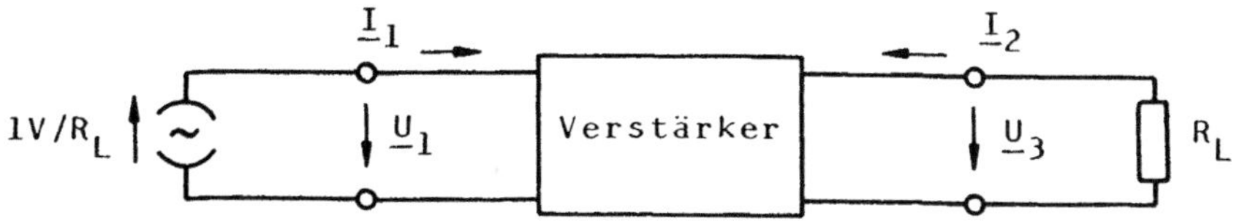

Wird $\underline{I}_1 = 1V/R_L$ gesetzt, dann gilt

$$\frac{\underline{I}_2}{\underline{I}_1} = \frac{\underline{U}_3/R_L}{1V/R_L} = \underline{U}_3/1V$$

Damit ist die Berechnung der Stromverstärkung auf die Berechnung der Spannung $\underline{U}_3$ zurückgeführt, die geplottet werden kann.

1.0	R=1000Ω
1.0	C=200pF
1.2	R=4MΩ
1.2	C=12pF
2.0	S=0.05S N=1.0
2.0	R=60kΩ
2.0	R=1000Ω
2.0	C=200pF
3.0	R=4MΩ
3.0	C=12pF
3.2	S=-0.05 N=2.0
3.2	R=60kΩ
1.0	I=-1V/1000Ω
3.0	R=1000Ω
END	

Für das Plotten wird das Programm PLOT (siehe Abschnitt 7) verwendet, welches NV als Unterprogramm benutzt. Aus dem untenstehenden Amplitudengang kann die Grenzfrequenz des Verstärkers für Stromsteuerung entnommen werden.

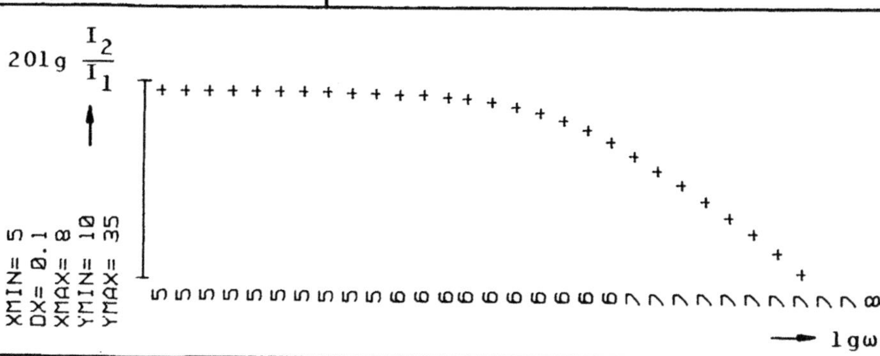

Programm: Knotenpunktpotentialverfahren NV	
Aufgabe: 6.15	Anwendung: Frequenzgang, Kaskode-Schaltung

b) Für die Berechnung des Frequenzganges $\underline{U}_3/\underline{U}_1$ gilt die folgende Schaltung:

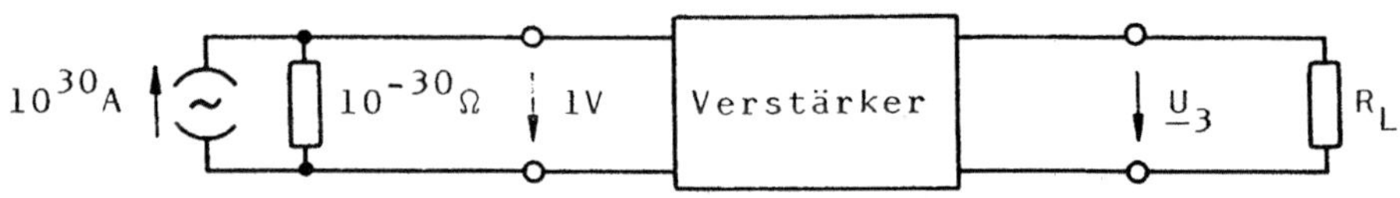

Da NV nur mit Stromquellen arbeitet, mußte die starre Eingangsspannung von 1V durch eine Stromquelle realisiert werden. Der Frequenzgang

$$\underline{U}_3/\underline{U}_1 = \underline{U}_3/1V$$

ist damit auf die Berechnung der Spannung $\underline{U}_3$ zurückgeführt, die geplottet werden kann.

1.0	R=1000Ω
1.0	C=200pF
1.2	R=4MΩ
1.2	C=12pF
2.0	S=0.05
	N=1.0
2.0	R=60kΩ
2.0	R=1000Ω
2.0	C=200pF
3.0	R=4MΩ
3.0	C=12pF
3.2	S=-0.05
	N=2.0
3.2	R=60kΩ
1.0	I=-10^{30}A
1.0	R= 10^{-30}Ω
3.0	R=1000Ω
END	

Man erkennt aus dem untenstehenden Amplitudengang, daß die Grenzfrequenz bei Spannungssteuerung sich gegenüber derjenigen bei Stromsteuerung merklich erhöht hat. Dies liegt daran, daß die Kapazitäten der ersten Stufe keinen Einfluß mehr haben und die zweite Stufe wegen der Basisschaltung eine hohe Grenzfrequenz hat.

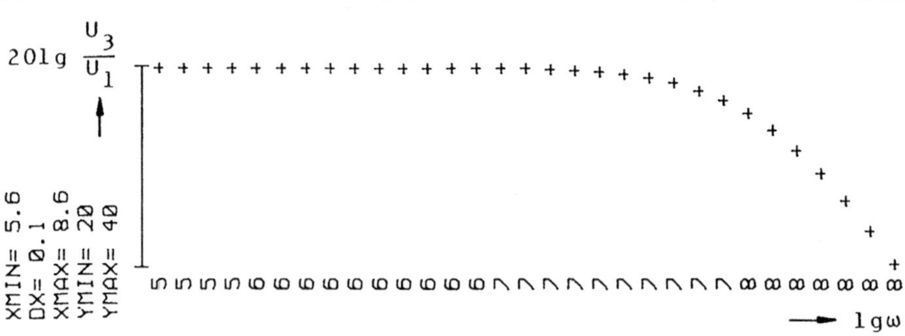

Programm: Knotenpunktpotentialverfahren NV	
Aufgabe: 6.16	Anwendung: RC-Oszillator

Gegeben ist die Ersatzschaltung eines RC-Oszillators.

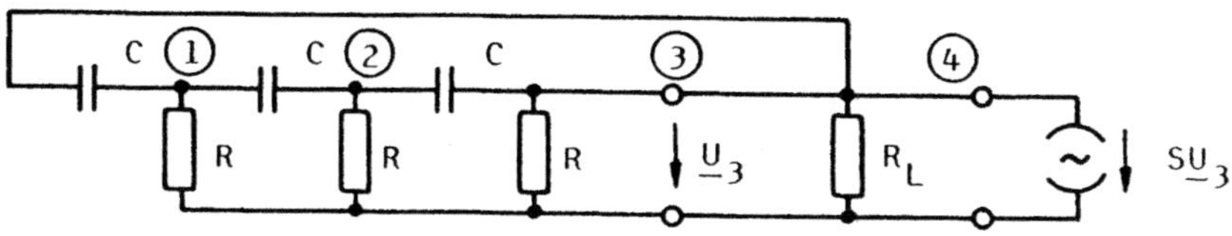

Die Daten der Schaltung sind:

$R = 10k\Omega$ $C = 0.1\mu F$ $R_L = 1000\Omega$ $S = 0.05\,S$

Mit dem Nyquist-Kriterium ist zu bestimmen, mit welcher Frequenz der Oszillator schwingt.

Zur Bestimmung der Schleifenverstärkung wird die Schleife am Ausgang der gesteuerten Quelle geöffnet:

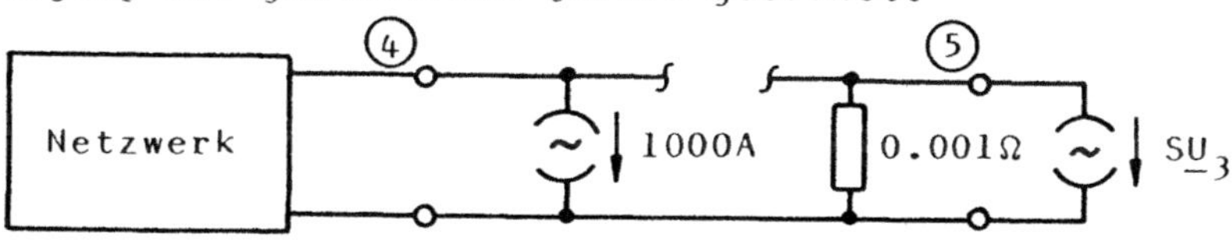

Wird das Netzwerk mit einer starren Stromquelle von 1000A ausgesteuert, dann ist die Schleifenverstärkung:

$$kv_o = \frac{S\underline{U}_3}{1000A}$$

Für die Stabilitätsuntersuchung wird die Phase von $1-kv_o$ geplottet. Hierzu wird die folgende Ersatzschaltung verwendet:

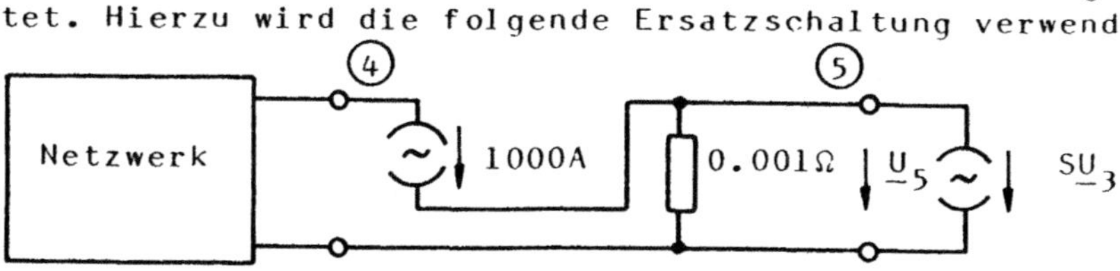

Es ergibt sich:

$$1-kv_o = 1 - \frac{S\underline{U}_3}{1000A} = \frac{(1000A-S\underline{U}_3)\cdot 0.001\Omega}{1V} = \frac{\underline{U}_5}{1V}$$

Damit ist die Berechnung von $1-kv_o$ auf die Berechnung

Programm: Knotenpunktpotentialverfahren NV

Aufgabe: 6.16 | Anwendung: RC-Oszillator

der Spannung $\underline{U}_5$ zurückgeführt. Diese ist gleich dem Spannungsabfall des Differenzstromes 1000A-S$\underline{U}_3$ an dem Widerstand 0.001Ω. Dieser sehr kleine Widerstand kann de facto als Kurzschluß betrachtet werden, so daß er das Ergebnis kaum verfälscht.

1.0	R=10kΩ
2.0	R=10kΩ
3.0	R=10kΩ
1.2	C=0.1µF
2.3	C=0.1µF
1.4	C=0.1µF
4.0	R=1000Ω
4.5	I=1000A
5.0	R=0.001Ω
5.0	S=0.05
	N=3.0
END	

Makroprogramm zum Plotten der Phase von

$$1-kv_o = \frac{\underline{U}_5}{1V}$$

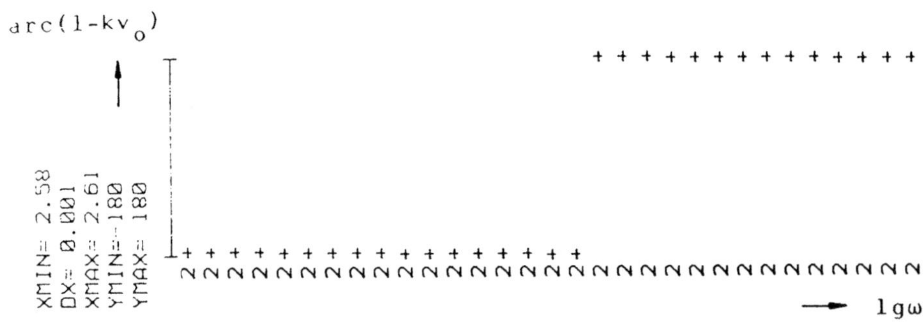

Man erkennt, daß der Phasengang den Winkel 180° durchläuft, und zwar zwischen

$$2.596 < \log\omega < 2.597$$

$$394.46 < \omega < 395.37$$

Genauere Werte könnte man erhalten durch systematische Iteration, wobei man NV als Funktionsunterprogramm eines Iterationsprogramms verwenden kann.

7 Programm PLOT

Dies ist ein Hilfsprogramm, mit dem der Amplitudengang und der Phasengang in der logarithmischen Form des Bode-Diagramms geplottet werden können. Die zu plottende Funktion muß als Unterprogramm vorliegen. Insbesondere können die Programme RED und NV als Unterprogramme verwendet werden.

7.1 Bedienungsanleitung

Tasten	Bemerkung
	Manuelle Eingabe der Plot-Parameter:
R=(XMIN) {ENT}	Minimaler lgω -Wert auf der X-Achse
S=(XMAX) {ENT}	Maximaler lgω -Wert auf der X-Achse
T=(DX) {ENT}	Schrittweite Δlgω auf der X-Achse
U=(YMIN) {ENT}	Minimaler Wert auf der Y-Achse
V=(YMAX) {ENT}	Maximaler Wert auf der Y-Achse
O=(±Sprungadresse) {ENT}	Zeilen-Nr. des Unterprogramms: O=110 für Amplitudengang RED O=-110 für Phasengang RED O=341 für Amplitudengang NV O=-341 für Phasengang NV
GOTO 400 {ENT}	Start des Programms PLOT Achtung: RUN 400 ist hier nicht zulässig, da sonst die Dimensionierung DIM und damit das Makroprogramm des betreffenden Unterprogramms gelöscht würde.
Anmerkung: Das Programm PLOT stellt dem Unterprogramm im Speicher W die Variable ω zur Verfügung. Umgekehrt liefert das Unterprogramm dem Programm PLOT in den Speichern X und Y den Real- und Imaginärteil des Frequenzganges.	

Als Beispiel für die Bedienungsanleitung wird die folgende einfache Schaltung genommen, wobei das Reduktionsprogramm RED als Unterprogramm verwendet werden soll.

Beispiel für Bedienungsanleitung PLOT

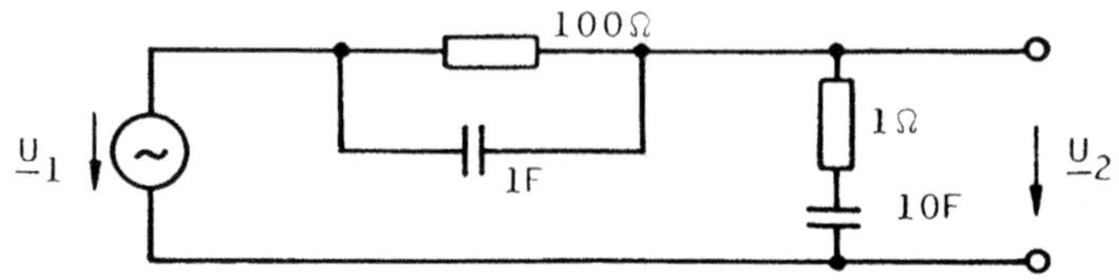

Das Spannungsverhältnis $\underline{U}_2/\underline{U}_1$ des Filters ist durch Bode-Plots darzustellen. Der Amplitudengang und der Phasengang ist von lgω=-4 bis lgω=1 zu plotten. Setzt man $\underline{U}_1$=1V, dann ist $\underline{U}_2/\underline{U}_1 = \underline{U}_2/1V$, d.h. die Ausgangsspannung ist gleich dem Spannungsverhältnis. Das entsprechende Makroprogramm lautet:

RP=100 CP=1F US=1V	NEW RS=1 CS=10F	PAR UØ END

Nach der Eingabe des Makroprogramms in RED wird der folgende Bedienungsablauf für den Amplitudengang ausgeführt:

Tasten	Bemerkung
R=-4 {ENT}	XMIN } als lgω
S=1 {ENT}	XMAX } als lgω
T=0.2 {ENT}	DX } als lgω
U=-22 {ENT}	YMIN in Dezibel
V=Ø {ENT}	YMAX in Dezibel
O=110 {ENT}	Zeilen-Nr. für Amplitudengang RED
GOTO 400 {ENT}	Start PLOT

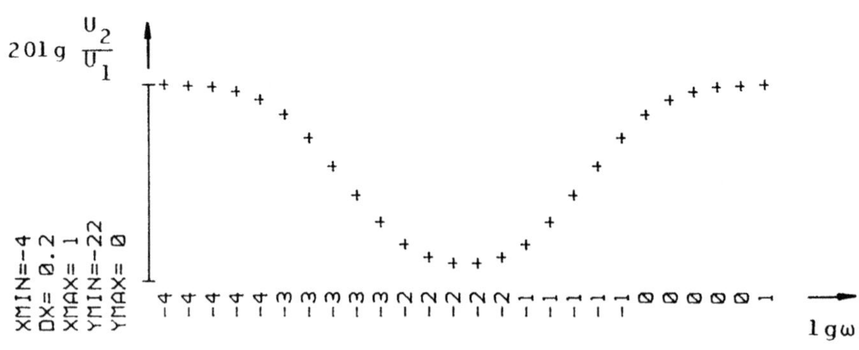

Beispiel für Bedienungsanleitung PLOT (Forts.)

Für den Phasengang wird der folgende Bedienungsablauf ausgeführt:

Tasten	Bemerkung
R=-4 {ENT}	XMIN
S=1 {ENT}	XMAX
T=0.2 {ENT}	DX
U=-60 {ENT}	YMIN in Grad
V=60 {ENT}	YMAX in Grad
O=-110 {ENT}	Zeilen-Nr. für Phasengang RED. Für den Phasengang wird die negative Zeilen-Nr. verwendet.
GOTO 400 {ENT}	Start PLOT

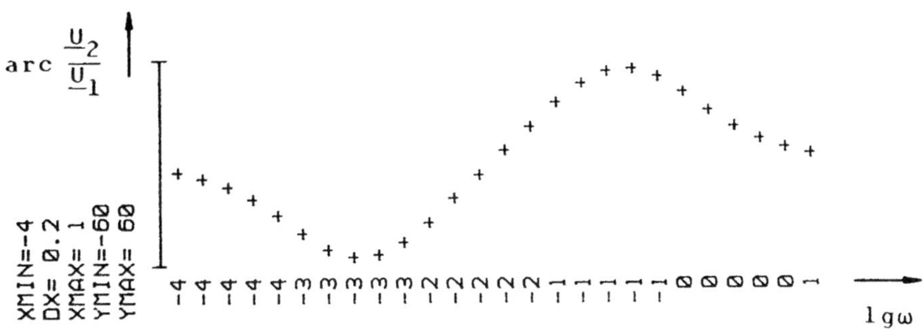

Die X-Achse ist so gestaltet, daß die Dekaden erkennbar sind. Die Zahlenwerte der X-Achse bedeuten die ganzzahligen Werte (INTEGER) von lgω. Die Dekade mit dem Wert INT(lgω) = 1 läuft z.B. von $\omega = 10^1$ bis $\omega = 10^2$. Innerhalb einer Dekade kann man durch Abzählen den genauen Wert der X-Achse ermitteln, da die Schrittweite bekannt ist.

Anmerkung:
Befindet man sich in einem laufenden Programm, so muß man natürlich vor der manuellen Eingabe der Plot-Parameter die Taste BREAK drücken.

7.2 Programmauflistung und Speicherplan

PLOT

Basic-Programm PC-1500	Erläuterungen
400:USING :TEXT : LPRINT "XMIN=" ;R:LPRINT "DX= ";T:LPRINT "XM AX=";S:LPRINT "YMIN=";U: LPRINT "YMAX=" ;V	Programmstart Ausgabe der Plot-Parameter
401:GRAPH :RLINE (42,0)-(0,6)-(0 ,-12)-(0,6)-(1 68,0)-(0,6)-(0 ,-12):RLINE -(0,6)-(-168,0)	Zeichnen der Y-Achse
402:USING "###": GLCURSOR (0,-2 0):SORGN :W=10 ^R:GOSUB ABS O :GOSUB 480:X=2 0*LOG (X+1E-50):IF O<0LET X= Y	Berechnen eines Punktes
404:X=(X-U)/(V-U)* 168+.5:IF X<0 OR X>=169 LPRINT INT R;" ":GOTO 408	Plotten eines Punktes
406:LPRINT INT R: GLCURSOR (X+38 ,0):LPRINT "+"	
408:R=R+T:IF R<=S THEN 402	Letzter Punkt ?
410:END	Programmende

Register	Inhalt
O	Zeilen-Nr. des Unterprogramms (+ oder -)
R	XMIN
S	XMAX
T	DX
U	YMIN
V	YMAX
W	Kreisfrequenz ω
X	Realteil } des Frequenzganges
Y	Imaginärteil } des Frequenzganges

8 Programmpakete für PC-1500 und PC-1251

Die in den Abschnitten 3 bis 7 geschilderten Programme können zu einem Paket zusammengefaßt werden, da sich ihre Zeilennummern nicht überschneiden. Die Programme bilden dann zusammen ein einziges großes Netzwerkprogramm.

Die einzelnen Programme des Pakets benutzen gemeinsame Unterprogramme, so daß das gesamte Paket weniger Programmspeicher benötigt als die Summe der einzelnen Programme. Z.B verwenden GCOM und NV gemeinsam den Gauß-Algorithmus. Auf diese Weise gelingt es sogar, alle Programme gleichzeitig in dem PC-1251 (4 Kilobyte) zu speichern. Der Benutzer kann sich aber auch nach eigenen Wünschen sein eigenes Paket zusammenstellen, wenn er nicht immer alle Programme benötigt.

Die Rechner PC-1500 und PC-1251 sind weitgehend kompatibel. Die in den Abschnitten 3 bis 7 gegebenen Programmbeschreibungen gelten also auch für den PC-1251. Nur die Ein- und Ausgabeanweisungen unterscheiden sich in geringfügigen Details. Zum Beispiel werden beim PC-1251 zwei CALL-Anweisungen benutzt, die keine Basic-Sprachelemente darstellen. Damit wird erreicht, daß die Anzeige während der Ausführung der INKEY$-Warteschleife stehen bleibt, was beim PC-1500 sowieso der Fall ist, beim PC-1251 jedoch nicht. Aus diesem Grunde wird unten neben einem Listing des Programmpaketes für den PC-1500 ein separates Listing für den PC-1251 gegeben. Auf eine Kommentierung des Listings wird hier verzichtet, da eine solche bereits in den Abschnitten 3 bis 7 vorhanden ist.

Will man die Programme auf andere Basic-Rechner übertragen, so ist auf folgendes zu achten. Alle Unterprogrammsprünge, die durch zugeordnete Tastenfunktionen ausgelöst werden (dazu gehören auch die Makroanweisungen), werden ausgeführt, indem die numerische Sprungadresse über den ASCII-Code der entsprechenden Taste errechnet wird. Diese Sprungadressen (Zeilennummern) dürfen natürlich nicht geändert werden.

Zur schnellen Information werden hier die Startadressen aller Programme im Zusammenhang angegeben. Dem Benutzer sei es überlassen, den Start der Programme zusätzlich über Definable oder Reservable Keys festzulegen.

Programm	Programmstart mit Initialisierung durch DIM-Anweisung	Review (Kontrolle + Änderung des Makroprogramms)	Rechenphase als Unterprogramm
RED	RUN 30	GOTO 35	GOSUB 110
GCOM	RUN 200		GOSUB 250
NV	RUN 300	GOTO 302	GOSUB 341
	Programmstart ohne DIM-Anweisung		
PLOT	GOTO 400		
ACOM	GOTO 430		

Bild 8.1: Startadressen aller Programme

Man beachte: Der Start mit RUN ist notwendig beim erstmaligen Lauf von Programmen, bei denen Felder mit der DIM-Anweisung initialisiert werden. Ein Start mit RUN zerstört aber ein gespeichertes Makroprogramm. Will man daher ein Makroprogramm ein zweites Mal starten (z.B. mit einer anderen Frequenz), dann muß zunächst das Reviewprogramm mit GOTO und dann der Rechenlauf mit der Taste 2 gestartet werden. Ein Start mit GOTO 30 bei RED geht nicht, da eine zweimalige Dimensionierung derselben Felder verboten ist.

PLOT und ACOM benutzen keine Felder und können daher immer mit GOTO gestartet werden.

PC-1500: Programmpaket RED + GCOM + NV + ACOM + PLOT	Blatt 1 von 3

```
  2:IF Q=1LET Q=0:
    GOTO 8
  4:O=0:RETURN
  5:IF Q=0LET Q=1:
    GOTO 8
  7:Q=1:RETURN
  8:M=C*C+D*D:C=C/
    M:D=-D/M
 10:M=A*C-B*D:B=B*
    C+A*D:A=M:
    RETURN
 20:A=0:B=0:C=1E-3
    0:D=0:O=2:
    RETURN
 25:A$=MID$ (B$(0)
    ,M*3-203,3):O$
    =RIGHT$ (A$,1)
    :RETURN
 30:INPUT "M=?",R:
    DIM B$(0)*66,M
    (R+R-1)
 31:B$(0)="RP=RS=C
    P=LP=XP=IP=U0
    I0 Z0 ENDNEWPH
    =PARFB CS=SERL
    S=US=*********
    XS="
 35:"D"USING :WAIT
    0:Z=0:PRINT "R
    ED"
 40:GOSUB 420:M=
    ASC M$:IF M<68
    OR M>89THEN 82
 70:GOSUB 25:M(Z)=
    M:IF O$="="
    INPUT "WERT?",
    M(Z+1)
 80:GOTO 95
 82:ON M-47GOTO 92
    ,91,100
 84:GOTO 40
 91:Z=Z-4:IF Z<0
    THEN 35
 92:M=M(Z):GOSUB 2
    5
 95:Z=Z+2:IF O$<>"
    ="PRINT A$:
    GOTO 40
 96:PRINT A$;M(Z-1
    ):GOTO 40
100:WAIT :O=0:
    INPUT "W=?",W
105:CLS :GOSUB 110
    :END
```

```
110:DEGREE :Z=-2:
    GOSUB 20
120:Z=Z+2:IF M(Z)=
    77RETURN
130:X=M(Z+1):GOSUB
    2*M(Z)+20:GOTO
    120
156:GOSUB 2:C=C+1/
    X:RETURN
158:GOSUB 5:C=C+X:
    RETURN
160:GOSUB 2
161:D=D+W*X:RETURN
162:GOSUB 2:GOTO 1
    85
164:GOSUB 2:D=D-1/
    X:RETURN
166:GOSUB 2:GOTO 1
    91
168:GOSUB 5:P$="U0
    ":X=A:Y=B:GOTO
    174
170:GOSUB 2:P$="I0
    ":X=A:Y=B:GOTO
    174
172:GOSUB 5:P$="Z0
    ":X=C:Y=D
174:IF O=0GOSUB 49
    0
175:RETURN
176:I=E:J=F:K=G:L=
    H:IF Q=2RETURN
177:GOSUB 2:E=A:F=
    B:G=C:H=D:
    GOSUB 20:
    RETURN
178:A=A-M+M*COS X:
    B=B+M*SIN X:
    RETURN
180:GOSUB 2
181:A=A+E:B=B+F:C=
    C+G:D=D+H:E=I:
    F=J:G=K:H=L:
    RETURN
182:GOSUB 2:C=-E:D
    =-F:GOSUB 5:
    RETURN
184:GOSUB 5
185:D=D-1/W/X:
    RETURN
186:GOSUB 5:M=A:A=
    E:E=M:M=B:B=F:
    F=M:M=C:C=G:G=
    M:M=D:D=H:H=M
```

```
187:O=0:GOSUB 5:
    GOTO 181
188:GOSUB 5:GOTO 1
    61
190:GOSUB 5
191:A=A+X:M=X:
    RETURN
198:GOSUB 5:D=D+X:
    RETURN
200:O=0:GOSUB 290:
    INPUT "COMP?",
    P,"SYM?",S:FOR
    I=0TO N-1:M=S*
    I:FOR J=MTO N:
    WAIT 0
210:A$=STR$ (10*I+
    J+11)+"    ":
    PRINT "RE";A$;
    :INPUT R(I,J):
    CLS :IF P=1
    PRINT "IM";A$;
    :INPUT I(I,J):
    CLS
220:IF S=1AND J<>N
    LET R(J,I)=R(I
    ,J):I(J,I)=I(I
    ,J)
230:NEXT J:NEXT I
250:WAIT :IF N<2
    THEN 258
251:FOR K=0TO N-2:
    FOR I=K+1TO N-
    1:A=R(K,K):B=I
    (K,K):C=R(I,K)
    :D=I(I,K):
    GOSUB 280
255:FOR J=K+1TO N:
    E=R(K,J):F=I(K
    ,J):R(I,J)=R(I
    ,J)-E*X+F*Y:I(
    I,J)=I(I,J)-F*
    X-E*Y
256:NEXT J:NEXT I:
    NEXT K
258:I=N-1
260:C=R(I,N):D=I(I
    ,N):J=I
265:J=J+1:IF J<N
    LET C=C-R(I,J)
    :D=D-I(I,J):
    GOTO 265
270:A=R(I,I):B=I(I
    ,I):GOSUB 280:
    IF O<>0RETURN
```

PC-1500: Programmpaket RED + GCOM + NV + ACOM + PLOT	Blatt 2 von 3

```
271:FOR L=0TO I-1:
    E=R(L,I):F=I(L
    ,I):R(L,I)=E*X
    -F*Y
275:I(L,I)=E*Y+F*X
    :NEXT L:P$="U"
    +STR$ (I+1):
    GOSUB 490:I=I-
    1:IF I>=0THEN
    260
276:END
280:Z=A*A+B*B:X=(A
    *C+B*D)/Z:Y=(A
    *D-B*C)/Z:
    RETURN
290:INPUT "N?",N:
    DIM R(N-1,N),I
    (N-1,N):RETURN
300:GOSUB 290:G=
    INT ((MEM -18)
    /12)-1:PAUSE "
    M=";G:INPUT "M
    ?",G
301:DIM C$(G)*1,I$
    (G)*3,W(G)
302:"N"WAIT 0:Z=-1
    :USING :PRINT
    "NU"
303:GOSUB 420:Z=Z+
    1:A=ASC M$:ON
    A-47GOTO 312,3
    18,340
307:C$(Z)=M$:IF A=
    77LET I$(Z)="1
    ":GOTO 312
308:INPUT "WERT?",
    W(Z)
309:I$(Z)="   ":
    INPUT "I.J?",I
    $(Z)
311:IF Z<0THEN 302
312:IF C$(Z)="M"
    PRINT "END":
    GOTO 303
316:PRINT I$(Z);"
     ";C$(Z);"=";
    W(Z):GOTO 303
318:Z=Z-2:GOTO 311
340:O=0:DEGREE :
    INPUT "W=?",W
341:CLS :FOR I=0TO
    N-1:FOR J=0TO
    N:R(I,J)=1E-30
    :I(I,J)=0:NEXT
    J:NEXT I:Z=0:D
    =VAL I$(0):C=
    ASC C$(0)
342:H=W(Z):IF D<>0
    LET A=1E-30:B=
    0:I=INT D-1:J=
    (D-I)*10-1!
344:IF C=77THEN 25
    0
345:X=I.Z=Z+1:D=
    VAL I$(Z):E=
    ASC C$(Z):
    GOSUB (C+280):
    C=E:GOTO 342
347:B=B-1/H/W:GOTO
    369
353:GOSUB 375:Y=N:
    GOSUB 390:IF J
    >=0LET X=J:
    GOSUB 390
354:RETURN
356:B=B+H*W:GOTO 3
    69
358:K=INT H-1:L=10
    *(H-K)-11:GOTO
    380
360:RETURN
362:A=A+H:GOTO 369
363:GOSUB 375:
    RETURN
368:B=B+H
369:IF D=0RETURN
370:C=A*A+B*B:A=A/
    C:B=-B/C:Y=I:
    GOSUB 391:IF J
    <0RETURN
371:X=J:GOSUB 390:
    Y=J:GOSUB 390:
    X=I:GOSUB 390:
    RETURN
375:IF E<>80LET A=
    H:RETURN
376:A=H*COS W(Z):B
    =H*SIN W(Z):
    RETURN
380:Y=K:GOSUB 391:
    IF J<0THEN 383
381:X=J:GOSUB 390:
    IF L<0RETURN
382:Y=L:GOSUB 390
383:IF L<0RETURN
384:X=I:Y=L:GOSUB
    390:RETURN
390:A=-A:B=-B
391:R(X,Y)=R(X,Y)+
    A:I(X,Y)=I(X,Y
    )+B:RETURN
400:USING :TEXT :
    LPRINT "XMIN="
    ;R:LPRINT "DX=
    ";T:LPRINT "XM
    AX=";S:LPRINT
    "YMIN=";U:
    LPRINT "YMAX="
    :V
401:GRAPH :RLINE (
    42,0)-(0,6)-(0
    ,-12)-(0,6)-(1
    68,0)-(0,6)-(0
    ,-12):RLINE -(
    0,6)-(-168,0)
402:USING "###":
    GLCURSOR (0,-2
    0):SORGN :W=10
    ^R:GOSUB ABS O
    :GOSUB 480:X=2
    0*LOG (X+1E-50
    ):IF O<0LET X=
    Y
404:X=(X-U)/(V-U)*
    168+.5:IF X<0
    OR X>=169
    LPRINT INT R;"
    ":GOTO 408
406:LPRINT INT R:
    GLCURSOR (X+38
    ,0):LPRINT "+"
408:R=R+T:IF R<=S
    THEN 402
410:END
420:M$=INKEY$ :IF
    M$THEN 424
422:GOTO 420
424:A$=INKEY$ :IF
    A$THEN 424
426:RETURN
430:"K"WAIT 0:
    USING "##.####
    #^":PRINT X,Y:
    GOSUB 420
434:GOSUB ASC (M$)
    +400:GOTO 430
442:M=X:X=M*U-Y*V:
    Y=M*V+Y*U:GOTO
    444
443:X=X+U:Y=Y+V
444:U=R:V=S:RETURN
467:X=-X:Y=-Y:
    RETURN
469:R=U:S=V:U=X:V=
    Y:INPUT "X?",X
    ,"Y?",Y:RETURN
473:M=X*X+Y*Y:X=X/
    M:Y=-Y/M:
```

PC-1500:
Programmpaket RED + GCOM + NV + ACOM + PLOT

Blatt 3 von 3

```
    RETURN
480:M=√(X*X+Y*Y):
    IF MLET Y=((Y=
    0)+SGN Y)*ACS
    (X/M):X=M
481:RETURN
482:M=X*COS Y:Y=X*
    SIN Y:X=M:
    RETURN
490:USING "##.####
    ^":PRINT P$;"=
    R";X;Y:GOSUB 4
    80:PRINT P$;"=
    P";X;Y:RETURN
```

Folgende Korrektur bitte einfügen:

```
425 IF ASC M$=13
    THEN 420
```

PC-1251:
Programmpaket RED + GCOM + NV + ACOM + PLOT

Blatt 1 von 2

```
  2:IF Q=1 LET Q=0: GOTO
    8
  4:Q=0: RETURN
  5:IF Q=0 LET Q=1: GOTO
    8
  7:Q=1: RETURN
  8:M=C*C+D*D:C=C/M:D=-D
    /M
 10:M=A*C-B*D:B=B*C+A*D:
    A=M: RETURN
 20:A=0:B=0:C=E-30:D=0:Q
    =2: RETURN
 25:A$= MID$ (B$(0),M*3-
    203,3):O$= RIGHT$ (A
    $,1): RETURN
 30:INPUT "M=?",R: DIM B
    $(0)*66,M(R+R-1)
 31:B$(0)="RP=RS=CP=LP=X
    P=IP=U0 I0 Z0 ENDNEW
    PH=PARFB CS=SERLS=US
    =*********XS="
 35:"D" USING : WAIT 0:Z
    =0: PRINT "RED"
 40:GOSUB 420:M= ASC M$:
    IF M<68 OR M>89 THEN
    82
 70:GOSUB 25:M(Z)=M: IF
    O$="=" INPUT "WERT?"
    ,M(Z+1)
 80:GOTO 95
 82:ON M-47 GOTO 92,91,1
    00
 84:GOTO 40
 91:Z=Z-4: IF Z<0 THEN 3
    5
 92:M=M(Z): GOSUB 25
 95:Z=Z+2: IF O$<>"="
    PRINT A$: GOTO 40
 96:PRINT A$;M(Z-1):
    GOTO 40
100:WAIT :O=0: INPUT "W=
    ?",W
105:GOSUB 110: END
110:DEGREE :Z=-2: GOSUB
    20
120:Z=Z+2: IF M(Z)=77
    RETURN
130:X=M(Z+1): GOSUB 2*M(
    Z)+20: GOTO 120
156:GOSUB 2:C=C+1/X:
    RETURN
158:GOSUB 5:C=C+X:
    RETURN
160:GOSUB 2
161:D=D+W*X: RETURN
162:GOSUB 2: GOTO 185
164:GOSUB 2:D=D-1/X:
    RETURN
166:GOSUB 2: GOTO 191
168:GOSUB 5:P$="U0":X=A:
    Y=B: GOTO 174
170:GOSUB 2:P$="I0":X=A:
    Y=B: GOTO 174
172:GOSUB 5:P$="Z0":X=C:
    Y=D
174:IF O=0 GOSUB 490
175:RETURN
176:I=E:J=F:K=G:L=H: IF
    Q=2 RETURN
177:GOSUB 2:E=A:F=B:G=C:
    H=D: GOSUB 20:
    RETURN
178:A=A-M+M* COS X:B=B+M
    * SIN X: RETURN
180:GOSUB 2
181:A=A+E:B=B+F:C=C+G:D=
    D+H:E=I:F=J:G=K:H=L:
    RETURN
182:GOSUB 2:C=-E:D=-F:
    GOSUB 5: RETURN
184:GOSUB 5
185:D=D-1/W/X: RETURN
186:GOSUB 5:M=A:A=E:E=M:
    M=B:B=F:F=M:M=C:C=G:
    G=M:M=D:D=H:H=M
187:Q=0: GOSUB 5: GOTO 1
    81
188:GOSUB 5: GOTO 161
190:GOSUB 5
191:A=A+X:M=X: RETURN
198:GOSUB 5:D=D+X:
    RETURN
200:O=0: GOSUB 290:
    INPUT "COMP?",P,"SYM
    ?",S: FOR I=0 TO N-1
    :M=S*I: FOR J=M TO N
```

PC-1251: Programmpaket RED + GCOM + NV + ACOM + PLOT	Blatt 2 von 2

```
    : WAIT 80
210:A$= STR$ (10*I+J+11)
    : PRINT "RE";A$:
    INPUT R(I,J): IF P=1
    PRINT "IM";A$: INPUT
    I(I,J)
220:IF S=1 AND J<>N LET
    R(J,I)=R(I,J):I(J,I)
    =I(I,J)
230:NEXT J: NEXT I
250:WAIT : IF N<2 THEN 2
    58
251:FOR K=0 TO N-2: FOR
    I=K+1 TO N-1:A=R(K,K
    ):B=I(K,K):C=R(I,K):
    D=I(I,K): GOSUB 280
255:FOR J=K+1 TO N:E=R(K
    ,J):F=I(K,J):R(I,J)=
    R(I,J)-E*X+F*Y:I(I,J
    )=I(I,J)-F*X-E*Y
256:NEXT J: NEXT I: NEXT
    K
258:I=N-1
260:C=R(I,N):D=I(I,N):J=
    I
265:J=J+1: IF J<N LET C=
    C-R(I,J):D=D-I(I,J):
    GOTO 265
270:A=R(I,I):B=I(I,I):
    GOSUB 280: IF O<>0
    RETURN
271:FOR L=0 TO I-1:E=R(L
    ,I):F=I(L,I):R(L,I)=
    E*X-F*Y
275:I(L,I)=E*Y+F*X: NEXT
    L:P$="U"+ STR$ (I+1)
    : GOSUB 490:I=I-1:
    IF I>=0 GOTO 260
276:END
280:Z=A*A+B*B:X=(A*C+B*D
    )/Z:Y=(A*D-B*C)/Z:
    RETURN
290:INPUT "N?",N: DIM R(
    N-1,N),I(N-1,N):
    RETURN
300:GOSUB 290:G= INT ((
    MEM -18)/12)-1:
    PAUSE "M=";G: INPUT
    "M?",G
301:DIM C$(G)*1,I$(G)*3,
    W(G)
302:"N" WAIT 0:Z=-1:
    USING : PRINT "NV"
303:GOSUB 420:Z=Z+1:A=
    ASC M$: ON A-47 GOTO
    312,318,340
307:C$(Z)=M$: IF A=77
    LET I$(Z)="1": GOTO
    312
308:INPUT "WERT?",W(Z)
309:I$(Z)="   ": INPUT "
    I.J?",I$(Z)
311:IF Z<0 THEN 302
312:IF C$(Z)="M" PRINT "
    END": GOTO 303
316:PRINT I$(Z);"   ";C$
    (Z);"=";W(Z): GOTO 3
    03
318:Z=Z-2: GOTO 311
340:O=0: DEGREE : INPUT
    "W=?",W
341:FOR I=0 TO N-1: FOR
    J=0 TO N:R(I,J)=E-30
    :I(I,J)=0: NEXT J:
    NEXT I:Z=0:D= VAL I$
    (0):C= ASC C$(0)
342:H=W(Z): IF D<>0 LET
    A=E-30:B=0:I= INT D-
    1:J=(D-I)*10-11
344:IF C=77 GOTO 250
345:X=I:Z=Z+1:D= VAL I$(
    Z):E= ASC C$(Z):
    GOSUB (C+280):C=E:
    GOTO 342
347:B=B-1/H/W: GOTO 369
353:GOSUB 375:Y=N: GOSUB
    390: IF J>=0 LET X=J
    : GOSUB 390
354:RETURN
356:B=B+H*W: GOTO 369
358:K= INT H-1:L=10*(H-K
    )-11: GOTO 380
360:RETURN
362:A=A+H: GOTO 369
363:GOSUB 375: RETURN
368:B=B+H
369:IF D=0 RETURN
370:C=A*A+B*B:A=A/C:B=-B
    /C:Y=I: GOSUB 391:
    IF J<0 RETURN
371:X=J: GOSUB 390:Y=J:
    GOSUB 390:X=I: GOSUB
    390: RETURN
375:IF E<>80 LET A=H:
    RETURN
376:A=H* COS W(Z):B=H*
    SIN W(Z): RETURN
380:Y=K: GOSUB 391: IF J
    <0 THEN 383
381:X=J: GOSUB 390: IF L
    <0 RETURN
382:Y=L: GOSUB 390
383:IF L<0 RETURN
384:X=I:Y=L: GOSUB 390:
    RETURN
390:A=-A:B=-B
391:R(X,Y)=R(X,Y)+A:I(X,
    Y)=I(X,Y)+B: RETURN
400:USING : LPRINT "   M
    IN=";U;"   MAX=";V:
    LPRINT "   :--------
    -----------:": USING
    "###"
402:W=10^R: GOSUB ABS O:
    GOSUB 480:X=20* LOG
    X: IF O<0 LET X=Y
404:X=(X-U)/(V-U)*20+.5:
    IF X<0 OR X>=21
    LPRINT INT R;"":
    GOTO 408
406:LPRINT INT R; LEFT$
    ("
          ",X);"+"
408:R=R+T: IF R<=S THEN
    402
410:END
420:CALL &11E0
422:M$= INKEY$ : IF M$
    CALL &11E5: RETURN
424:GOTO 422
430:"K" WAIT 0: USING "#
    #.#####^": PRINT X,Y
    : GOSUB 420
434:GOSUB ASC (M$)+400:
    GOTO 430
442:M=X:X=M*U-Y*V:Y=M*V+
    Y*U: GOTO 444
443:X=X+U:Y=Y+V
444:U=R:V=S: RETURN
467:X=-X:Y=-Y: RETURN
469:R=U:S=V:U=X:V=Y:
    INPUT "X?",X,"Y?",Y:
    RETURN
473:M=X*X+Y*Y:X=X/M:Y=-Y
    /M: RETURN
480:M= SQR (X*X+Y*Y): IF
    M LET Y=((Y=0)+ SGN
    Y)* ACS (X/M):X=M
481:RETURN
482:M=X* COS Y:Y=X* SIN
    Y:X=M: RETURN
490:USING "##.###^":
    PRINT P$;"=R";X;Y:
    GOSUB 480: PRINT P$;
    "=P";X;Y: RETURN
```

Literaturverzeichnis

{1} Edminister, J.A.: Elektrische Netzwerke, McGraw-Hill Düsseldorf, 1976

{2} Kremer, H.: Numerische Berechnung linearer Netzwerke und Systeme, Springer Verlag, Berlin, Heidelberg, New York 1978

{3} Küpfmüller, K.: Einführung in die theoretische Elektrotechnik, Springer Verlag, Berlin, Heidelberg, New York

{4} Lange, D.: Algorithmen der Netzwerkanalyse für programmierbare Taschenrechner (HP-41C), Vieweg Verlag, Braunschweig 1982

{5} Lange, D.: Standardprogramme der Netzwerkanalyse für BASIC-Taschencomputer (CASIO), Vieweg Verlag, Braunschweig 1982

{6} Leonhard, W.: Wechselströme und Netzwerke, Vieweg Verlag, Braunschweig 1972

{7} Naunin, D.: Einführung in die Netzwerktheorie, Vieweg Verlag, Braunschweig 1976

{8} Pregla/Schlosser: Passive Netzwerke, Teubner, Stuttgart 1972

{9} Unbehauen, R.: Elektrische Netzwerke, Springer Verlag, Berlin, Heidelberg, New York 1981

{10} Unger/Schultz: Elektrische Bauelemente und Netzwerke, Vieweg Verlag, Braunschweig 1973

{11} Fricke/Vaske: Elektrische Netzwerke, Teubner, Stuttgart 1981

{12} Vaske/Dörrscheidt/Selle: Programmierbare Taschenrechner in der Elektrotechnik, Anwendung der TI58 und TI59, Teubner, Stuttgart 1981

{13} Wolf, H.: Lineare Systeme und Netzwerktheorie, Springer Verlag, Berlin, Heidelberg, New York 1971

Sachwortverzeichnis

GPSR Compliance

The European Union's (EU) General Product Safety Regulation (GPSR) is a set of rules that requires consumer products to be safe and our obligations to ensure this.

If you have any concerns about our products, you can contact us on ProductSafety@springernature.com

In case Publisher is established outside the EU, the EU authorized representative is:

Springer Nature Customer Service Center GmbH
Europaplatz 3
69115 Heidelberg, Germany

Batch number: 08566355

Printed by Printforce, the Netherlands